(Consuelo Camertine)

1873

MANUEL
D'ANALYSE CHIMIQUE
APPLIQUÉE

MANUEL

D'ANALYSE CHIMIQUE

APPLIQUÉE

À L'ESSAI DES COMBUSTIBLES, MINERAIS,
MÉTAUX, ALLIAGES, SELS
ET AUTRES PRODUITS INDUSTRIELS MINÉRAUX

PAR

EUG. PROST

Docteur en Sciences,
Chargé de Cours à l'Université de Liège.

———

PARIS

LIBRAIRIE POLYTECHNIQUE, CH. BÉRANGER, ÉDITEUR

SUCCESSEUR DE BAUDRY ET Cⁱᵉ

15, RUE DES SAINTS-PÈRES, 15

MAISON A LIÉGE, 21, RUE DE LA RÉGENCE

—

1903

AVANT-PROPOS

Ce Manuel contient un choix de méthodes pour
l'analyse des principaux produits minéraux, naturels
et fabriqués, que le chimiste industriel, et surtout
le chimiste métallurgiste, rencontre le plus fréquemment dans la pratique. Je me suis efforcé de ne
décrire, autant que possible, que des procédés que
je sais, par expérience personnelle, conduire à des
résultats satisfaisants, ou dont les détails m'ont été
obligeamment communiqués par des spécialistes,
chefs d'importants laboratoires, particulièrement
compétents en matière d'analyse industrielle.

E. P.

Liège, le 18 février 1903.

PRÉPARATION DES PRISES D'ESSAI

En règle générale, toute matière destinée à être analysée doit être aussi finement divisée que possible, afin de faciliter l'action du réactif employé pour sa mise en solution ou sa désagrégation.

Les prises d'essai des minerais et produits analogues, susceptibles de donner par broyage une poudre homogène, seront pulvérisées au mortier d'agate et tamisées à travers un tamis de soie à mailles très serrées. Après le tamisage, la matière devra être soigneusement mélangée.

Il n'est évidemment pas nécessaire de pousser aussi loin la division, lorsqu'il s'agit de substances solubles dans l'eau (sels alcalins, etc.).

Certaines matières ne peuvent être réduites par le broyage en une poudre homogène. C'est le cas, par exemple, pour les oxydes de zinc qui contiennent à la fois de l'oxyde et du zinc métallique ; pour les scories de puddlage, qui renferment notablement du fer métallique, etc. Pour obtenir une prise d'essai convenable pour l'analyse, on pèse un poids P de la substance, on broie et on tamise jusqu'à refus. On note le poids p de la partie passant au tamis, et le poids p' du métal retenu par le tamis ; puis, l'on pèse, pour former la prise d'essai moyenne, des poids proportionnels de chaque catégorie.

Sauf indications spéciales, l'analyse quantitative se fait sur matière séchée à 100 degrés.

Les métaux et alliages doivent être réduits en copeaux ou limailles. Les lingots métalliques n'ayant pas toujours une composition parfaitement homogène, la prise d'essai se fera par la réunion de copeaux ou limailles prélevés en différents points.

MISE EN SOLUTION DES MATIÈRES MINÉRALES

Il est assez rare qu'un produit naturel ou fabriqué puisse être dissous par la seule action de l'eau.

Le cas se présente pour certains sels alcalins : soudes, potasses, chlorure, sulfate de soude, salpêtre, etc. ; mais, en général, des dissolvants plus énergiques sont nécessaires.

On placera dans un tube à réaction quelques centigrammes de la substance et on fera agir successivement l'acide chlorhydrique dilué de deux fois environ son volume d'eau, l'acide chlorhydrique concentré, l'eau régale.

Dans les essais de dissolution faits avec des acides concentrés, il faut se borner à chauffer modérément, afin de ne pas expulser le réactif avant qu'il ait eu le temps d'agir. Faire bouillir de l'acide chlorhydrique concentré ou de l'eau régale, c'est éliminer en pure perte l'élément actif, acide chlorhydrique ou chlore, et, par conséquent, dans de nombreux cas, retarder, au lieu d'accélérer, l'attaque de la matière.

A titre d'exemple, je prendrai le cas des résidus de pyrites. Ces substances sont formées presque en entier d'oxyde ferrique résultant du grillage de la pyrite ; cet oxyde, ayant été fortement chauffé, s'est modifié physiquement, est devenu difficilement attaquable par l'acide chlorhydrique, et sa mise en solution nécessite un contact prolongé avec le réactif. L'ébullition donnera ici un mauvais résultat ; le traitement à une chaleur douce, (50 à 60°) laissant en grande partie à l'acide sa concentration initiale, conduira beaucoup plus sûrement au but.

Dans l'attaque par les acides, nombre de substances (minerais et minéraux, sous-produits d'industries métallurgiques et autres, etc.) laissent, en se dissolvant, un résidu, très souvent de nature siliceuse ou argileuse. Ce résidu est parfois plus ou moins coloré, alors que cependant la dissolution de la matière proprement dite est complète.

Ce n'est que par la pratique qu'on arrive à juger si ces colorations jaunes, brunes, rougeâtres ou noirâtres, sont le fait du résidu lui-même ou proviennent d'une attaque incomplète. Ces résidus qui, parfois, renferment du sulfate de baryum, peuvent être désagrégés à leur tour au moyen des carbonates alcalins. (V. p. 5 : *Désagrégation par les carbonates alcalins.*)

En général, les alliages seront dissous par l'acide nitrique de densité 1,2 à 1,3. S'ils contiennent de l'étain ou de l'antimoine, ces éléments sont transformés en composés oxygénés insolubles, (acide métastannique, acide antimonique, etc.) qui apparaissent sous forme de précipités blancs qui se déposent lentement et passent aisément à travers les pores du papier à filtrer.

On peut, en pareil cas, obtenir une dissolution complète par l'emploi de l'eau régale.

Nombre de substances sont insolubles, ou partiellement solubles seulement, dans les acides d'emploi courant ; c'est le cas pour des silicates naturels, les argiles, par exemple, et pour divers oxydes, d'aluminium, de chrôme, etc.

En pareil cas, il est nécessaire de désagréger la matière par voie sèche, c'est-à-dire en recourant à l'emploi d'un fondant. Dans le cas des matières silicatées, ce fondant sera, de préférence, le carbonate sodico-potassique [1] $NaKCO^3$, seul, ou additionné d'un peu de nitrate potassique, s'il y a des éléments susceptibles d'être oxydés (manganèse, chrôme, oxyde ferreux, etc.).

Dans le cas d'oxydes réfractaires à l'action des acides, on peut faire usage avantageusement du sulfate acide de potassium $KHSO^4$.

Le peroxyde de sodium Na^2O^2 est aujourd'hui très employé pour certaines désagrégations s'accompagnant de l'oxydation de l'un ou l'autre élément.

Prenons deux exemples, pour rendre compte de la façon d'agir de ces réactifs :

a. DÉSAGRÉGATION D'UNE ARGILE PAR LES CARBONATES ALCALINS. — En pratique, les argiles sont des silicates d'aluminium associés à un restant des feldspaths qui leur ont donné naissance et à des quantités variables de sable et de composés ferriques, calciques et magnésiques, le tout formant une masse partiellement attaquable par les acides, et contenant :

$$SiO^2, Al^2O^3, Fe^2O^3, CaO, MgO, K^2O, Na^2O.$$

Si l'on fond cette substance en mélange avec un carbonate alcalin, SiO^2 se transforme en silicate alcalin :

$$Na^2CO^3 + SiO^2 = Na^2SiO^3 + CO^2$$

---

[1] Au point de vue chimique, ce sel n'agit pas autrement que ne le font le carbonate de sodium et le carbonate de potassium, pris isolément. Il a sur les carbonates simples, l'avantage d'être plus aisément fusible.

en même temps, les oxydes métalliques sont dégagés de leur combinaison avec la silice et restent dans la masse à l'état libre, ou peuvent, dans certains cas, réagir à leur tour avec le carbonate alcalin pour former des composés décomposables par les acides ; c'est le cas, par exemple, pour Al^2O^3 qui pourra, de la sorte, se transformer en aluminate alcalin xNa^2O, yAl^2O^3.

En somme, par l'action du fondant, la substance est devenue soluble dans les acides. Si, dans l'exemple choisi, on traite la masse après refroidissement, par l'acide chlorhydrique dilué, on aura :

$$Na^2SiO^3 + 2\,HCl = 2\,NaCl + H^2SiO^3.$$
$$x\,Na^2O, yAl^2\,O^3 + 2\,HCl = x\,NaCl + yAl^2\,Cl^6.$$
$$Fe^2O^3 + 6\,HCl = Fe^2\,Cl^6 + 3\,H^2O.$$
$$CaO + 2\,HCl = Ca\,Cl^2 + H^2O.$$
$$MgO + 2\,HCl = Mg\,Cl^2 + H^2O, \text{etc.}$$

En évaporant à siccité en présence d'acide chlorhydrique, on déshydratera l'acide silicique suffisamment pour le rendre insoluble ; on pourra donc éliminer par filtration la silice après reprise par l'eau acidulée, du résidu d'évaporation.

La désagrégation par les carbonates alcalins se fait dans un creuset de platine ; on mélangera *intimement* la matière à analyser avec environ 10 fois son poids de carbonate [1], et on opérera la fusion graduellement, afin d'éviter le boursouflement qui résulte du départ de l'anhydride carbonique.

La température de la flamme de la lampe de Bunsen est généralement suffisante ; dans la plupart des cas,

---

[1] On ajoute souvent au mélange quelques décigrammes de nitrate potassique afin d'assurer éventuellement l'oxydation du fer au minimum d'oxydation ou d'autres matières oxydables.

l'opération est terminée au bout d'une demi-heure. Il est bon d'agiter une ou deux fois le creuset pendant la fusion afin de bien répartir la matière dans le fondant et d'accélérer la désagrégation. Avant de laisser la masse se solidifier, on l'étend sur les parois du creuset (en maniant celui-ci avec une pince) de façon à offrir le plus de surface possible à l'action ultérieure de l'eau. Après refroidissement, on remplit le creuset d'eau bouillante; au bout d'un quart d'heure de contact, le tout peut être détaché aisément et transvasé dans une capsule de porcelaine où l'on opère la dissolution par l'acide chlorhydrique. En procédant ainsi, on n'emploie que très peu d'eau, et, par suite, l'évaporation nécessaire pour rendre la silice insoluble est fortement abrégée.

Dans l'opération qui vient d'être décrite, un peu de platine passe en solution à l'état de platinate alcalin. Le cas échéant, on peut éliminer ce métal en traitant la solution chlorhydrique chaude par un courant d'acide sulfhydrique.

La présence de métaux facilement réductibles et fusibles, tels que le plomb, ne permet guère l'emploi du creuset de platine. On s'expose, en effet, en pareil cas, à ce que le métal réduit s'allie au platine et troue le creuset. Il convient d'ajouter qu'en pratique, les substances à désagréger par fusion avec des alcalis contiennent rarement de pareils métaux.

6. **Désagrégation de la chromite** (Cr^2O^3, FeO) **au moyen du sulfate acide de potassium.** — Si l'on chauffe du sulfate acide de potassium, il se décompose avec formation de pyrosulfate. La température continuant à s'élever, celui-ci se décompose à son tour en sulfate neutre et anhydride sulfurique.

L'on a :

$$2\,KHSO^4 = K^2S^2O^7 + H^2O$$
$$K^2S^2O^7 = K^2SO^4 + SO^3.$$

L'anhydride sulfurique ainsi produit agit très énergiquement sur les oxydes métalliques qu'il transforme en sulfates.

Dans l'exemple choisi, les oxydes de fer et de chrome passent donc à l'état de

$$Fe^2\,(SO^4)^3 \text{ et } Cr^2\,(SO^4)^3.$$

En pratique, la matière à désagréger est mélangée dans un creuset de platine avec 12 à 15 fois son poids de sulfate acide. On chauffe à l'aide d'une petite flamme ; la masse fond rapidement et les réactions indiquées précédemment se produisent. Il faut avoir soin de ne pas laisser la température s'élever trop fortement, sinon l'anhydride sulfurique se dégage sans avoir le temps d'agir sur la substance à désagréger, et l'attaque est souvent incomplète. En somme, ici comme dans le cas de l'acide chlorhydrique concentré dont il a été question précédemment, si l'on chauffe trop fortement, surtout au début, on affaiblit l'action du réactif.

c. Désagrégation d'une blende par le peroxyde de sodium en vue du dosage du soufre. — Si l'on fond une blende, c'est-à-dire un sulfure pouvant passer à l'état de sulfate, avec du peroxyde de sodium, celui-ci cède avec grande facilité au soufre la moitié de son oxygène. Cet oxygène, à l'état naissant, est très actif et le peroxyde constitue, par conséquent, un agent d'oxydation très énergique.

En pratique, on ajoute au peroxyde une certaine

quantité de carbonate sodique, afin, notamment, de mitiger l'énergie de la réaction.

Le peroxyde sodique attaque le platine; les fusions avec ce réactif se font très commodément dans des creusets de fer, de forme analogue aux creusets de porcelaine couramment employés dans les laboratoires.

On emploie aussi, dans certains cas, des creusets ou capsules en argent.

Dans la fusion avec le peroxyde, le mélange de matière à désagréger et de réactif doit être chauffé très progressivement, de façon à ne pas décomposer brusquement le réactif. Les observations faites précédemment au sujet de l'emploi du sulfate acide de potassium pourraient être répétées ici.

Désagrégation par l'acide fluorhydrique. — L'emploi des fondants alcalins est évidemment impossible lorsqu'on doit doser les alcalis dans une substance inattaquable par les acides. En pareil cas, on peut avantageusement recourir à l'emploi de l'acide fluorhydrique. Si l'on fait agir ce réactif sur un silicate, une argile, par exemple, dans laquelle on veut déterminer la proportion des alcalis, la silice est transformée en fluorure de silicium; les bases passent à l'état de fluorures qui peuvent s'unir à du fluorure de silicium pour donner des fluosilicates.

Si l'attaque se fait en présence d'acide sulfurique, les fluosilicates seront décomposés ; le fluorure de silicium se dégagera et les bases seront finalement transformées en sulfates.

$$CaSiO^3 + 6\,HFl = \frac{CaFl^2\,SiFl^4}{CaSiFl^6} + 3\,H^2O.$$

$$CaSiFl^6 + H^2SO^4 = CaSO^4 + SiFl^4 + 2\,HFl.$$

En pratique, on peut faire usage d'un vase cylindrique en plomb d'environ 15 centimètres de hauteur et 11 centimètres de diamètre, et muni d'un couvercle en plomb également (fig. 1). A mi-hauteur, se trouve une cloison en plomb percée de trous sur laquelle on peut installer une capsule de platine contenant la matière à désagréger. L'acide fluorhydrique est produit dans le récipient lui-même, au moyen de fluorine en poudre et d'acide sulfurique concentré. La substance introduite dans la capsule de platine est humectée d'acide sulfurique dilué au 1/5 environ. Le couvercle étant mis en place, le vase de plomb est chauffé au bain-marie afin de favoriser la formation de l'acide fluorhydrique dont les vapeurs viennent agir sur la substance analysée.

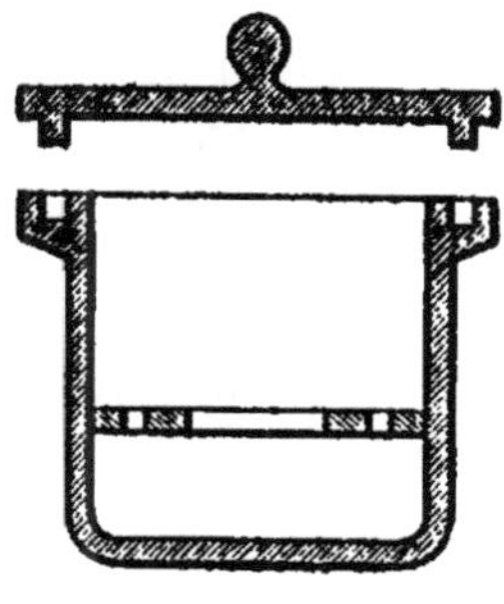

Fig. 1.

La durée de la désagrégation varie avec la nature des matières traitées ; il est difficile de donner des indications précises à cet égard. La capsule étant retirée de l'appareil, on chauffe au bain-marie pour éliminer l'excès d'acide fluorhydrique ; le résidu repris par l'eau acidulée d'acide chlorhydrique doit se dissoudre entièrement ; s'il en est autrement, c'est que l'attaque est incomplète ; la partie non désagrégée doit, dans ce cas, être soumise de nouveau à l'action de l'acide fluorhydrique.

Désagrégation par le carbonate sodique et le soufre. — Certaines substances contenant de l'arsenic, de l'antimoine et, en général, des métaux dont les sulfures sont solubles dans les sulfures alcalins, peuvent être avantageusement désagrégées par l'emploi d'un fondant formé de poids égaux de soufre en fleur et de carbonate sodique sec intimement mélangés. (Foie de soufre.)

Soit, par exemple, à mettre en solution un mispickel, contenant souvent, outre le fer et l'arsenic, un peu d'antimoine, de plomb, etc.

Si l'on fond cette substance avec du carbonate sodique et du soufre, tous les métaux passent à l'état de sulfures. Si l'on reprend ensuite par l'eau, les sulfures des métaux des groupes du fer et du cuivre [1] restent non dissous, les sulfures des métaux du groupe de l'arsenic, au contraire, se dissolvent à l'état de sulfo-sels dans le polysulfure de sodium produit par la fusion.

Exemple :

$$As^2S^3 + 3\,Na^2S = 2\,Na^3\,AsS^3 \text{ (sulfo-arsenite de Na.)}$$
$$Sb^2S^5 + 3\,Na^2S = 2\,Na^3\,SbS^4 \text{ (sulfo-antimoniate de Na.)}$$
$$SnS^2 + Na^2S = Na^2SnS^3 \text{ (sulfo-stannate de Na.)}$$

On a donc là, un moyen de séparer d'emblée les métaux du groupe de l'arsenic d'avec tous les autres.

En pratique, on additionne la prise d'essai d'environ six fois son poids du mélange de carbonate et de soufre. La fusion se fait dans un creuset de porcelaine *couvert*. La température doit être élevée très progressivement, sinon il se produit un boursouflement de la masse et des projections, au détriment de la bonne marche de l'opération. On chauffe finalement au rouge ; la température de la flamme de la lampe de Bunsen est suffisante ; l'opération dure de vingt à trente minutes. Après refroidissement, on reprend par l'eau chaude, on laisse déposer les sulfures insolubles, puis on filtre.

[1] Dans cette opération, une certaine quantité de cuivre reste dissoute dans le polysulfure alcalin.

PREMIÈRE PARTIE

Combustibles. — Eaux. — Minerais. — Sels et autres produits industriels minéraux.

I

COMBUSTIBLES

A. HOUILLES

Nous ferons entrer en ligne de compte ici les déterminations suivantes : Humidité. — Cendres. — Matières volatiles. — Soufre total. — Soufre volatil. — Azote. — Pouvoir calorifique. — Composition des cendres. — Carbone et hydrogène.

La teneur en cendres est extrêmement variable ; dans la plupart des cas, elle est comprise entre 5 et 15 p. 100, mais ces limites n'ont rien d'absolu.

La proportion des matières volatiles présente aussi de très grandes différences ; elle est de plus de 40 p. 100 dans les houilles sèches à longue flamme, et descend en dessous de 10 p. 100 dans les houilles anthraciteuses.

Entre ces extrêmes se range toute une série d'intermédiaires. (V. *Composition*, p. 14.)

Le soufre se trouve dans les houilles sous divers états : sulfures métalliques (pyrite), sulfates, composés organiques. En général, le pourcentage est compris entre 1 et 2 p. 100 ; mais ces limites sont souvent dépassées dans un sens ou dans l'autre.

Les exemples d'analyses ayant donné 3 à 5 p. 100 de soufre ne sont pas rares; exceptionnellement, la teneur peut atteindre et même dépasser 7 p. 100.

COMPOSITION DES HOUILLES (d'après GRUNER).

	Houilles sèches à longue flamme.	Houilles grasses à longue flamme.
	(en moyenne)	(en moyenne)
C	77,5	82,0
H	5,5	5,5
O. et N.	17,0	12,5
Mat. vol..	40 à 50 p. 100	32 à 40 p. 100
Coke.	50 à 60 p. 100	60 à 68,5
Pouvoir calorifique (cendres et eau déduites). .	8 000 à 8 500 cal.	8 500 à 8 800 cal.

	Houilles grasses maréchales.	Houilles grasses à courte flamme. (houilles à coke)
	(en moyenne)	(en moyenne)
C..	86.5	91,0
H..	5,0	4,5
O. et N.	8,5	4,5
Mat. vol..	26 à 32	18 à 26
Coke.	68 à 74	74 à 82
Pouvoir calorifique. . . .	8 800 à 9 300 cal.	9 300 à 9 600 cal.

	Houilles anthraciteuses [1] (demi-grasses et maigres).
	(en moyenne)
C.	92,0
H.	3,0
O et N.	5,0
Mat. vol	8 à 18
Coke	82 à 92
Pouvoir calorifique	9 200 à 9 500 cal.

Pendant la combustion, une partie du soufre se dégage

[1] En Belgique, cette qualificaton s'applique surtout aux houilles les plus pauvres en matières volatiles.

sous forme de SO_2 ou SO_3; cette partie est dite : soufre volatil.

Le soufre volatil est parfois dosé séparément; les composés oxygénés du soufre résultant de sa combustion exercent une action corrosive, notamment sur les tôles des chaudières.

L'azote n'existe qu'en faible proportion : 1 à 1 1/2 p. 100, en général.

Les cendres de houilles sont, dans la plupart des cas, des silicates d'aluminium plus ou moins impurs, associés à des quantités variables de composés de fer, magnésium, calcium, potassium et sodium; en règle générale, elles contiennent un peu de phosphore à l'état de phosphate et une proportion variable de sulfate de calcium.

Leur analyse offre parfois un certain intérêt lorsque la question du degré de fusibilité est en jeu ; en effet, la fusibilité et, par conséquent, la tendance à former des mâchefers sur les grilles, est d'autant plus accentuée que la proportion des éléments étrangers au silicate d'aluminium est plus importante.

On observe ici, comme dans le cas des argiles, produits auxquels les cendres de houilles sont jusqu'à un certain point comparables, des différences de plusieurs centaines de degrés entre les points de fusion.

EXEMPLES DE COMPOSITION DE CENDRES DE HOUILLES

	I	II	III	IV
SiO_2	49,46	50,23	45,24	48,60
Al_2O_3	33,28	29,20	27,42	23,43
Fe_2O_3	5,50	7,62	9,28	14,68
CaO	2,76	4,16	8,52	3,08
MgO	0,78	1,98	2,48	2,88
$K_2O + Na_2O$	3,83	—	—	—
P_2O_5	1,42	0,26	0,30	1,85
SO_3	1,50	1,53	3,92	0,96

   I. Cendre infusible à la température de 1 500°
  II.   —   fusible   —   1 450°
 III. --   —   —   1 330°
 IV.   —   —   en dessous de . . . 1 200°

En pratique, la connaissance des teneurs en : SiO^2, Al^2O^3, Fe^2O^3, CaO, MgO est, en général, suffisante pour servir de base d'appréciation. Pour cela, on calcule la quantité d'oxygène correspondant à la teneur en silice, à la teneur en alumine et aux teneurs en oxyde de fer, chaux et magnésie. On divise ensuite l'oxygène de la silice par celui de l'alumine : soit A le quotient ; puis, l'oxygène de l'alumine par la somme de l'oxygène de l'oxyde de fer, de la chaux et de la magnésie : soit B le nouveau quotient ; enfin, divisant B par A, on obtient un troisième quotient Q, dont la grandeur est en relation avec le degré de fusibilité des cendres.

Si Q dépasse 3, les cendres, comme j'ai pu le constater dans des recherches spéciales faites sur ce sujet, pourront supporter sans fondre une température de 1 500° environ.

Si Q se rapproche de 1, les cendres sont très probablement fusibles au-dessous de 1 300°.

<h3 style="text-align:center">I. DOSAGE DE L'HUMIDITÉ</h3>

Dans la plupart des cas, on peut doser l'humidité en desséchant à l'étuve, à 105° au maximum, et jusqu'à poids constant, une prise d'essai de quelques grammes, entre deux verres de montre fermant imparfaitement. Certaines houilles s'altèrent dans ces conditions, en ce sens qu'elles s'oxydent. Le cas échéant, on sera averti du fait par l'impossibilité d'arriver à deux pesées successives concordantes. Il y aura lieu, dans ce cas, de recommencer l'opération, en desséchant dans un courant lent d'hydrogène sec, la houille placée dans un tube pouvant être introduit dans une étuve, ou chauffé dans de l'eau bouillante.

2. Dosage des cendres

On dose les cendres en brûlant au contact de l'air 2 grammes de houille finement pulvérisée et séchée étendue en couche mince dans un incinérateur en platine taré. On désigne sous ce nom un récipient rectangulaire de 5×3 centimètres environ, et dont la hauteur ne dépasse pas 8 à 10 millimètres. L'incinérateur est introduit dans le moufle d'un four à coupeller. Il est recommandable de ne commencer à chauffer que lorsque l'incinérateur est en place. En opérant ainsi, les matières volatiles se dégagent lentement à mesure que la température s'élève et les projections résultant d'un dégagement trop brusque ne sont pas à craindre. En outre, il ne se forme pas de coke compact; la masse reste poreuse, peut être aisément remuée à l'aide d'une spatule de platine, et la combustion est relativement rapide.

L'incinération peut être considérée comme terminée, lorsqu'on ne remarque plus de points noirs dans la masse. Après pesée, on replace l'incinérateur dans le moufle pendant quelques minutes et on s'assure par une seconde pesée, qu'il n'y a pas de nouvelle diminution de poids.

3. Dosage des matières volatiles et du coke

Principe. — Calciner la houille à l'abri de l'air en la portant au rouge aussi rapidement que possible.

On opère avantageusement d'après la méthode de Muck. Elle consiste à chauffer dans un creuset de platine taré de 4 centimètres environ de hauteur, muni d'un couvercle s'appliquant exactement sur les bords, 1 gramme de houille pulvérisée. On dispose le creuset sur un triangle en terre réfractaire dont les trois côtés sont munis d'arêtes vers l'intérieur, de façon que le creuset soit complètement en contact avec la flamme (fig. 2). Le fond du creuset sera à 3 centimètres environ de l'ouverture d'une lampe de Bunsen, munie de sa cheminée; la flamme doit avoir au moins 18 centimètres de hauteur. On chauffe jusqu'à disparition complète de flamme entre le couvercle et les bords du creuset. On laisse refroidir sans enlever le couvercle afin de ne pas donner accès à l'air extérieur; on brûle

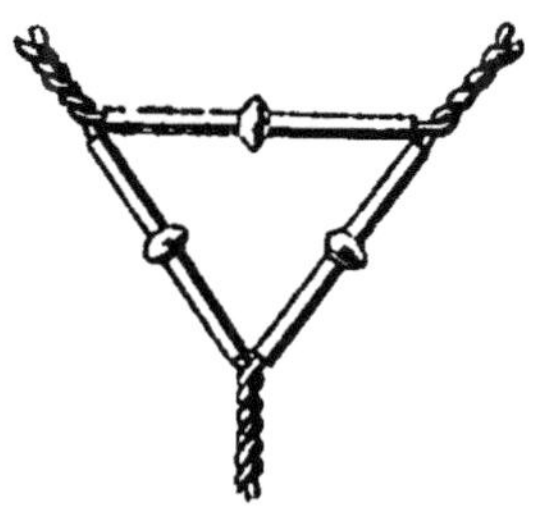

Fig. 2.

ensuite le dépôt charbonneux qui s'est formé sur la face intérieure du couvercle.— On pèse après refroidissement complet sous l'exsiccateur.

Le résidu fixe est formé par le coke et les cendres. En tenant compte du poids de ces dernières, on calcule aisément la teneur en coke.

L'aspect du coke est très variable suivant la nature de la houille. Les houilles maigres donnent un coke pulvérulent, sans consistance, analogue à la houille dont on est parti. Les houilles agglutinantes, convenables pour la fabrication du coke proprement dit, laissent, au contraire, un coke boursouflé, formant une masse compacte, grise, à éclat métallique plus ou moins prononcé. Entre ces deux types extrêmes, se rangent plusieurs intermédiaires.

Observation. — Si le dosage est fait sur la houille non desséchée, on doit, évidemment, tenir compte de l'humidité dans le calcul des résultats de l'essai.

4. Dosage du soufre

a. **Soufre total.** — Méthode d'Eschka modifiée par Hundeshagen.

Principe. — Transformer le soufre en sulfate, en chauffant au contact de l'air, la houille avec du carbonate sodique sec et de la magnésie, cette dernière ayant pour but de rendre la masse poreuse et pénétrable par l'air.

On mélange 1 gramme de houille finement pulvérisée avec 1 1/2 fois son poids d'un mélange de deux parties de magnésie calcinée, une demi-partie de carbonate sodique sec et une demi-partie de carbonate potassique déshydraté. Le tout est introduit dans un creuset de platine ; on ajoute encore une couche de 0,50 gr. du mélange alcalin, puis, afin d'éviter que les composés sulfurés du gaz destiné à chauffer le creuset aient accès dans celui-ci, on dispose le creuset sur un carton en asbeste perforé, en lui donnant une assez forte inclinaison afin de faciliter l'accès de l'air, et on chauffe de façon que le fond seul soit porté au rouge. La combustion dure environ une heure ; on l'accélère en brassant fréquemment la masse avec un agitateur. Le contenu du creuset ne doit pas se fritter, sans quoi l'accès de l'air est entravé et la combustion est incomplète.

Lorsque l'opération est terminée, on laisse refroidir, puis on transvase à l'aide d'eau chaude le contenu du creuset dans un gobelet; on ajoute de l'eau de brome en léger excès pour oxyder la petite quantité de sulfite qui peut exister dans la masse, puis on fait bouillir, on filtre et on lave à l'eau chaude jusqu'à ce que les eaux de lavage soient exemptes de sulfates. Le liquide filtré est acidulé par l'acide chlorhydrique, dont on a soin de n'ajouter qu'un très faible excès (trop d'acide libre pouvant nuire à la précipitation du sulfate de baryum) chauffé à l'ébullition et traité par le chlorure de baryum qui précipite tout le sulfate à l'état de $BaSO^4$ [1].

On peut aussi, au lieu d'employer l'eau de brome, traiter la masse par de l'acide chlorhydrique bromé en très léger excès. La solution filtrée est débarrassée du brome en excès par ébullition, puis traitée par le chlorure barytique comme ci-dessus.

Observation. — La magnésie, le carbonate potassique et l'eau de brome peuvent renfermer de petites quantités de sulfates, dont on tiendra compte éventuellement dans les résultats de l'essai.

b. SOUFRE VOLATIL. — On désigne sous ce nom la partie du soufre qui, pendant la combustion de la houille, se transforme en SO^2 et SO^3. Pour le doser, on brûle le charbon dans un courant d'oxygène et on recueille les gaz sulfureux formés, dans de l'eau oxygénée. On fait usage de l'appareil suivant (fig. 3). Un tube en verre dur de 60 centimètres de longueur environ et de 15 millimètres de diamètre est recourbé à angle droit à une de ses extrémités et réuni à un condenseur contenant 20 centimètres cubes d'eau oxygénée; l'autre extrémité

---

[1] Voir plus loin, analyse des potasses, les précautions à prendre pour le dosage du soufre à l'état de sulfate de baryum.

est raccordée avec un tube contenant du chlorure calcique granulé réuni lui-même à un gazomètre contenant de l'oxygène. La prise d'essai, (1 gramme) placée dans une nacelle, est introduite en *n* ; en *b* se trouve, sur une longueur de quelques centimètres, de l'asbeste. Le tube étant placé sur la grille d'un fourneau à combustion, on chauffe d'abord au rouge la partie antérieure ; puis, après avoir établi un courant lent d'oxygène, on chauffe progressivement la nacelle qui est finalement

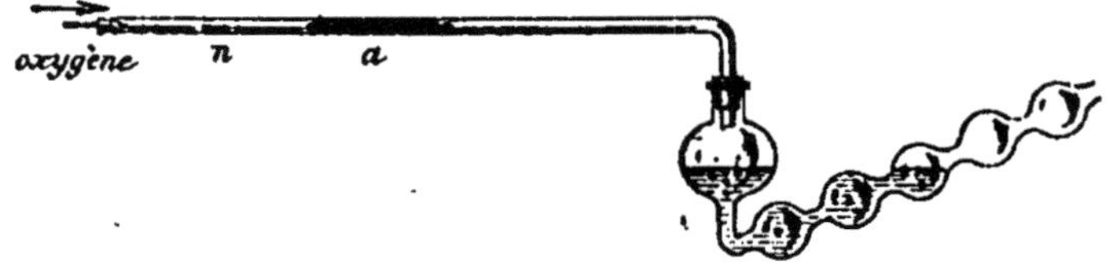

Fig. 3.

amenée au rouge. Le SO^2 dégagé est entraîné dans le tube d'absorption où il se transforme en H^2SO^4. Lorsque la combustion de la houille est complète, on transvase le contenu du condenseur dans un gobelet, on ajoute quelques gouttes d'acide chlorhydrique, et on précipite à l'ébullition le sulfate par le chlorure barytique.

5. Dosage de l'azote

Méthode de Kjeldahl. — *Principe.* — Transformer l'azote en ammoniaque qu'on dose ensuite par alcalimétrie. La transformation en ammoniaque se fait au moyen de l'acide sulfurique concentré.

La prise d'essai (1 gramme) est introduite dans un matras à long col de 300 centimètres cubes environ[1]

[1] Ces matras sont fabriqués spécialement pour l'application de la méthode de Kjeldahl.

22 MANUEL D'ANALYSE

(fig. 4); on ajoute 20 centimètres cubes d'acide sulfurique concentré, additionné de 10 p. 100 d'anhydride phosphorique, puis 1 gramme environ de mercure ou d'oxyde mercurique en poudre.

On chauffe ensuite progressivement à peu près jusqu'au point d'ébullition de l'acide, jusqu'à ce que le contenu du matras se soit à peu près décoloré, ce qui nécessite environ une couple d'heures. Tout l'azote est alors passé à l'état de sulfate ammonique. On laisse refroidir, on dilue avec de l'eau distillée et on transvase dans un appareil distillatoire muni d'un réfrigérant et réuni à un condenseur. On neutralise à peu près complètement l'acide libre au moyen d'une solution concentrée d'hydrate potassique (une partie de KOH pour deux parties d'eau). On ajoute 40 centimètres cubes d'une solution contenant par litre 50 grammes de soude caustique et 20 grammes de sulfure de sodium, et, pour régulariser l'ébullition, quelques fragments de pierre ponce. Le condenseur qui termine l'appareil est chargé de **20** centimètres cubes d'acide sulfurique demi normal, c'est-à-dire contenant 24,5 g². par litre (pour la préparation de cet acide, voir plus loin, analyse des potasses).

Les choses étant ainsi disposées, on chauffe le contenu du ballon à l'ébullition (l'emploi d'un bain de sable est préférable ici à celui d'une toile métallique) et on entretient celle-ci jusqu'à ce qu'une goutte du liquide qui distille ne donne plus trace de coloration jaune avec le réactif de Nessler. Toute l'ammoniaque dégagée par la réaction :

$$(NH^4)^2 SO^4 + 2NaOH = 2NH^3 + Na^2 SO^4 + 2H^2 O.$$

Fig. 4.

est alors passée dans le condenseur. Celui-ci est détaché de l'appareil; on ajoute à son contenu **2 gouttes** de solution de méthylorange à 1 p. 100, qui colorent le le liquide en rose, et on titre au moyen d'une solution de soude caustique demi-normale (**20 grammes NaOH** par litre) jusqu'à ce que l'excès d'acide qui n'a pas été transformé en sulfate par l'ammoniaque soit neutralisé; ce point est atteint lorsque la teinte rose du méthylorange vire au jaune.

Connaissant la quantité totale de H_2SO_4 employée et la concentration de la solution de soude, on a les éléments nécessaires pour calculer la quantité d'acide neutralisée par l'ammoniaque, et, par suite, l'ammoniaque elle-même.

6. Détermination du pouvoir calorifique

On détermine généralement le pouvoir calorifique des combustibles, en brûlant une prise d'essai dans un vase clos placé dans un calorimètre, et mesurant la chaleur dégagée par la combustion.

L'appareil de P. Mahler est très employé pour ce genre d'essais (P. Mahler : contribution à l'analyse des combustibles; détermination industrielle de leur puissance calorifique). Il se compose d'un obus en acier B (fig. 5) de 654 centimètres cubes de capacité et de forme ogivale; d'un calorimètre D, d'une enveloppe isolante A et d'un agitateur hélicoïdal S. L'obus est émaillé à l'intérieur. Il est fermé par un bouchon en fer à vis qui serre une bague de plomb fixée dans une rainure.

Le bouchon porte un robinet à vis conique, dit robinet pointeau R (fig. 6) qui sert à introduire l'oxygène. Il est traversé par une électrode isolée, prolongée à l'intérieur par une tige en platine E. Une seconde tige en platine, fixée aussi au bouchon, supporte une capsule plate C sur laquelle on met le combustible à essayer. Celui-ci est enflammé au moyen d'une petite spirale en fer F qui est brûlée par un courant électrique au moment voulu.

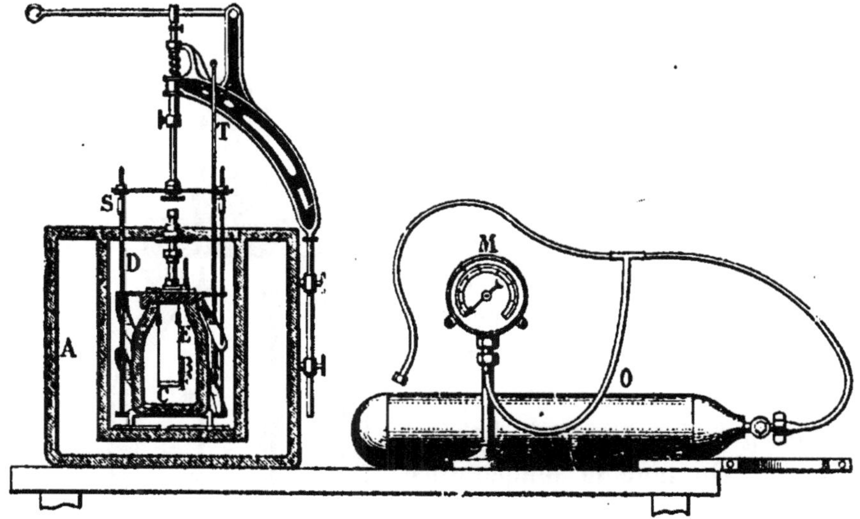

Fig. 5.

L'appareil (fig. 5) est complété par un thermomètre permettant d'apprécier le centième de degré, par un générateur d'électricité (pile ou autre), et par un tube O contenant de l'oxygène comprimé.

Pratique de l'essai. — On introduit dans la capsule un gramme du combustible à essayer [1] ; on fixe à l'électrode et au support de la capsule un bout de fil de fer

[1] Le combustible ne doit pas être en poudre trop fine afin de ne pas être soulevé hors de la capsule par le courant d'oxygène, qu'on aura, du reste, soin d'introduire lentement.

de poids connu, puis on serre fortement à l'aide d'un étau le bouchon de l'obus, et on raccorde le robinet pointeau avec le tube à oxygène. On laisse alors arriver l'oxygène jusqu'à ce que le manomètre M accuse une pression de 25 atmosphères ; puis on ferme le robinet du tube à oxygène et le robinet pointeau ; on détache le tube de raccordement de l'obus avec le réservoir d'oxygène, et on introduit l'obus ainsi chargé dans le calorimètre. On verse dans celui-ci un volume mesuré d'eau.

On met en place le thermomètre et, au moyen de l'agitateur, on remue le liquide pendant quelques minutes, afin que tout le système se mette en équilibre de température, puis on commence l'observation. On note la température pendant 4 ou 5 minutes, afin de fixer la loi que suit le thermomètre avant l'inflammation. Ensuite, on enflamme le combustible ; pour cela, on applique une des électrodes de la source électrique sur une borne qui correspond à l'une des tiges de platine ; l'autre électrode est appliquée en un point quelconque du robinet.

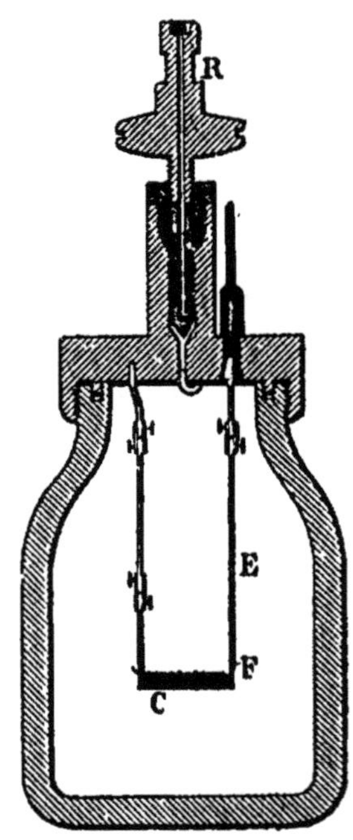

Fig. 6.

La combustion est presque instantanée.

On note la température une demi-minute après l'inflammation, puis à la fin de cette minute, puis de minute en minute, jusqu'à ce que le thermomètre commence à descendre.

On continue encore les observations pendant cinq

minutes afin de déterminer la loi que suit le thermomètre après le maximum.

On possède alors les éléments du calcul et, notamment,
ceux de la seule correction nécessaire, c'est-à-dire de
celle qui est due à la perte de chaleur subie par le calorimètre pendant l'essai. Cette correction se fait d'après
les règles suivantes : (pour l'appareil Mahler).

1°) La loi de décroissance de température observée à
la suite du minimum, représente la perte de chaleur
du calorimètre avant le maximum, et pour une minute
considérée, à la condition que la température moyenne
de cette minute ne diffère pas de plus de 1 degré de la
température du maximum.

2°) Si la température considérée diffère de plus de
1 degré, mais de moins de 2 degrés de celle du maximum,
le chiffre qui représente la loi de décroissance au moment
du maximum, diminué de 0°,005 donne encore la correction cherchée.

L'agitateur doit rester en mouvement pendant toute
la durée de l'observation.

Lorsque l'observation est terminée, on ouvre le robi-
binet de l'obus, puis l'obus lui-même ; on lave l'intérieur de l'obus avec un peu d'eau et on dose dans le
liquide, au moyen d'un alcali titré, l'acide nitrique formé
pendant l'essai [1] :

Le pouvoir calorifique Q, est donné par la relation.

$$Q = (\Delta + \alpha)(P + P') - (0{,}23p + 1{,}6p').$$

Dans laquelle : Δ est la différence de température
observée ;

---

[1] Dans le cas de combustibles pauvres en hydrogène, tels que le
coke, il est recommandable de mettre un peu d'eau dans le fond de
l'obus, pour favoriser la formation de l'acide nitrique.

α la correction du refroidissement;

P le poids de l'eau du calorimètre;

P' l'équivalent en eau de l'obus et des accessoires;

p, le poids de l'acide nitrique HNO^3 trouvé;

p' le poids du morceau de fil de fer;

0,23 cal. la chaleur de formation de 1 gramme d'acide nitrique dilué;

1,6 cal. la chaleur de combustion de 1 gramme de fer.

Observation. — Cette formule ne tient pas compte de la petite quantité d'acide sulfurique qui, dans le cas des houilles notamment, se produit par oxydation du soufre, et qui est dosée comme acide nitrique.

En fait, l'erreur est négligeable pour les essais industriels. On peut, le cas échéant, tenir compte de la formation de l'acide sulfurique dilué, en dosant cet acide, et en sachant que la chaleur dégagée par la formation de l'acide est égale à 0,73 cal. par gramme de H^2SO^4.

DÉTERMINATION DE L'ÉQUIVALENT EN EAU DE L'OBUS ET DE SES ACCESSOIRES. — On brûle dans l'appareil 1 gramme, par exemple, d'une matière de composition bien déterminée, telle que la naphtaline dont le pouvoir calorifique est connu.

La naphtaline sera préalablement soumise à un commencement de fusion afin de l'agglomérer et d'éviter des pertes.

Un premier essai sera fait avec, par exemple, 2300 grammes d'eau dans le calorimètre; un second essai avec 2100 grammes d'eau. On obtiendra ainsi deux équations entre lesquelles on éliminera la chaleur de combustion de la naphtaline pour en déduire la valeur en eau cherchée.

EXEMPLE DE CALCUL D'UN ESSAI DE DÉTERMINATION DE POUVOIR
CALORIFIQUE (d'après MAHLER),

Poids de matière employé . . .   1 gramme.
Eau dans le calorimètre . . . .   2 200 —
Équivalent en eau . . . .   481 —
Pression de l'oxygène. . . . . .   25 atmosphères.

RÉSULTATS DES OBSERVATIONS DE TEMPÉRATURE

A. *Période préliminaire.*

0 minute. 10,23
1   — 10,23
2   — 10,24
3   — 10,24
4   — 10,25
5   — 10,25

La loi de variation de la température est, pendant cette
période :

$$\alpha_0 = \frac{10,25 - 10,23}{5} = 0°004.$$

B. *Période de combustion.*

5 1/2 minutes. 10,80
6   — 12,00
7   — 13,70
8   — . . . . 13,84 max.

C. *Période consécutive au maximum.*

9 minutes. 13,82
10   — 13.81
11   — 13,80
12   — 13,79
13   — 13,78

La loi de variation de la température après le maximum, est exprimée par :

$$\alpha_t = \frac{13,84 - 13,78}{5} = 0°,012,$$

La variation brute de température est :

$$13,84 - 10,25 = 3^0,59.$$

CORRECTION A FAIRE, RÉSULTANT DE LA PERTE DE CHALEUR DU SYSTÈME PENDANT L'ESSAI — Le système a perdu pendant les minutes 7,8 ; 6,7 une quantité de chaleur égale à

$$2x_t = 0,012 \times 2 = 0^0024.$$

Pendant la demi-minute 5 1/2, 6 la perte de chaleur est égale à

$$1/2 (x_t - 0^0005) = 0^0035.$$

Mais, pendant la demi-minute 5, 5 1/2, il y a eu gain de

$$1/2 x_0 = \frac{0^0004}{2} = 0^0002.$$

La perte relative à la minute 5, 6 est donc :

$$0^0035 - 0^0002 = 0^0015.$$

En somme, le système a perdu, avant d'arriver au maximum :

$$0^0024 + 0^0015 = 0^0255,$$

quantité qu'il faut ajouter aux $3^0,59$ déjà trouvés.

La variation de température corrigée est donc : $3^0,615$ (en négligeant les dix-millièmes) et la quantité de chaleur observée est, par suite :

$$(2,200 + 481) 3^0615 = 9,6918{15}^{cal}.$$

Prenons 9,6918 cal.

Pour obtenir le résultat définitif, on retranchera de ce chiffre :

1° la chaleur de formation de 0,13 gr.
d'acide nitrique $= 0,13 \times 0,23 =$ 0,0299 cal.

2° la chaleur de combustion de 0,025 gr.
de fil de fer soit $0,025 \times 1,6.. . =$ 0,0400 —

Total à retrancher. . . . 0,0699 —

Le résultat final est donc (pour 1 gr.) 9,6918 cal. — 0,0699 cal. $= 9,6219$ cal. soit pour 1 kg. de la matière soumise à l'essai : 9621,9 cal.

Remarque. — D'après F. Fischer, on peut se borner, pour des essais industriels, à multiplier la différence de température observée par l'équivalent en eau du système. On arrive ainsi à une valeur suffisamment approchée. En appliquant cette manière de calculer à l'exemple détaillé ci-desus, le pouvoir calorifique est égal à :

$$5°59 (2200 - 481) = 9624 \text{ cal.}$$

Ce chiffre ne diffère, comme on le voit, du précédent, que de quelques calories.

7. ANALYSE DES CENDRES (POUR APPRÉCIATION DU DEGRÉ DE FUSIBILITÉ).

Éléments à doser : SiO^2, Al^2O^3, Fe^2O^3, CaO, MgO ; (accessoirement : P^2O^5).

Les cendres de houille ne sont pas entièrement attaquables par les acides. On devra donc opérer par désagrégation au creuset de platine, à l'aide de carbonate sodico-potassique additionné de quelques grains de nitrate potassique. Une prise d'essai de 1 gramme de cendres finement pulvérisées est suffisante.

On suivra la marche détaillée à propos de l'analyse des argiles (V. plus loin) en tenant compte de ce fait, que dans le cas des cendres, le précipité d'hydrates de fer et d'alumine obtenu par l'ammoniaque, contient aussi tout le phosphore à l'état de phosphate. Il y a donc lieu de déduire du résultat trouvé pour l'alumine, la teneur en P^2O^5 déterminée par un essai spécial.

DOSAGE DU PHOSPHORE. — On désagrège 1 gramme de cendres comme dans le cas précédent ; la masse est reprise par l'eau et l'acide chlorhydrique ; l'opération est continuée exactement comme dans le cas des argiles, (V. plus loin), jusqu'à ce que, par une dernière évaporation avec l'acide chlorhydrique, la silice soit complètement insolubilisée. Le résidu sec est additionné de 15 centimètres cubes d'acide nitrique concentré ; on évapore ensuite pour transformer les chlorures en nitrates ; le résidu de la nouvelle évaporation est humecté par quelques gouttes d'acide nitrique, puis additionné d'eau : on filtre pour séparer la silice, et dans le filtrat aussi peu dilué que possible, on précipite l'acide phosphorique par la liqueur molybdique, d'après les indications données à propos de l'analyse des phosphates. (V. plus loin).

8. DOSAGE DU CARBONE TOTAL ET DE L'HYDROGÈNE PAR COMBUSTION DANS UN COURANT D'OXYGÈNE

La teneur en carbone et en hydrogène d'un combustible peut être déterminée en brûlant celui-ci dans un courant d'oxygène et recueillant l'anhydride carbonique et l'eau formés, respectivement dans un tube chargé de

potasse caustique et dans un tube à chlorure de calcium,
ces tubes étant préalablement tarés.

L'installation nécessaire pour cette opération comprend :

1° Un gazomètre contenant de l'air pouvant être débité en courant régulier par déplacement au moyen d'eau. Au gazomètre font suite un flacon A (fig. 7) contenant une solution de potasse caustique destinée à retenir l'anhydride carbonique de l'air, et des tubes à chlorure calcique T, t destinés à le dessécher.

2° Un gazomètre contenant de l'oxygène, relié lui aussi, à un système de flacon laveur A' et de tube T', analogues aux précédents (fig. 7).

3° Un tube de verre dur V (fig. 8), de 15 millimètres de diamètre environ et de longueur telle qu'il dépasse de 6 à 7 centimètres les extrémités d'un fourneau à combustion de 15 ou 20 becs.

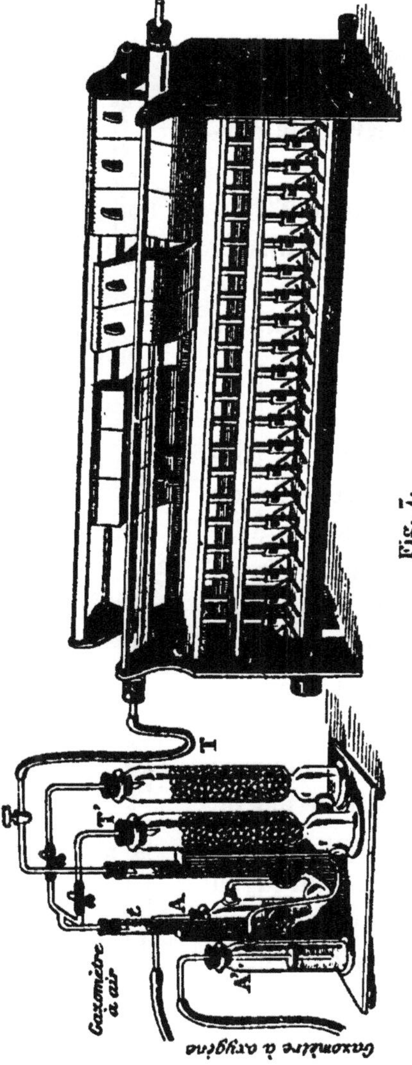

4° Un tube à chlorure calcique X (fig. 8) destiné à retenir l'eau.

5° Un tube d'absorption P, chargé d'une solution de potasse caustique faite dans le rapport de 1 partie KOH : 2 parties d'eau.

6° Un tube à chlorure calcique X'.

7° Du chromate de plomb en grains de 2 millimètres environ.

8° De l'oxyde de cuivre en grains de 2 millimètres environ.

9° Une nacelle en porcelaine.

Mode opératoire. — On fixe à 10 centimètres de l'une des extrémités du tube V, un petit tampon d'asbeste entouré d'une mince feuille de platine, puis on introduit du chromate de plomb sur une longueur de 10 à 12 centimètres [1]. Vient ensuite un second tampon d'asbeste, puis une colonne d'oxyde de cuivre de 30 à 33 centimètres. L'extrémité du tube opposée au chromate de plomb est fermée par un bouchon de caoutchouc portant un petit tube *r*, qui, par l'intermédiaire d'un tuyau de caoutchouc muni d'une pince, peut être raccordé avec l'un ou l'autre des deux gazomètres.

Le tube étant placé sur le fourneau, on allume celui-ci, et on fait passer lentement un courant d'oxygène sec. Le but

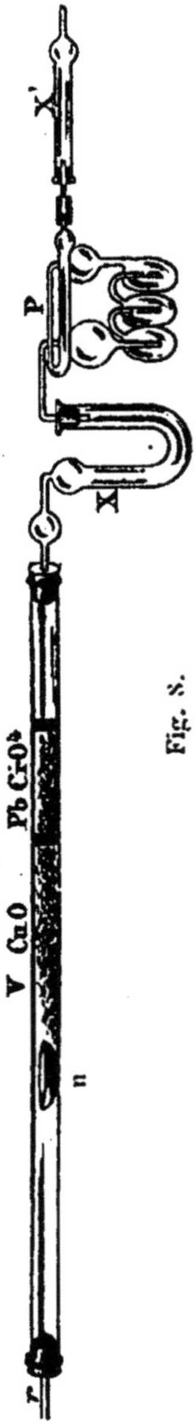

Fig. 8

---

[1] L'emploi du chromate de plomb a pour but d'éviter que des composés du soufre puissent arriver jusque dans les tubes d'absorption ; ces composés sont retenus à l'état de sulfate de plomb, indécomposable au rouge.

est d'éliminer du tube toute trace d'humidité et aussi, de brûler les poussières organiques qui pourraient se trouver dans le chromate et dans l'oxyde de cuivre.

L'opération, pour laquelle il suffit de ne pas dépasser le rouge sombre, est terminée en un quart d'heure environ. On interrompt le courant d'oxygène, on éteint le fourneau, on bouche le tube, puis, après avoir laissé refroidir le fourneau, on procède à la combustion proprement dite. La nacelle, chargée de la prise d'essai, (0,3 à 0,4 gr.) du combustible pulvérisé et séché à 100° est introduite en n (fig. 8). Le tube r est raccordé au gazomètre à oxygène : à l'extrémité antérieure du tube V, on fixe les appareils d'absorption dans l'ordre suivant : le tube X, dont une des branches entre directement dans le bouchon adapté sur V; le tube P; le tube X′ qui est destiné à retenir l'humidité qui, pendant le passage des gaz, ne se serait pas condensée dans le petit tube à chlorure calcique qui fait partie de P; enfin un dernier tube à chlorure calcique non taré destiné à éviter, en cas d'absorption, toute rentrée d'humidité dans le tube X′. (Ce tube n'est pas indiqué dans la figure.)

Avant d'être mis en place, les tubes X, P et X′ ont été tarés après avoir séjourné pendant un quart d'heure au moins dans la cage de la balance, afin de se mettre en équilibre de température avec le milieu ambiant.

Pendant les pesées, ces tubes sont fermés par des tubes de caoutchouc avec bouts de verre plein. Il est recommandable d'ouvrir un instant les tubes avant la pesée, afin de rétablir éventuellement l'équilibre de pression avec l'extérieur. Pendant la mise en place des tubes, on mettra soigneusement de côté les différents bouts de verre et les capuchons de caoutchouc qu'on est obligé d'enlever, afin qu'il n'y ait pas confusion au moment où ces accessoires devront être replacés sur les tubes après l'opération.

L'appareil étant complètement monté, on s'assure avant tout qu'il n'y a pas de fuite. Pour cela on lèche deux ou trois fois avec une flamme, de façon à l'échauffer légèrement, le tube à potasse; on élimine de cette façon un peu d'air; par refroidissement, la potasse s'élève dans le tube; on s'assure qu'au bout de cinq minutes le liquide s'est maintenu au niveau le plus élevé qu'il a atteint. L'appareil peut alors être considéré comme étanche.

On chauffe au rouge la partie antérieure du tube (côté des appareils d'absorption) sur une longueur correspondant à 4 becs; on fait de même à l'arrière sur une longueur correspondant à 2 becs. Puis on fait passer très lentement le courant d'oxygène et l'on allume successivement les différents becs de façon que la chaleur atteigne graduellement les diverses parties de la prise d'essai. Le réglage du feu et du courant d'oxygène se fait d'après l'observation du passage des bulles dans le tube à potasse; la vitesse de ce passage ne doit pas dépasser deux bulles à la seconde, sinon on s'expose à ce que de l'anhydride carbonique échappe à l'absorption, ou bien à ce que les gaz qui traversent les tubes dessiccateurs n'aient pas le temps de se dessécher complètement.

Lorsque la température s'est suffisamment élevée, les matières volatiles se dégagent et brûlent sous l'action de l'oxygène.

Le soufre transformé en SO^2 et SO^3 est fixé par le chromate à l'état de $PbSO^4$.

L'oxyde de cuivre et le chromate assurent la combustion complète des matières volatiles carbonées.

$$CuO = Cu + O$$
$$2\,Pb\,CrO^4 = 2\,PbO + Cr^2O^3 + O^3.$$

Le carbone restant après le départ des matières volatiles brûle lentement dans le courant d'oxygène.

Les vapeurs d'eau formées par la combustion de l'hydrogène viennent se condenser à la partie antérieure du tube; à mesure qu'elles se présentent, on les fait passer dans le tube à chlorure calcique en chauffant légèrement.

L'opération peut être considérée comme terminée lorsqu'un éclat de bois incandescent, placé à l'extrémité du tube qui termine l'appareil, se rallume sous l'action de l'oxygène.

On éteint alors le fourneau et l'on substitue au courant d'oxygène un courant d'air sec, afin d'expulser l'oxygène des tubes tarés, qui, avant l'opération, ont été pesés pleins d'air, et doivent, par conséquent, être repesés dans les mêmes conditions. Le passage de l'air est continué jusqu'à ce qu'on ne puisse plus rallumer le copeau incandescent.

Les divers tubes tarés sont alors détachés, puis, munis de leurs capuchons de caoutchouc et pesés avec les mêmes précautions que précédemment. Les augmentations de poids du tube X, d'une part, des tubes P et X', d'autre part, correspondent à l'eau et à l'anhydride carbonique absorbés, et permettent de calculer les teneurs en hydrogène et en carbone.

B. LIGNITES

COMPOSITION (d'après Ledebur).

a. Lignite dit bois fossile.

C.................... 57 à 67
H.................... 6 à 5
O. et N.............. 37 à 28
Pouvoir calorifique.
(Cendres et eau déduites). . . . 5 500 cal.

b. Lignite proprement dit.

	α. Ordinaire.	β. Bitumineux.
	En moyenne.	En moyenne.
C.	69,5	75,5
H.	5,5	5,5
O. et N.	25,0	19,0
Matières volatiles, environ.	55 p. 100	
Coke	45 »	
Pouvoir calor., environ	7000 cal.	

Les dosages des matières volatiles, des cendres, du soufre, se feront comme dans le cas des houilles. (V. plus haut : *A* Houilles).

C. COKE

EXEMPLES DE COMPOSITION

C.	88,30	89,17
H.	0,21	0,24
O. et N.	1,73	1,12
S.	0,83	1,06
Cendres	7,92	6,80
Humidité	0,72	1,34

Les dosages des cendres et du soufre se feront comme dans le cas des houilles. (V. plus haut : *A* Houilles).

ANNEXE

BRAI. — Le brai, résidu de la distillation du goudron de houille, s'emploie dans la proportion de 9 p. 100 environ dans la fabrication des agglomérés ou briquettes.

EXEMPLE DE COMPOSITION

Matières volatiles	66,5
Cendres	5,11

Dosage des matières volatiles. — Voir le *dosage* correspondant dans les *houilles*, p. 17.

Dosage du carbone libre. — On dissout 2 grammes de brai dans du benzol à chaud, on filtre sur filtre taré, et on lave au benzol le résidu insoluble qui renferme notamment le charbon.

Appréciation du caractère plus ou moins gras du brai. — Le brai est plus ou moins gras, plus ou moins sec, et, par conséquent, plus ou moins agglomérant, suivant que la distillation du goudron dont il provient a été poussée plus ou moins loin.

On pèse des prises d'essai de 10 grammes, on les ramollit dans l'eau à 50° et on les façonne en boules. On laisse ensuite durcir complètement par refroidissement, puis on chauffe de l'eau vers 60°, on laisse tomber la température à 55°, on plonge à ce moment dans l'eau les prises d'essai et on observe les modifications qu'elles subissent sous l'action de la chaleur.

Au bout d'une minute, le brai très gras est déjà très malléable.

Au bout d'une minute et demie, le bon brai gras se laisse malaxer.

Au bout de deux minutes, le brai moins gras que le précédent se laisse seulement étirer.

Au bout de trois minutes, le brai sec s'étire ou se tord difficilement.

Au bout de trois minutes, le brai très sec est à peine ramolli. (Classification de l'usine à gaz de Bruxelles.)

Remarque. — Généralement, au bout de la troisième minute, la température de l'eau est déjà descendue à 50°. On essaie aussi la façon dont le brai se comporte sous la dent.

II

DÉTERMINATION DE LA DURETÉ DES EAUX

Une eau est dite dure lorsqu'elle contient en forte proportion des sels de calcium et de magnésium, pouvant donner par réaction avec un savon alcalin des savons insolubles. Une pareille eau ne peut mousser au contact du savon qu'après que toutes les bases alcalino-terreuses ont été précipitées à l'état d'oléates, palmitates, etc., insolubles.

La détermination de la dureté est surtout importante lorsqu'il s'agit d'eaux destinées à l'alimentation des chaudières. On sait, en effet, que les composés calciques et magnésiques donnent lieu à la formation, sur les parois des chaudières, de dépôts adhérents appelés *incrustations*, qui entravent la propagation de la chaleur, et peuvent, à certains moments, devenir la cause d'explosions.

La formation des incrustations est surtout due au sulfate et au carbonate de calcium, et au carbonate de magnésium [1].

---

[1] Les carbonates de Ca et Mg existent dans les eaux à l'état de sels acides $CaH_2(CO^3)^2$, $MgH_2(CO^3)^2$ solubles; en se basant sur le résultat de l'essai de dureté, on peut débarrasser l'eau, au moins en très grande partie, de la chaux et de la magnésie en transformant les carbonates acides solubles en carbonates neutres, insolubles, notamment par des additions de chaux ou de carbonate sodique.

EXEMPLES DE COMPOSITION D'INCRUSTATION

CaO . . . . 41,32 p. 100
MgO. . . . . 4,90 »
CO^2 . . . . 24,48 »
SO^3 . . . . 18,76 »

Ce qui représente :

$CaSO^4$. . . . . 32,00 »
$CaCO^3$. . . . . 55,65 »
Mg (OH)^2 . . . . 7,11 »

On appelle *dureté totale*, la dureté d'une eau qui n'a pas été chauffée.

Si l'on fait bouillir une eau qui contient de la chaux et de la magnésie à l'état de bicarbonates, ces bicarbonates sont décomposés avec formation de carbonates neutres insolubles.

$$CaH^2(CO^3)^2 = CaCO^3 + H^2O + CO^2$$

La dureté, observée après ébullition, (l'eau étant ramenée à son volume primitif à l'aide d'eau distillée) est dite : *permanente*. Elle correspond aux sels calciques et magnésiques non précipités pendant l'ébullition (sulfates, chlorures, etc.).

Enfin, la différence entre la dureté totale et la dureté permanente est dite : *dureté temporaire*. Elle correspond aux bicarbonates alcalino-terreux décomposés par l'ébullition.

Pour évaluer la dureté d'une eau, on détermine la quantité de savon (savon officinal) qu'il faut ajouter à un volume déterminé de cette eau pour transformer les sels alcalino-terreux qu'elle tient en solution en savons insolubles.

Réactifs nécessaires. — *a.* Solution de savon préparée en dissolvant 4,5 gr. de savon officinal dans 50 centimètres cubes d'eau à la température du bain-marie, et ajoutant 450 centimètres cubes d'eau et 500 centimètres cubes d'alcool à 94°.

b. Solution titrée de chlorure barytique contenant par litre 0,523 gr. de ce sel cristallisé ($BaCl^2.2H^2O$) [1].

La concentration de la solution de savon doit être telle que l'addition de 45 centimètres cubes de cette solution produise une mousse épaisse et persistant pendant cinq minutes dans 100 centimètres cubes d'une solution de chlorure barytique renfermant 0,0523 $BaCl^2.2H^2O$, c'est-à-dire une quantité de ce sel correspondant à 0,012 gr. CaO (ou 12° hydrotimétriques allemands. V. p. suivante). On introduit 100 centimètres cubes de la solution barytique dans une fiole de 250 centimètres cubes, et on ajoute de la liqueur de savon jusqu'à ce qu'il se forme, après agitation vigoureuse du flacon bouché, une couche de mousse d'au moins 5 millimètres, persistant pendant cinq minutes; on fait un second essai identique comme contrôle du premier; on note le nombre de centimètres cubes de liqueur de savon employés et on en déduit le nombre de centimètres cubes d'alcool à 56° qu'on doit ajouter à la solution de savon pour que 45 centimètres cubes soient exactement suffisants pour produire dans 100 centimètres cubes de solution barytique la couche de mousse persistante.

---

[1] Il serait évidemment plus logique de faire usage d'une solution d'un sel calcique. Mais, le chlorure calcique étant très déliquescent, et s'obtenant difficilement pur, on préfère opérer sur une quantité correspondante de chlorure barytique, cette dernière substance se trouvant à l'état pur dans le commerce.

Essai proprement dit. — On cherche par un essai préliminaire quelle est la quantité d'eau sur laquelle il convient d'opérer. On prélève 20 centimètres cubes de l'eau, on y ajoute 6 centimètres cubes de la solution de savon, et, suivant qu'elle contient peu ou beaucoup de bases alcalino-terreuses, on observe une simple opalescence ou un trouble marqué, ou bien encore un précipité.

Suivant les résultats de cet essai, on opérera sur 100, 50, 20 ou 10 centimètres cubes d'eau. En tout cas, le volume de la prise d'essai doit être ramené au volume de 100 centimètres cubes au moyen d'eau distillée avant que l'on procède au titrage. Celui-ci se fait exactement comme pour la fixation du titre de la solution de savon. En règle générale, on fera deux ou trois essais, et on ne devra, en aucun cas, employer plus de 45 centimètres cubes de la solution de savon. Les résultats s'expriment en degrés.

La valeur de ces degrés diffère d'après les pays.

Le degré hydrotimétrique allemand exprime le nombre de milligrammes de chaux existant dans 100 grammes d'eau.

Le degré français exprime le nombre de milligrammes de carbonate de calcium contenus dans 100 grammes d'eau.

Le degré anglais exprime combien de fois une quantité de 0,001428 gr. de carbonate de calcium est contenue dans 100 grammes d'eau.

Le rapport est donc : 1 degré français = 0,56 degré allemand = 0,70 degré anglais.

La valeur hydrotimétrique donnée par la solution de savon n'est pas exactement proportionnelle à la quantité de cette liqueur consommée. Pour le calcul du

résultat, on fait usage de la table suivante établie par
Faiszt et Knausz.

Centimètres cubes de solution de savon employés.	Degrés allemands.
3,4	0,5
5,4	1,0
7,4	1,5
9,3	2,0

A une différence de 1 centimètre cube de solution de savon
correspond 0,25 degré.

11,3	2,5
13,2	3,0
15,1	3,5
17,0	4,0
18,9	4,5
20,8	5,0

A une différence de 1 centimètre cube de solution de savon
correspond 0,26 degré.

22,6	5,5
24,4	6,0
26,2	6,5
28,0	7,0
29,8	7,5
31,6	8,0

A une différence de 1 centimètre cube de solution de savon
correspond 0,277 degré.

33,3	8,5
35,0	9,0
36,7	9,5
38,4	10,0
40,1	10,5
41,8	11,0

A une différence de 1 centimètre cube de solution de savon
correspond 0,294 degré.

43,4	11,5
45,0	12,0

A une différence de 1 centimètre cube de solution de savon
correspond 0,31 degré.

Pour tous les nombres de centimètres cubes consignés dans cette table, on a donc directement la dureté en degrés allemands, à condition d'avoir opéré sur 100 centimètres cubes d'eau [1].

La dureté correspondant aux nombres de centimètres cubes de liqueur de savon ne figurant pas dans le tableau, se calcule de la manière suivante : on prend dans le tableau le nombre de centimètres cubes (A) immédiatement inférieur à celui (B) qu'on a trouvé, et on ajoute à A le produit de la différence de A et B multipliée par la fraction de degré correspondant à la différence de 1 centimètre cube de liqueur de savon.

Exemple : On a trouvé 19,5 cc.

La dureté est égale à $4,5 + (0,6 \times 0,26) = 4,656$, relation dans laquelle 4,5 est la dureté qui correspond à 18,9 cc., nombre qui précède immédiatement 19,5 dans le tableau.

Observation. — La détermination de la dureté des eaux par la liqueur de savon donne rapidement des indications souvent suffisantes au point de vue pratique ; mais il convient de faire remarquer que les résultats ne sont pas scientifiquement exacts. Elle ne permet pas de préciser quelle part, dans la dureté, revient à la chaux et à la magnésie ; elle ne renseigne pas non plus sur la proportion des sulfates et des carbonates. Le cas échéant, on obtiendra des données plus exactes sur la dureté en dosant dans l'eau la chaux, la magnésie et les sulfates.

---

[1] Si l'on n'a opéré que sur 50, 20 ou 10 centimètres cubes, on devra, naturellement, majorer le résultat dans la proportion de 50 à 100, 20 à 100, 10 à 100.

III

MINERAIS, SELS ET AUTRES PRODUITS INDUSTRIELS MINÉRAUX

PRINCIPAUX COMPOSÉS DU POTASSIUM, DU SODIUM ET DE L'AMMONIUM

Nous examinerons successivement dans ce paragraphe l'analyse des produits suivants :

1. Carbonate de potassium (potasse);
2. Chlorure de potassium et sulfate de potassium ;
3. Nitrate de potassium (salpêtre);
4. Chlorure de sodium ;
5. Carbonate de sodium (soude).
6. Sulfate de sodium ;
7. Nitrate de sodium ;
8. Sulfate d'ammonium.

1. CARBONATE DE POTASSIUM (potasse).

Les potasses du commerce sont obtenues par des procédés très divers ; on en fabrique, notamment, par le procédé Leblanc, en partant du sulfate de potassium ; par le procédé Engel, dont la matière première est le chlorure de potassium. Les cendres de bois, les mélasses des sucreries qui traitent la betterave, les eaux de dessuintage des laines, en fournissent aussi d'importantes quantités.

Les éléments *principaux* qu'on retrouve dans la plupart de ces produits et dont on tient compte dans les analyses sont, outre les matières insolubles et une certaine teneur en eau, du sulfate et du chlorure de potassium, et du carbonate de sodium.

On peut aussi rencontrer, mais en faible proportion, des silicates, cyanures, sulfures, phosphates, alcalis caustiques, etc., mais, en règle générale, ces composés n'entrent pas en ligne de compte dans les analyses courantes.

EXEMPLES DE COMPOSITION

	Potasses de cendres végétales.		Potasses de suint.	
K^2CO^3	74,10	50,84	78,10	79,92
Na^2CO^3	3,00	12,14	4,25	3,17
K^2SO^4	13,52	17,44	3,12	4,00
KCl	0,90	5,80	7,16	7,60
Eau	7,23	10,18	1,90	0,96
Matières insolubles.	0,11	3,60	5,28	4,23

Les potasses raffinées pour cristallerie, etc., sont pour ainsi dire chimiquement pures.

Les indications données ci-après au sujet de l'analyse des potasses de suint permettent aussi d'établir la composition des potasses d'autres provenances.

ANALYSE D'UNE POTASSE DE SUINT

On désigne sous ce nom le carbonate potassique brut qu'on obtient par la calcination du résidu de l'évaporation des eaux de dessuintage des laines.

Ce produit, utilisé notamment dans la fabrication des savons mous, contient ordinairement de 75 à 80 p. 100 de K^2CO^3, le reste étant formé de matières insolubles, de chlorures et de sulfates de potassium et de sodium et de carbonate sodique. La valeur dépend de la teneur en carbonate potassique.

L'analyse comprend les déterminations suivantes : humidité, matières insolubles, chlore, anhydride sulfurique, potassium total, alcalinité totale, calculée en K_2CO_3; la teneur en carbonate sodique se déduit par le calcul.

Marche à suivre. Dosage de l'humidité. — On pèse 3 à 5 grammes de matière dans un creuset de platine taré; on chauffe quelques minutes à l'aide d'une petite flamme, le creuset étant fermé; on pèse de nouveau après refroidissement; la perte de poids correspond à l'humidité.

Dosage des divers éléments. — On dissout une prise d'essai de 10 grammes dans l'eau chaude; on laisse déposer, puis on filtre sur filtre taré desséché à 100° et on recueille le filtrat dans un matras jaugé d'un demi-litre; les matières insolubles restent sur le filtre; on continue le lavage jusqu'à ce que le liquide qui passe à la filtration ne modifie plus un bout de papier rouge de tournesol, c'est-à-dire jusqu'à disparition de toute réaction alcaline. Le filtre avec son contenu est alors desséché à 100° jusqu'à poids constant.

L'ensemble du filtrat et des eaux de lavage est dilué au volume de un demi-litre; on agite afin de rendre le liquide homogène, et on procède aux divers dosages dans des volumes mesurés du liquide.

a. *Dosage du chlore par titrimétrie au moyen du nitrate d'argent.*

Solutions nécessaires. — α. Solution de nitrate d'argent à 17 grammes par litre, préparée par pesée directe de $AgNO_3$ cristallisé pur.

3. Solution de chromate potassique à 10 p. 100 environ.

On neutralise aussi exactement que possible 50 centimètres cubes de la solution de potasse par l'acide nitrique, dont on détruit un excès éventuel par addition de carbonate de calcium précipité ; on ajoute quelques gouttes d'une solution de K^2CrO^4 à 10 p. 100 et on titre au moyen de la solution argentique jusqu'à ce que, tout le chlore étant précipité, le liquide prenne une teinte rosée résultant de la formation de Ag^2CrO^4 ; les réactions sont les suivantes :

$$KCl + AgNO^3 = AgCl + KNO^3$$

Puis :

$$K^2CrO^4 + 2AgNO^3 = Ag^2CrO^4 + 2KNO^3,$$

Le nombre de centimètres cubes de solution argentique employés permet de calculer la quantité de chlore contenue dans les 50 centimètres cubes correspondant à 1 gramme de matière.

b. *Dosage des sulfates.* — On neutralise 100 centimètres cubes par l'acide chlorhydrique, on fait bouillir et on précipite à l'ébullition par une solution chaude de chlorure barytique employée en léger excès ; on entretient encore l'ébullition pendant quelques minutes, puis on laisse déposer le sulfate barytique formé ; on filtre après quelques heures de repos ; on lave le précipité à plusieurs reprises par décantation au moyen d'eau bouillante, on achève le lavage sur filtre jusqu'à ce que les eaux de lavage ne donnent plus trace de réaction de chlore, puis on sèche et calcine le précipité[1].

[1] *Remarque au sujet de la précipitation et du dosage du sulfate barytique.* La précipitation du sulfate barytique doit se faire en solution chlorhydrique *très légèrement acide;* en effet, en présence d'acide libre en quantité importante, il se peut qu'une partie du sulfate soit dissoute;

c. *Dosage de l'alcalinité totale calculée en* K^2CO^3. — *Solutions nécessaires* : Solution titrée d'acide sulfurique contenant de 40 à 50 grammes de H^2SO^4 par litre; une solution normale (49 grammes par litre) convient très bien ici [1]. On la prépare en titrant de l'acide ayant approximativement une densité de 1,029 [2] au moyen de une ou deux prises d'essai de carbonate sodique préalablement desséché en le chauffant très modérément à la lampe dans un creuset; on se servira comme indicateur de la solution de méthylorange à 1 p. 100. Cet indicateur a l'avantage de ne pas être modifié par l'anhydride carbonique qui se forme pendant la réaction :

$$Na^2CO^3 + H^2SO^4 = Na^2SO^4 + H^2O + CO^2$$

Son emploi permet donc de titrer à froid ; la neutralisation est complète lorsque la teinte vire du jaune au

le liquide doit aussi être absolument exempt de nitrates et d'acide nitrique pour la même raison.

La précipitation doit se faire dans le liquide bouillant, le réactif étant lui-même chauffé; ce n'est que dans ces conditions qu'on obtient un précipité de sulfate grenu, se déposant rapidement et d'un lavage facile.

Le sulfate barytique retenant énergiquement une certaine quantité des sels en présence desquels il est précipité, on doit apporter à son lavage des soins tout particuliers. Le lavage se fera d'abord par décantation à trois ou quatre reprises au moyen d'eau bouillante ; on amènera ensuite le précipité sur le filtre, et on continuera à laver à l'eau bouillante jusqu'à ce que les eaux de lavage ne renferment plus trace de chlorure.

Le sulfate barytique bien lavé, se présente après calcination sous forme d'une poudre blanche; si le lavage a été incomplet, il forme souvent une masse cohérente.

[1] En pratique, la solution titrée qui intervient dans un dosage titrimétrique quelconque, doit être de concentration telle qu'on en emploie de 20 à 30 centimètres cubes pour le dosage. Si le volume employé est très faible, les erreurs de lecture ont une influence d'autant plus accentuée sur le résultat de l'essai; si le volume nécessaire dépasse celui de la burette, on doit faire quatre lectures au lieu de deux et les chances d'erreur augmentent en conséquence.

[2] On se servira avantageusement pour cette détermination de la balance densimétrique de Mohr-Westphal.

rose ; le virage s'observe d'autant plus nettement qu'on aura employé moins d'indicateur ; en pratique, deux gouttes de la solution suffisent amplement.

La solution sulfurique étant titrée, on la fait agir sur 100 centimètres cubes du liquide à analyser en se servant du méthylorange comme indicateur.

L'alcalinité est calculée en K^2CO^3 d'après l'équation :

$$K^2CO^3 + H^2SO^4 = K^2SO^4 + H^2O + CO^2.$$

d. *Dosage du potassium.* — On prélève 50 centimètres cubes du liquide, on les introduit dans un matras jaugé de 100 centimètres cubes, et on ajoute de l'acide chlorhydrique jusqu'à neutralisation ; on ajoute ensuite une quantité de chlorure barytique cristallisé $BaCl^2 + 2H^2O$ correspondant exactement aux sulfates contenus dans les 50 centimètres cubes analysés. Le but est de transformer ces sulfates en chlorures afin de se placer dans les conditions les plus favorables pour le dosage du potassium à l'état de chloroplatinate potassique.

Lorsque le précipité de sulfate barytique s'est formé, on complète le volume de 100 centimètres cubes avec de l'eau distillée ; on agite pour rendre le liquide homogène, on laisse déposer, puis on filtre sur filtre sec et on reçoit le liquide dans un vase sec ; on prélève 20 centimètres cubes qu'on additionne de chlorure de platine en quantité suffisante pour transformer tout le potassium et le sodium en chloroplatinates.

$$2 KCl + PtCl^4 = K^2PtCl^6.$$
$$2 NaCl + PtCl^4 = Na^2PtCl^6$$

On évapore à siccité au bain-marie et on reprend le

résidu par l'alcool qui dissout l'excès de chlorure platinique, et le chloroplatinate sodique ; on recueille le K^2PtCl^6 sur un petit filtre taré, on lave à l'alcool jusqu'à élimination complète du chlorure platinique en excès, puis on sèche à 120° et on pèse.

Afin d'éviter l'emploi du filtre taré, on enlève le précipité desséché du filtre et on le met en réserve sur un verre de montre.

Le filtre, replacé dans l'entonnoir, est lavé avec un minimum d'eau bouillante jusqu'à enlèvement des dernières traces de chloroplatinate, et la solution, recueillie dans une capsule tarée, est évaporée à siccité ; on ajoute au résidu le précipité mis en réserve, on dessèche le tout à 120° et on pèse.

Remarque. — Se souvenir qu'on a opéré sur le 1/50 du volume total du liquide.

Calcul des résultats. — Les résultats de l'analyse sont calculés d'une façon conventionnelle :

1. On calcule en KCl et K^2SO^4 les teneurs Cl et SO^3 trouvées.

2. On convertit en K^2CO^3 par le calcul le KCl et le K^2SO^4 trouvés en 1 :

2KCl correspondent à K^2CO^3.

K^2SO^4 correspond à K^2CO^3.

3. On calcule en K^2CO^3 le potassium total.

4. On soustrait du K^2CO^3 calculé en 3, le K^2CO^3 correspondant à KCl et à K^2SO^4 ; le reste représente le K^2CO^3 réel.

5. On soustrait ce reste du K^2CO^3 obtenu dans l'essai alcalimétrique ; le nouveau reste représente un certain pourcentage en K^2CO^3 ; on le convertit par le calcul en

Na^{2}CO^3, en se basant sur le rapport des poids moléculaires de K^{2}CO^3 et de Na^{2}CO^3.

EXEMPLE

K^{2}CO^3 correspondant au potassium total.	92,60
K^{2}CO^3　　　»　　　　à KCl	7,10
K^{2}CO^3　　　»　　　　à K^{2}SO^4	3,45
K^{2}CO^3 réel 92,00 — (7,10 + 3,45)	81,45
K^{2}CO^3 trouvé par le dosage alcalimétrique. . . .	84,32
K^{2}CO^3 correspondant au Na^{2}CO^3 (84,32 — 81,45) .	2,87
Na^{2}CO^3.	2,20

2. Chlorure et sulfate de potassium

Les chlorures et sulfates de potassium du commerce sont préparés à différents degrés de pureté au moyen des sels extraits des gisements salins : sylvine KCl, carnallite (KCl.MgCl^2), kaïnite (K^{2}SO^4.MgSO^4.MgCl^2. 6H^{2}O), etc..

EXEMPLES DE COMPOSITION DE SYLVINE, CARNALLITE ET KAÏNITE

DE STASSFURT

Sylvine.		Carnallite.			Kaïnite.		
K . .	52,4	MgCl^2. .	31,46	36,03	MgO . .	11,56	10,10
Cl . .	47,4	KCl . . .	24,27	27,41	K^{2}O . .	22,82	23,38
		NaCl . .	5,10	0,23	SO^3 . .	38,52	39,74
		CaCl^2 . .	2,62	—	Cl . . .	0,81	0,28
		CaSO^4. .	0,84	1,14	H^{2}O . .	26,20	26,07
		Fe^{2}O^3 . .	0,14	—			
		H^{2}O . . .	35,57	35,03			

Les dosages que comprend l'analyse de ces sels sont : humidité, potassium, sodium, calcium, magnésium, sulfates, chlorures.

Dosage de l'humidité. — Si l'échantillon contient du chlorure magnésique et qu'on le chauffe au rouge, il y aura dégagement d'acide chlorhydrique ; on ne peut, par conséquent, doser l'eau dans ce cas par calcination. On doit donc, avant tout, s'assurer au moyen du papier de tournesol si une prise d'essai chauffée dans un tube sec donne des vapeurs acides ou non. Dans le second cas, on dose l'eau dans une prise d'essai de 2 grammes, exactement comme dans l'analyse des potasses. (Voir p: 47.)

Dans le premier cas, on opère la calcination en présence de carbonate de sodium sec, afin d'empêcher tout dégagement d'acide, et on recueille l'eau dans un tube à chlorure calcique.

On dessèche au rouge naissant du carbonate sodique, et on en mélange intimement 1,5 gr. environ avec 2 grammes du chlorure à analyser. Le tout est introduit dans une nacelle qu'on place elle-même dans un tube en verre dur d'une trentaine de centimètres de longueur. On fait arriver par une des extrémités du tube un courant lent d'air desséché par son passage dans un flacon laveur chargé d'acide sulfurique concentré ; à l'autre extrémité est fixé un tube à chlorure calcique taré. (V. dosage du C. et du H. dans la houille, p. 31.) On chauffe graduellement au rouge, afin d'éliminer l'eau qui est retenue à la sortie de l'appareil dans le tube à chlorure calcique. L'augmentation de poids de ce dernier donne la proportion d'eau.

DOSAGE DES BASES ET DES ACIDES. — On dissout 10 grammes dans l'eau chaude, on filtre pour séparer les matières insolubles et on dilue le filtrat au volume de 500 centimètres cubes dans un matras jaugé.

a. *Dosage du chlore.* — Se fait par le nitrate d'argent dans une prise d'essai de 50 centimètres cubes. (Voir p. 47.)

b. *Dosage des sulfates.* — Se fait par le chlorure barytique dans une prise d'essai de 50 centimètres cubes. (V. p.48.)

c. *Dosage de la chaux.* — Se fait en précipitant la chaux à l'état d'oxalate de calcium par l'oxalate ammonique dans 100 centimètres cubes du liquide alcalinisés par l'ammoniaque. (V. plus loin : *analyse des calcaires* pour les détails.)

d. *Dosage de la magnésie.* — On précipite la magnésie à l'état de phosphate ammoniaco-magnésique dans le filtrat du précipité obtenu dans l'opération précédente, concentré au volume de 100 centimètres cubes environ. (V. *Analyse des calcaires.*)

e. *Dosage du potassium et du sodium.* — On prélève 50 centimètres cubes, on ajoute un peu de lait de chaux et on fait bouillir afin de précipiter la magnésie.

On pèse la quantité de chlorure barytique cristallisé ($BaCl^2.2H^2O$) nécessaire pour précipiter dans le liquide filtré, l'acide sulfurique (on se base sur les résultats obtenus en b.), on dissout le chlorure barytique dans un peu d'eau chaude et on précipite les sulfates à l'ébullition. (Voir p. 48.)

On laisse refroidir le liquide, puis on ajoute un peu d'ammoniaque et de carbonate ammonique pour éliminer la chaux restant encore dans le liquide; on filtre, on évapore le filtrat à siccité, on dessèche le résidu à l'étuve vers 100°, puis on calcine au rouge faible, pour volatiliser les sels ammoniques. Le résidu fixe est repris par un peu d'eau et additionné d'un peu d'ammoniaque et de carbonate ammonique, afin de s'assurer qu'il ne reste plus de chaux. Le cas échéant, on filtre, puis on évapore de nouveau, dessèche, calcine et pèse le résidu qui est formé par les chlorures de potassium et de sodium. On dose ensuite le potassium à l'état de chloroplatinate. (V. p. 50.); la teneur en sodium est calculée par différence.

3. NITRATE DE POTASSIUM (SALPÊTRE)

Le salpêtre raffiné, tel qu'il est employé dans la fabrication de la poudre, est une matière à peu près pure, ne contenant guère que 0,2 à 0,3 p. 100 d'éléments étrangers et ne pouvant, notamment, renfermer que de très faibles quantités de chlorure sodique, au maximum 0,011 p. 100. L'analyse complète comprend les dosages suivants : Eau, matières insolubles dans l'eau, chlore, sulfates, chaux, magnésie, potassium, sodium, acide perchlorique.

a. *Dosage de l'eau.* — On chauffe 5 grammes, jusqu'à poids constant, à 120°.

b. *Dosage des matières insolubles.* — On dissout 100 grammes de la matière dans l'eau chaude; après dépôt des matières insolubles, on filtre sur filtre taré après dessiccation à 100°; on lave; le filtre et son contenu sont séchés de nouveau à 100°; l'augmentation de poids correspond aux matières insolubles.

c. *Dosage du chlore.* — Le filtrat de l'opération précédente est acidulé par l'acide nitrique, additionné d'un peu de nitrate d'argent pour précipiter le chlore à l'état de chlorure d'argent, et chauffé pendant assez longtemps à la température du bain-marie et à l'abri de la lumière, afin de favoriser le dépôt du chlorure d'argent; on laisse reposer du jour au lendemain, puis on filtre le précipité de chlorure d'argent sur un tout petit filtre. Après lavage et dessiccation, on incinère dans un creuset de porcelaine ; on ajoute deux gouttes d'acide nitrique dilué pour retransformer en nitrate l'argent réduit pendant l'incinération du filtre ; on évapore, puis on transforme le nitrate en chlorure à l'aide d'une goutte d'acide chlorhydrique ; on évapore l'excès d'acide, puis on calcine modérément à la lampe et on pèse après refroidissement.

d. *Dosage de la chaux, de la magnésie et des sulfates.* — Le salpêtre raffiné ne contient, en général, que des quantités extrêmement faibles de chaux et de magnésie. Il est fréquemment exempt de sulfates.

Le cas échéant, on pourra rechercher ces éléments (et éventuellement les doser, en opérant sur de fortes prises d'essai) en suivant les indications données pour les mêmes déterminations dans le salpêtre du Chili. (V. plus loin.)

Dosage du potassium. — On dissout 10 grammes de matière dans l'eau ; on dilue au volume de 500 centimètres cubes ; on prélève 25 centimètres cubes (=0,5 gr.) et on évapore à siccité après addition de quelques centimètres cubes d'acide chlorhydrique, afin de transformer le nitrate en chlorure. Le résidu est repris par quelques centimètres cubes d'acide chlorhydrique ; on évapore de nouveau afin d'être certain de l'élimination de tout l'acide nitrique, puis, s'il y a lieu, on se débarrasse de l'acide sulfurique par le chlorure barytique en aussi léger excès que possible. L'excès de baryum est ensuite éliminé par le carbonate ammonique et l'ammoniaque. Le filtrat, qui contient le potassium à l'état de chlorure, est évaporé après avoir été acidulé par l'acide chlorhydrique. Le potassium est dosé à l'état de chloro-platinate. (V. pour les détails de l'opération, p. 50.)

c. *Recherche et dosage du perchlorate*. — On peut opérer comme dans le cas du nitrate de sodium (salpêtre du Chili). V. plus loin.

4. CHLORURE DE SODIUM

Cette substance, telle qu'on la trouve dans le commerce, peut renfermer diverses impuretés, notamment des chlorures et sulfates de calcium et magnésium et des matières insolubles : oxyde de fer, sable, carbonate de calcium, etc.

EXEMPLES DE COMPOSITION

NaCl.	99,40	94,57	100,00
CaCl².	0,25	—	
MgCl²	0,12	0,07	Traces.
CaSO⁴	0,20	0,90	
Argile, oxyde de fer etc.	—	3,25	

Dosage de l'humidité. — On chauffe graduellement au rouge faible dans un creuset de platine couvert, afin d'éviter les projections, 5 grammes de matière.

Dosage des bases et des acides. — On dissout 10 grammes dans l'eau, on filtre pour isoler les matières insolubles et on dilue le filtrat au volume de un demi-litre.

Le résidu insoluble est, après dessiccation, calciné et pesé.

Des 500 centimètres cubes formant la solution des 10 grammes, on prélève : 25 centimètres cubes (= 0,5 gr.) pour le dosage du chlore ;

200 centimètres cubes (= 4 grammes), pour le dosage des sulfates ;

200 centimètres cubes (= 4 grammes), pour le dosage de CaO et MgO.

Pour ces divers dosages, voir l'analyse du chlorure de potassium, p. 52.

5. Carbonate de sodium (Soude).

Le carbonate de sodium du commerce destiné aux usages industriels, (verrerie, savonnerie, etc.), est souvent un produit assez pur dans lequel la proportion des éléments étrangers n'atteint que 1 à 2 p. 100.

Les principaux dosages que l'on peut avoir à faire sont les suivants : alcalinité totale, matières insolubles, chlorures, sulfates, fer. On peut aussi être amené à rechercher la présence de la soude caustique, du sulfure et du sulfite sodique.

Marche à suivre. — On dissout dans l'eau chaude 30 grammes du produit sec, on filtre sur filtre taré pour retenir les matières insolubles qu'on pèse après dessiccation à 110°. Le filtrat est dilué au volume de 500 centimètres cubes. On prélève ensuite :

a. 25 centimètres cubes (= 1,5 gr.) pour le dosage de l'alcalinité totale calculée en $Na^2 CO^3$;

b. 100 centimètres cubes (= 6 grammes), pour le dosage des sulfates ;

c. 100 centimètres cubes (= 6 grammes) pour le dosage des chlorures.

Les méthodes pour l'exécution des dosages *a*, *b* et *c*, sont exactement celles qui ont été décrites à propos des dosages correspondants dans les potasses (V. p. 47 et suiv.)

d. *Dosage du fer.* — Le dosage peut se faire par colorimétrie en faisant agir une solution de sulfocyanate alcalin qui, au contact des sels ferriques, produit une coloration plus ou moins rougeâtre, suivant la quantité de fer en présence.

$$Fe^2Cl^6 + ^6KSCN = 6KCl + Fe^2(SCN)^6.$$

On dissout 5 grammes de soude dans l'acide chlorhydrique en léger excès, on chauffe après addition de quelques grains de chlorate potassique, puis on dilue au volume de 250 centimètres cubes dans un vase de verre haut et étroit ; on a, d'autre part, préparé à l'aide de fil de clavecin, une solution titrée de chlorure ferrique contenant par centimètre cube 0,001 gr. de fer. On place dans des vases identiques à celui dans lequel on a introduit la soude, 5 grammes de carbonate sodique chimiquement pur, en solution dans l'eau et 1, 2, 3, etc. centimètres cubes de la solution ferrique ; on acidule par l'acide chlorhydrique en léger excès et on dilue au volume de 250 centimètres cubes. On ajoute ensuite dans chaque vase (essai et témoins) 1 ou 2 centimètres cubes de solution de sulfocyanate alcalin ; on agite, puis on place la série de vases sur un fond blanc et on compare l'intensité de la teinte de l'essai à celle des différents témoins.

e. *Dosage de la soude caustique.* — PRINCIPE. — Précipiter le carbonate sodique par le chlorure barytique à l'état de $BaCO^3$; puis titrer la soude caustique dans le liquide débarrassé du carbonate barytique.

On prélève 100 centimètres cubes de la solution de soude (V. plus haut) ; on les introduit dans un matras jaugé de un demi litre, on ajoute du chlorure barytique en excès puis de l'eau bouillante ; on agite pour provoquer l'agglomération du carbonate barytique, puis on dilue jusqu'au trait de jauge ; on laisse déposer, puis, sans filtrer, on prélève 100 centimètres cubes du liquide clair, on laisse refroidir et on titre la soude caustique au moyen d'un acide titré (par exemple, l'acide employé pour le dosage *a* (p. 58) dilué de 5 à 10 fois son volume d'eau) avec le méthylorange comme indicateur.

f. Na^2CO^3 réel. — La quantité de NaOH trouvée en *e* doit être convertie par le calcul en quantité correspondante de Na^2CO^3 et cette dernière sera soustraite du résultat trouvé en *a* et exprimant l'alcalinité totale, soude caustique comprise.

g. *Recherche et dosage des sulfures.* — On traite 50 centimètres cubes de la solution de soude par quelques gouttes de solution de nitrate d'argent. Il se formera, en cas de présence de sulfures, une coloration ou un précipité noir.

Le cas échéant, on dosera les sulfures de la manière suivante : (Lunge.)

On fait bouillir la prise d'essai, on ajoute un peu d'ammoniaque, puis on laisse couler d'une burette graduée une solution de nitrate argentique ammoniacale (contenant par litre 13,345 gr. d'argent, et correspondant à 0,005 gr. de Na^2S par centimètre cube, jusqu'à ce qu'il ne se produise plus de précipité de sulfure d'argent. Afin de mieux juger le terme de l'essai, on filtre vers la fin de l'opération, et on continue l'addition du réactif goutte à goutte dans le filtrat.

h. *Dosage des sulfites.* — (Lunge). On acidule 50 centimètres cubes de la solution de soude par l'acide acétique, on ajoute 2 centimètres cubes d'empois d'amidon et on titre avec une solution déci-normale d'iode[1] jusqu'à coloration bleue persistante. Chaque centimètre cube de la solution d'iode correspond à 0,0063 gr. de Na^2SO^3.

Du résultat obtenu, il faut déduire le résultat trouvé en g. Pour cela, on retranche du nombre de centimètres cubes d'iode employés, 1,3 c. c. par centimètre cube de solution argentique employée en g.

6. SULFATE DE SODIUM

Une grande quantité de sulfate de sodium du commerce est utilisée comme matière première de la fabrication du verre, usage pour lequel le produit doit être relativement pur et ne contenir, notamment, que de faibles quantités de fer.

Outre la détermination de la teneur en sulfate Na^2SO^4, l'analyse comprend les dosages suivants : humidité, résidu insoluble dans l'eau, sulfate acide de sodium, sulfates de calcium, de magnésium, de fer, d'aluminium ; chlorure de sodium.

EXEMPLES DE COMPOSITION

Humidité.	0,00	—
Matières insolubles.	0,14	1,23
Sulfate neutre de sodium. .	95,55	93,35
» acide » . .	1,50	—
Chlorure de sodium	0,00	0,11
Sulfate ferrique	0,13	0,33
» d'aluminium	0,39	2,00
» de calcium.	0,73	0,50
» de magnésium . . .	0,51	0,32

Dosage de l'humidité. — On cherche qualitativement,

[1] 12,7 gr. d'iode sublimé, dissous dans 18 grammes d'iodure potassique et un peu d'eau ; on dilue ensuite au volume de 1 litre.

si une prise d'essai, chauffée dans un tube, dégage ou non des vapeurs acides. — Dans le second cas, on peut doser l'eau par perte de poids de la matière chauffée au rouge faible ; dans le premier cas, on doit opérer la calcination en présence de carbonate sodique, c'est-à-dire en présence d'une matière capable de fixer les vapeurs acides ; l'eau est dosée par absorption au moyen de chlorure de calcium. (Tout ce qui a été dit à propos du dosage de l'eau dans le chlorure de potassium est applicable ici. (V. p. 52).

Dosage du sulfate acide. — On dissout dans un minimum d'eau 5 grammes de sulfate ; on ajoute 9 grammes de chlorure barytique solide, qui précipite tout l'acide sulfurique à l'état de sulfate barytique, transformant ainsi les différents sulfates en chlorures. On ajoute sans filtrer quelques gouttes de teinture de tournesol, puis on titre jusqu'à virage au bleu de l'indicateur, au moyen d'une solution titrée de soude caustique de faible concentration, déci-normale, par exemple. On calcule la quantité d'acide neutralisée par la soude d'après l'équation :

$$2NaOH + H^2SO^4 = Na^2SO^4 + 2H^2O.$$

Du résultat trouvé, on soustrait l'acide correspondant au fer et à l'alumine : $[Fe^2(SO^4)^3, Al^2(SO^4)]^3$ en se basant sur les teneurs trouvées pour ces deux éléments (V. la suite de l'analyse). Le reste représente le H^2SO^4 combiné à l'état de sulfate acide.

Observation. — L'addition de chlorure barytique a pour but de transformer en chlorures les sulfates, et spécialement les sulfates de fer et d'alumine. Avec ces derniers, l'hydrate sodique formerait des sulfates basi-

ques, tandis qu'avec les chlorures il forme les hydrates,
de formules bien déterminées.

*Dosage des matières insolubles et des éléments sui-
vants: anhydride sulfurique total, fer, aluminium, chaux
et magnésie.* — On dissout 20 grammes dans l'eau, on
filtre, pour séparer les matières insolubles, et on dilue
le filtrat au volume de un demi-litre dans un matras jaugé.
Si le liquide n'est pas complètement limpide, on le clarifie par addition de quelques gouttes d'acide chlorhydrique avant de parfaire le volume de un demi-litre.

Le filtre contenant les matières insolubles, est, après
dessiccation, calciné au rouge avec son contenu. Le résidu
est pesé.

On prélève 25 centimètres cubes du liquide, (= 1 gramme
de matière), on les dilue au volume d'environ 200 à
250 centimètres cubes, on ajoute 2 centimètres cubes
d'acide chlorhydrique concentré et on dose l'acide sulfurique par le chlorure de baryum, d'après les indications données page 18.

300 centimètres cubes (= 12 grammes de matière)
sont additionnés de 2 grammes environ de chlorure
ammonique, puis traités à chaud par l'ammoniaque en
quantité suffisante pour précipiter le fer et l'alumine à
l'état de $Fe^2(OH)^6 + Al^2(OH)^6$.

On laisse déposer, filtre et lave le précipité, qui, après
dessiccation, est calciné et pesé. On connaît ainsi le poids
de $Fe^2O^3 + Al^2O^3$. — Le précipité est redissous par
digestion en vase couvert et à température modérée
(60 à 70°), dans 10 centimètres cubes d'acide chlorhydrique concentré ; le chlorure ferrique formé peut
être titré par le chlorure stanneux, (voir pour les détails du procédé, l'analyse des minerais de fer).

La quantité de fer à doser étant généralement faible, on emploiera une solution de chlorure stanneux contenant au maximum 2 grammes d'étain par litre : le titre fer d'une pareille solution est d'environ 2 milligrammes. La quantité de fer à doser étant connue, on calcule le poids correspondant de Fe^2O^3 ($2Fe$ correspondent à Fe^2O^3) et, en soustrayant le poids obtenu de celui de la somme des oxydes de fer et d'alumine, on a le poids d'alumine.

Le filtrat séparé du précipité des hydrates de fer et d'alumine est concentré au volume d'environ 200 centimètres cubes ; on y dose successivement la chaux par l'oxalate ammonique, et la magnésie par le phosphate ammonique, d'après les indications données à propos de l'analyse des calcaires. (V. plus loin).

Dosage du chlore. — On dissout dans l'eau 5 à 10 grammes de matière ; on filtre, acidule par l'acide nitrique et dose le chlore par le nitrate d'argent, d'après les indications de la page 47.

Calcul de la teneur en sulfate neutre. — On calcule les quantités de SO^3 correspondant au fer, à l'alumine, à la chaux, à la magnésie pour donner : $Fe^2(SO^4)^3$, $Al^2(SO^4)^3$, $CaSO^4$, $MgSO^4$. En retranchant ces quantités, augmentées du SO^3 existant à l'état de sulfate acide, du poids d'anhydride sulfurique total trouvé, on a le poids de SO^3 existant à l'état de sulfate neutre, Na^2SO^4, et par suite, ce sulfate neutre lui-même.

7. NITRATE DE SODIUM. (SALPÊTRE DU CHILI).

Le salpêtre du Chili tel qu'on le trouve dans le commerce est généralement assez pur. La substance étant hygroscopique, contient toujours une certaine proportion d'eau ; on y trouve régulièrement des chlorures et des sulfates, et souvent aussi de la chaux, de la magnésie et du perchlorate. Depuis quelques années l'attention a été particulièrement attirée sur ce dernier composé ; un des principaux usages du salpêtre du Chili, est, comme on le sait, de servir comme engrais, et l'on a observé que la présence du perchlorate, même en petite quantité (1 et 1/2 à 2 p. 100) dans le salpêtre, exerce une action très nuisible, particulièrement à l'égard des cultures de seigle.

EXEMPLES DE COMPOSITION DE SALPÊTRES RAFFINÉS

$NaNO^3$	96,28	93,75	92,92
$NaCl$	1,02	2,72	2,75
Na^2SO^4	—	0,18	0,19
Humidité	2,25	2,40	2,76

Dosage de l'humidité. — On pèse 10 grammes de nitrate dans un creuset de porcelaine taré, et on chauffe jusqu'à commencement de fusion ; après refroidissement, on pèse de nouveau. La perte de poids correspond à l'eau dégagée.

Dosage du nitrate sodique. — a. Méthode basée sur l'emploi du nitromètre. — *Principe :* Décomposer le nitrate par l'acide sulfurique et réduire par le mercure, l'acide nitrique à l'état d'oxyde nitrique dont on mesure le volume.

Le nitromètre de Lunge (fig. 9) dont on peut faire usage ici, se compose d'un tube mesureur gradué T, relié par sa partie inférieure, au moyen d'un tube en caoutchouc, à un tube de niveau N. La partie supérieure du tube mesureur porte un robinet à trois voies, à l'aide duquel on peut établir la communication avec un petit godet de verre *g*, ou avec un tube *t*.

L'appareil étant chargé de mercure, on manœuvre le tube de niveau de façon que le mercure arrive à hauteur du robinet qui termine le tube mesureur. On verse alors dans le godet la prise d'essai du nitrate à analyser (0,25 gr.) puis un demi-centimètre cube d'eau pour la dissoudre, au moins en partie ; on abaisse ensuite légèrement le tube de niveau, puis, à l'aide du robinet, on fait communiquer le tube mesureur avec le godet ; la solution de nitrate, mélangée de cristaux non dissous, pénètre ainsi dans le tube ; on rince avec un demi-centimètre cube d'eau, puis on verse dans le godet, en deux ou trois fois, 15 centimètres cubes d'acide sulfurique concentré et pur, qu'on introduit ensuite dans le nitromètre. Pendant cette manipulation, il faut éviter soigneusement de

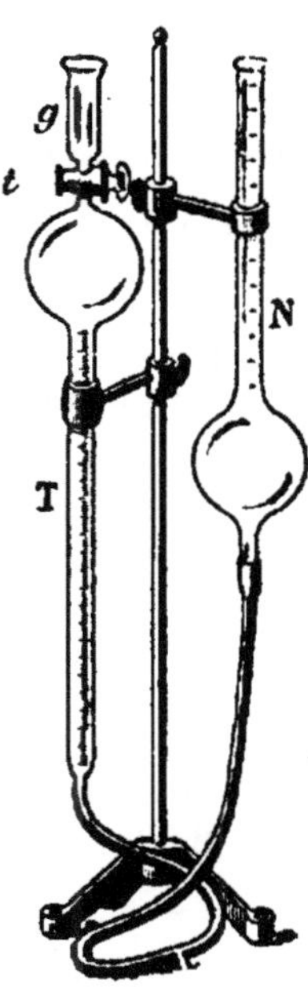

Fig. 9.

laisser pénétrer de l'air dans l'appareil. On enlève alors le tube mesureur de son support, puis, en l'inclinant et le redressant vivement un certain nombre de fois, on assure la décomposition complète de l'acide nitrique par le mercure.

Lorsque le volume du gaz n'augmente plus, on remet le tube mesureur en place, et après une demi-heure de repos, on fait la lecture. Pour cela, on égalise le niveau du mercure dans les deux tubes ; dans ces conditions, étant donné la colonne d'acide sulfurique contenue dans le tube mesureur, l'oxyde nitrique est à une pression un peu trop faible. On verse 2 centimètres cubes d'acide sulfurique concentré dans le godet, et, ouvrant le robinet, on fait passer dans le tube mesureur, une partie de cet acide.

On abaisse ensuite lentement le tube de niveau jusqu'à ce que, à une ou deux gouttes près, le reste de l'acide soit entré dans le tube; on fixe le tube de niveau dans cette position ; on ferme le robinet; on attend que l'acide qui mouille les parois soit descendu, puis on lit le volume occupé par l'oxyde nitrique, et l'on note en même temps la température et la pression barométrique. (D'après L. L. De Koninck).

Le poids P de l'oxyde nitrique est donné par la relation :

$$P = \frac{V \times B}{(1 + 0,003665 \, t) \, 760} \times 0,0013426.$$

dans laquelle V est le volume du gaz ; B la pression barométrique ; t, la température ; 0,0013426, le poids de 1 centimètre cube d'oxyde nitrique.

Du poids P de NO, on déduit le poids correspondant de $Na\,NO^3$.

b. *Méthode Schlœsing-Grandeau.* — (*Appareil modifié par L. L. De Koninck*). — *Principe* : réduire à l'abri de l'air, l'acide nitrique par le chlorure ferreux, et mesurer le volume de l'oxyde nitrique produit.

$$3Fe^2Cl^4 + 2NaNO^3 + 8HCl = 3Fe^2Cl^6 + 2NO + 4H^2O + 2NaCl.$$

L'appareil (fig. 10) se compose d'un ballon distillatoire de un quart de litre environ, avec tube latéral redressé verticalement et surmonté d'un petit entonnoir raccordé au tube par un bout de tuyau en caoutchouc avec pince à ressort. Le ballon porte un tube de dégagement re-

courbé, dont la longueur entre *a* et *b* est de 76 centimètres au minimum. L'extrémité inférieure est soudée
à un tube vertical *t*, ouvert aux deux bouts; sur la partie supérieure est fixé un anneau de liège de 1 centimètre d'épaisseur, dont la partie supérieure porte trois

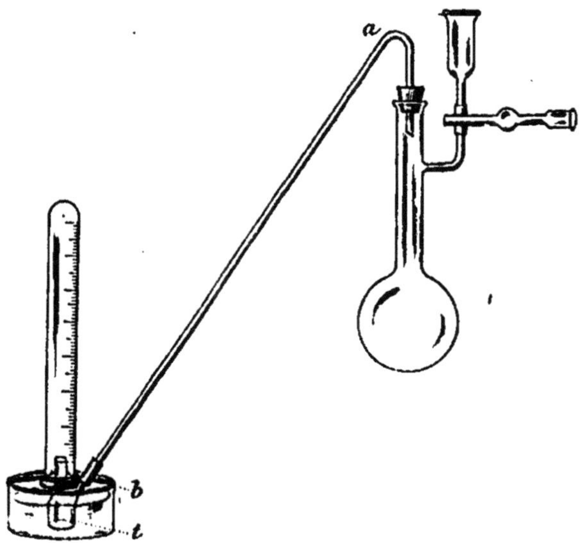

Fig. 10.

ou quatre petites échancrures. Ce dispositif plonge dans
un cristallisoir contenant du mercure dont le niveau
doit affleurer au-dessus de la soudure des tubes, sans
atteindre, cependant, la partie supérieure de l'anneau
en liège. L'appareil est complété par une cuve à eau.
Une éprouvette graduée de 100 centimètres cubes, remplie d'eau bouillie froide, s'appuie sur l'anneau de liège;
elle communique avec l'eau de la cuve par les échancrures. Par cette disposition, toute perte de gaz est évitée; de plus, en cas d'absorption, le mercure seul monte
dans le tube de dégagement, mais ne peut, à cause de
la longueur de celui-ci, arriver dans le ballon.

Mode opératoire. — On introduit dans le ballon 50 centimètres cubes d'une solution de chlorure ferreux saturée à froid, et un égal volume d'acide chlorhydrique concentré ; on remplit d'acide chlorhydrique, densité 1,1, le tube latéral jusque dans la douille de l'entonnoir, puis on fait bouillir jusqu'à ce qu'il ne se dégage plus de bulles de gaz à l'extrémité du tube. L'appareil est alors purgé d'air. Entre temps, on a dissous dans de l'eau bouillie, 16,5 gr. du nitrate à analyser, et on a dilué cette solution au volume de 1 demi-litre.

Le vide étant fait dans l'appareil, on introduit dans l'entonnoir latéral, 10 centimètres cubes de la solution du nitrate ; on cesse de chauffer, on laisse le mercure s'élever dans le tube de dégagement, puis, ouvrant avec précaution la pince, on fait passer le liquide de l'entonnoir dans le ballon, en évitant avec soin toute rentrée d'air. On rince deux fois l'entonnoir avec de l'acide chlorhydrique dilué de son volume d'eau, en prenant les mêmes précautions que pour l'introduction de la matière à analyser. On fait alors bouillir le contenu du ballon. La réduction du nitrate s'opère et l'oxyde nitrique dégagé vient se rassembler dans l'éprouvette ; on chauffe jusqu'à ce que tout dégagement de gaz ait cessé.

L'éprouvette, fermée par le bas à l'aide du pouce, est ensuite transportée dans un cylindre en verre rempli d'eau.

Lorsque le gaz a pris la température du milieu ambiant, on procède à la lecture après avoir égalisé le niveau de l'eau à l'intérieur et à l'extérieur de l'éprouvette.

Afin d'éviter les calculs, on fait comparativement un essai sur 10 centimètres cubes d'une solution type de nitrate de soude pur et sec, contenant 33 grammes de ce sel par litre. Une simple proportion donne la quantité de NaNO³ contenue dans la prise d'essai de la matière analysée.

Remarque. — La quantité de chlorure ferreux indiquée dans le dosage qui vient d'être décrit, suffit pour une dizaine d'opérations.

Dosage des matières insolubles, des chlorures et des sulfates, de la chaux et de la magnésie. — On dissout dans l'eau 20 grammes du nitrate ; on recueille sur filtre taré les matières insolubles et on pèse après dessiccation à 100°. La solution filtrée est diluée au volume de 500 centimètres cubes dans un matras jaugé.

On prélève 100 centimètres cubes (= 4 grammes), on ajoute 10 centimètres cubes d'acide chlorhydrique concentré et on évapore à siccité afin d'éliminer l'acide nitrique. Le résidu de l'évaporation est humecté de quelques gouttes d'acide chlorhydrique, puis repris par l'eau ; dans la solution on dose les sulfates par le chlorure barytique (V. p. 48).

Une seconde prise d'essai de 100 centimètres cubes (= 4 gr.) sert au dosage des chlorures. — On y ajoute quelques gouttes d'une solution de chromate potassique, puis on y laisse couler d'une burette graduée, une solution déci-normale de nitrate d'argent (17 grammes de AyNO³ par litre ; 1 centimètre cube correspond à 0,00355 gr. de chlore) jusqu'à ce que, tout le chlore étant précipité, le liquide prenne une teinte rose sale due à la formation d'un peu de chromate d'argent.

Une troisième prise d'essai de 100 centimètres cubes, (= 4 grammes) alcalinisée par l'ammoniaque, sert au dosage de la chaux et de la magnésie, respectivement au moyen de l'oxalate ammonique et du phosphate ammonique (V. *analyse des calcaires* p. 76).

Recherche et dosage du perchlorate. — Principe : Réduire le perchlorate (et le chlorate) à l'état de chlorure, dont on déterminera la quantité.

On fond 10 grammes de nitrate avec 10 grammes de carbonate sodique sec et pur (exempt de chlore) jusqu'à ce que la masse soit en fusion tranquille. Après refroidissement on dissout la masse dans l'eau, on acidule par l'acide nitrique et on titre le chlore.

On connaît ainsi la totalité du chlore existant à l'état de chlorure, perchlorate (et chlorate). En soustrayant du résultat obtenu, celui qui correspond au chlore à l'état de chlorure (V. plus haut) on a la quantité de chlore existant à l'état de perchlorate (et de chlorate).

8. SULFATE D'AMMONIUM

Cette substance, utilisée en grandes quantités comme engrais, se prépare industriellement au moyen des eaux ammoniacales obtenues dans la distillation sèche de la houille (fabrication du gaz d'éclairage; fabrication du coke). Les principales déterminations à faire dans ce produit sont : humidité, teneur en ammoniaque, acide sulfurique total, acide sulfurique libre, résidu fixe à la calcination.

Dosage de l'humidité. — On dessèche jusqu'à poids constant à la température de 110° une prise d'essai de 5 grammes.

Dosage de l'ammoniaque. — Ce dosage se fait commodément par distillation.

Principe de l'opération : Décomposer la substance par la magnésie; recevoir l'ammoniaque dégagée dans un volume mesuré d'acide titré et déterminer l'excès d'acide par acidimétrie.

Solutions nécessaires. — 1° Acide sulfurique demi normal, c'est-à-dire contenant 24,5 gr. H_2SO_4 par litre (pour la préparation, voir p. 49).

2° Solution de soude caustique ($NaOH$) préparée en dissolvant 20 à 25 grammes du produit commercial dans un litre d'eau. Pour déterminer le titre exact de cette solution, on en prélève 25 centimètres cubes, on ajoute deux ou trois gouttes de solution de méthylorange qui colore le liquide en jaune, et on titre au moyen de la solution titrée d'acide sulfurique, jusqu'à ce que la teinte jaune vire au rose. La concentration de l'acide sulfurique étant connue, on calcule aisément le titre de la solution de soude en se basant sur l'équation :

$$H_2SO_4 + 2NaOH = Na_2SO_4 + 2H_2O.$$

Mode opératoire. — On dissout dans l'eau une prise d'essai de 10 grammes et on filtre ; le liquide filtré est dilué dans un matras jaugé au volume d'un litre.

On prélève 50 centimètres cubes à l'aide d'une pipette et on distille au bain de sable en présence de 3 grammes de magnésie calcinée. Le réfrigérant qui fait suite au ballon distillatoire (fig. 11) est raccordé à un condenseur contenant 20 centimètres cubes de H_2SO_4 demi normal.

Sous l'action de MgO l'ammoniaque se dégage.

$$(NH_4)_2SO_4 + MgO = MgSO_4 + 2NH_3 + H_2O$$

et vient neutraliser une partie de l'acide du condenseur.

On entretient l'ébullition jusqu'à ce qu'une ou deux gouttes du liquide qui distille ne donnent plus ni précipité, ni coloration jaune avec le réactif de Nessler. Lorsque l'opération est terminée, on enlève le condenseur, on ajoute à son contenu deux ou trois gouttes de

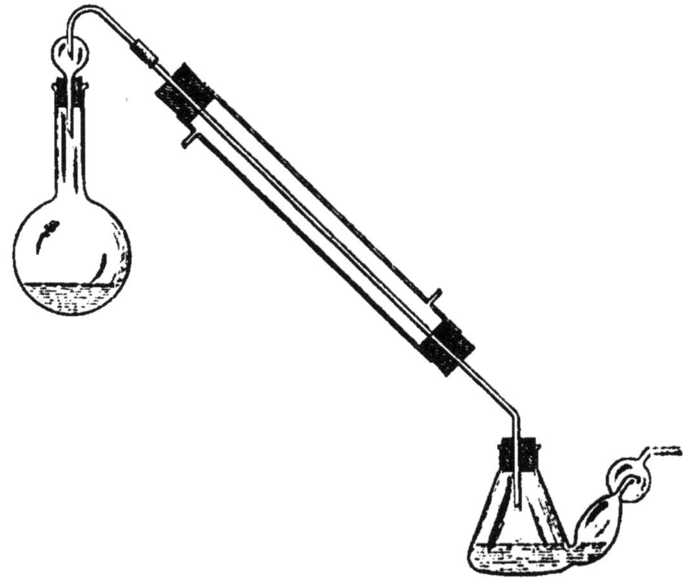

Fig. 11.

solution de méthylorange à 1 p. 100 qui colorent le liquide en rose et on titre l'acide en excès à l'aide de la solution de soude jusqu'à ce que la teinte vire au jaune; la neutralisation est alors complète. Connaissant la quantité totale d'acide employée et la concentration de la solution de soude, on a les éléments nécessaires pour calculer la quantité d'acide neutralisée par l'ammoniaque, et par suite, l'ammoniaque elle-même.

Dosage de l'acide sulfurique total. — On prélève 50 centimètres cubes (= 0,5 gr.) de la solution aqueuse

des 10 grammes de sulfate préparée pour le dosage
de l'ammoniaque (V. plus haut), on acidule par 2 centimètres cubes d'acide chlorhydrique concentré et on
précipite par le chlorure barytique, d'après les indications de la page 48.

Dosage de l'acide sulfurique libre. — On prélève
100 centimètres cubes (= 1 gramme) de la solution
aqueuse des 10 grammes de sulfate (V. plus haut), on
ajoute deux gouttes d'une solution de méthylorange à
1 p. 100 et on laisse couler dans le liquide, d'une burette
graduée, une solution 1,10 normale de NaOH jusqu'à
neutralisation de l'acide libre, c'est-à-dire jusqu'à ce
que la teinte rougeâtre du méthylorange vire au jaune.
Pour le calcul, on se base sur l'équation :

$$H^2SO^4 + 2NaOH = Na^2SO^4 + 2H^2O.$$

Dosage du résidu fixe. — On calcine 2 grammes de
matière dans un creuset de platine couvert, préalablement taré. Après refroidissement, on pèse de nouveau.
Le poids du résidu correspond aux matières fixes.

COMPOSÉS DU CALCIUM

Nous examinerons successivement ici les substances suivantes :

I. Calcaires et dolomies; chaux, ciments;

II. Chlorure de chaux;

III. Phosphates de chaux naturels et autres, scories de déphosphoration, superphosphate de chaux.

I. Calcaires et dolomies, chaux, ciments

Les calcaires présentent des compositions très diverses, d'après lesquelles ils servent pour l'un ou l'autre usage. On distingue, notamment, les calcaires qui, sous le nom de *castines*, sont employés comme fondant dans la métallurgie du fer; les calcaires qui servent à la fabrication de la chaux grasse pour mortiers aériens (pierre à chaux) ; les calcaires plus ou moins argileux destinés à la fabrication des chaux hydrauliques et des ciments.

Exemples de composition

	Castine.		Pierre à chaux grasse.	
Résidu insoluble.	0.10	2,10	SiO^2 . . . . . . 0.50	
$Fe^2O^3 + Al^2O^3$ . . .	0.36	0.85	$Fe^2O^3 + Al^2O^3$ 2,95	1.70
CaO	55,72	52.12	$CaCO^3$ 95,00	18,01
MgO	traces	1.77	$MgCO^3$ 1,60	0.17
P.	traces	0.01		
Perte à la calcin. .	13,60	12.69		

CALCAIRES POUR CHAUX HYDRAULIQUES

A. Partie insoluble dans l'acide chlorhydrique.

Quartz	6,0	12,3	9,2
SiO^2	10,5	9,0	8,1
Fe^2O^4	1,2	—	2,1
Al^2O^3	2,5	2,4	3,8
MnO	—	1,9	—

B. Partie soluble dans l'acide chlorhydrique.

SiO^2	0,7	0,6	0,5
Fe^2O^4	11,6	6,3	2,3
Al^2O^3	4,3	1,1	2,3
$CaCO^3$	52,7	57,8	68,7
$MgCO^3$	7,0	5,7	—
Alcalis	1,0	1,1	1,0
H^2O	2,8	8	0,4

Dans de nombreux cas, l'analyse comprend les déterminations suivantes :

Résidu insoluble dans l'acide chlorhydrique (considéré comme silice); fer, alumine, carbonate de calcium, carbonate de magnésium.

Pour les calcaires destinés à servir dans les aciéries, la teneur en silice doit être exactement connue et ne pas dépasser certaines limites.

Enfin, lorsqu'il s'agit de calcaires pour ciments et chaux hydrauliques, il y a lieu de connaître exactement la proportion d'argile qui accompagne le calcaire proprement dit, cette proportion ayant une grande influence sur la nature des ciments obtenus, notamment en ce qui concerne la durée de la prise.

a. *Castines et calcaires à chaux grasse.* — On traite 1 gramme de matière séchée à 100°. par 20 centimètres cubes d'acide chlorhydrique dilué de son volume d'eau; le vase doit être couvert d'un obturateur pendant la dissolution, et l'acide ajouté petit à petit, afin de ne pas occasionner des pertes par projections résultant d'un dégagement trop brusque d'anhydride carbonique. On évapore à siccité; le résidu est repris par 5 centimètres cubes d'acide chlorhydrique concentré, puis on ajoute de l'eau; on filtre pour séparer le résidu insoluble qui est, après lavage et dessiccation, calciné et pesé comme silice.

Dans le filtrat, chauffé vers 70°, on précipite le fer et l'alumine à l'état de $Fe^2(OH)^6 + Al^2(OH)^6$; le précipité donne par calcination les oxydes ferrique et aluminique. La proportion de ces oxydes étant faible, on se borne généralement à les doser ensemble. Si l'on désire connaître la teneur de chacun d'eux, on les redissout dans l'acide chlorhydrique, après pesée, et on dose le fer par voie volumétrique (on peut opérer exactement comme dans le cas correspondant signalé à propos de l'analyse des argiles; V. p. 123).

Certains calcaires contiennent un peu de manganèse dont la présence peut être constatée en fondant sur une lame de platine quelques centigrammes de la matière avec un peu de carbonate et de nitrate alcalin; il se produit une coloration verte due à la formation de manganate alcalin R^2MnO^4. — Le cas échéant, on précipitera le manganèse avec le fer et l'aluminium en ajoutant au liquide acide, avant l'addition d'ammoniaque, deux ou trois centimètres cubes d'eau de brome. Si l'on veut connaître séparément la teneur en fer, alumine et manganèse, on redissoudra le précipité dans un peu d'acide chlorhydrique dilué et chaud, et, dans la solution obtenue, on dosera les trois éléments en employant pour les séparer l'acétate de sodium (voir plus loin pour les détails : analyse d'un minerai de fer manganésifère).

Le filtrat ammoniacal séparé du précipité de fer, alumine (manganèse), est chauffé à l'ébullition et additionné d'une solution préalablement chauffée d'oxalate ammonique, en quantité suffisante pour assurer la précipitation complète de la chaux à l'état d'oxalate :

$$CaCl^2 + (NH^4)^2 C^2O^4 = CaC^2O^4 + 2NH^4Cl.$$

Si l'on a soin d'opérer à l'ébullition, le précipité d'oxalate est grenu et se dépose rapidement; en moins d'une demi-heure le liquide est complètement clarifié, et, dès qu'il est refroidi, on peut, sans attendre davantage, entreprendre la filtration. Dans le précipité, lavé à l'eau chaude, on peut doser la chaux de différentes façons :

α. Si l'on dispose d'un chalumeau ou d'une lampe dont la construction permet d'obtenir une flamme de température très élevée, on dessèche le précipité et on le calcine, dans un creuset de platine, jusqu'à ce que deux pesées successives n'accusent plus de différence de poids; tout l'oxalate est alors passé à l'état de chaux vive : $CaC^2O^4 = CaO + CO^2 + CO.$

β. Si l'on ne se trouve pas dans les conditions indiquées en α, on ne peut guère espérer, surtout avec un précipité assez abondant, comme c'est le cas ici, obtenir la décomposition complète de l'oxalate. On est exposé à aboutir à un mélange de chaux et de carbonate de calcium non décomposé. En pareil cas, on peut déterminer la teneur en chaux du précipité d'oxalate, en dosant l'acide oxalique uni à la chaux ; cet acide est doué de propriétés réductrices et réagit avec le permanganate potassique d'après l'équation :

$$5H^2C^2O^4 + K^2Mn^2O^8 + 4H^2SO^4 = 2KHSO^4 + 2MnSO^4 + 10CO^2 + 8H^2O.$$

L'on voit, d'après cette équation, qu'une molécule de $K^2Mn^2O^4$ est réduite au contact de 5 molécules d'acide oxalique avec formation de 2 MnO et mise en liberté de 5 atomes d'oxygène, dont chacun oxyde une molécule d'acide oxalique :

$$5H^2C^2O^4 + 5O = 5H^2O + 10CO^2.$$

Solutions nécessaires. — α. Solution titrée d'acide oxalique obtenue en dissolvant dans l'eau chaude 16 grammes d'acide oxalique cristallisé pur du commerce : $H^2C^2O^4, 2H^2O$. La solution est ensuite diluée au volume de un demi-litre.

β. Solution titrée de permanganate potassique préparée en dissolvant dans l'eau 8 grammes du produit commercial, et diluant au volume d'un demi-litre.

Mode opératoire. — *Titrage de la solution de permanganate.* On prélève, à l'aide d'une pipette, 25 centimètres cubes de la solution d'acide oxalique ; à cette prise d'essai, introduite dans un gobelet de verre, on ajoute environ 50 centimètres cubes d'eau distillée et 20 centimètres cubes d'acide sulfurique dilué au 1/5. On chauffe vers 70°-80°, puis on laisse couler dans le liquide, d'une burette graduée, la solution de permanganate jusqu'à ce qu'une dernière goutte ne soit plus décolorée et communique au liquide une teinte rose pâle. Si, dans un premier essai, on a dépassé le terme, on prélève de nouveau 25 centimètres cubes d'acide oxalique et on répète l'expérience.

Le titre acide oxalique du permanganate s'obtient en divisant la quantité d'acide oxalique contenue dans les 25 centimètres cubes employés par le nombre de centimètres cubes de permanganate consommés.

En possession d'une solution titrée de permanganate, on opère comme suit : le précipité d'oxalate calcique étant lavé, on retourne l'entonnoir qui le contient la douille vers le haut, au-dessus d'un gobelet de verre, et, à l'aide du jet de la pissette, on détache le précipité. Le filtre, qui ne contient plus qu'un faible restant d'oxalate est ensuite arrosé à deux reprises par 10 centimètres cubes d'acide sulfurique au cinquième, préalablement chauffé, qui décompose les dernières traces du précipité. On termine par un ou deux lavages à l'eau ; acide et eaux de lavage sont reçus dans le vase contenant la masse du précipité ; celui-ci est décomposé avec mise en liberté d'acide oxalique ; après avoir chauffé vers 70-80°, on titre cet acide au moyen du permanganate comme ci-dessus. Connaissant le titre du permanganate en acide oxalique, il est aisé de calculer la quantité d'acide oxalique existant dans le précipité, et, par suite, la chaux, dont une molécule correspond à une molécule d'acide oxalique.

$$CaO + H^2C^2O^4 = CaC^2O^4 + H^2O.$$

Le filtrat ammoniacal séparé de l'oxalate calcique contient la magnésie ; on le concentre au volume d'environ 100 centimètres cubes, puis on ajoute du phosphate ammonique, et une quantité d'ammoniaque concentrée correspondant à peu près au tiers du volume du liquide. La magnésie est ainsi précipitée à l'état de phosphate ammoniaco-magnésique NH^4MgPO^4.

$$MgCl_2 + (NH^4)^3PO^4 = NH^4MgPO^4 + 2NH^4Cl$$

Ce précipité est cristallin et s'attache en partie au verre ; il est légèrement soluble dans l'eau et beaucoup moins soluble dans l'eau ammoniacale. A cause de cette solubilité, le précipité sera toujours produit en solution aussi concentrée que possible et en présence d'une notable proportion d'ammoniaque.

Le phosphate ammoniaco-magnésique se forme lentement, à moins que l'on ne fasse usage d'un agitateur mécanique.

Dans le cas particulier qui nous occupe, on filtre après quelques heures de dépôt, on lave avec de l'eau ammoniacale (1 volume d'ammoniaque concentrée, 3 volumes d'eau) et on dessèche le précipité. On le détache ensuite du filtre, on incinère ce dernier dans un creuset de porcelaine, on ajoute aux cendres le précipité et on calcine jusqu'à transformation complète en pyrophosphate qu'on pèse :

$$2NH^4MgPO^4 = 2NH^3 + Mg^2P^2O^7 + H^2O.$$

Dosage de l'anhydride carbonique. — Ce dosage, qui sert à établir la proportion de carbonate existant dans un calcaire, peut se faire rapidement par gazométrie, par exemple, à l'aide de l'appareil Scheibler-Dieterich (modifié par R. Muencke), fig. 12. L'opération consiste à décomposer le calcaire par l'acide chlorhydrique et à mesurer le volume de l'anhydride carbonique dégagé.

L'appareil se compose d'une burette graduée B, de 200 centimètres cubes, communiquant à la partie inférieure avec un tube de niveau N, et se terminant à la partie supérieure par un robinet R.

Celui-ci est raccordé à une sorte de pipette allongée P, et au flacon à décomposition F, à bouchon rodé qui lui fait suite. Le tube de niveau est fixé à un support S le long duquel il peut être aisément déplacé verticalement et latéralement. Le robinet permet d'établir à volonté la communication entre la burette et l'atmosphère, entre le flacon F et l'atmosphère, ou entre la burette et le flacon.

L'appareil est complété par un thermomètre t fixé au support.

Le tube de niveau étant soulevé, on y verse de l'eau

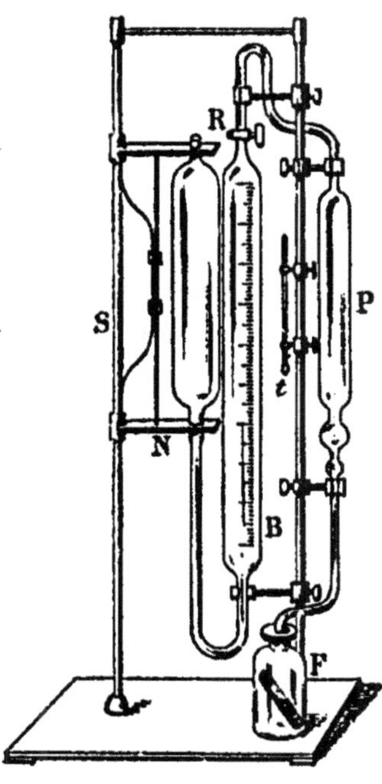

jusqu'à ce que la burette (mise en communication avec l'atmosphère) et une petite partie du tube soient remplies de liquide. On amène ensuite le niveau de l'eau au zéro de la graduation, en veillant à ce qu'il soit à la même hauteur en N que dans la burette; on tourne ensuite le robinet de façon à établir la communication entre l'atmosphère et le flacon F dans lequel on a placé 0,5 gr. [1] du calcaire à analyser finement pulvérisé et séché à 100° et un petit godet chargé de 5 centimètres cubes d'acide chlorhydrique dilué

Fig. 12.

(1 : 1) destinés à décomposer le calcaire. A ce moment on fait communiquer, en tournant le robinet d'un quart de tour, la burette et le flacon ; puis, inclinant ce dernier, on fait arriver l'acide en contact avec le calcaire. La réaction

$$CaCO_2 + 2HCl = CaCl_2 + H_2O + CO_2$$

---

[1] 0,5 gr. de calcaire pur, (spath d'Islande) dégagent, sous l'action des acides, 0,2200 gramme de CO_2 occupant, à la température ordinaire, un volume d'environ 120 centimètres cubes.

se produit, et le CO_2 se dégage. Pendant l'opération, on abaisse graduellement le tube N, de façon à produire une légère dépression à l'intérieur de l'appareil. L'anhydride carbonique déplace un volume d'air égal au sien et vient s'accumuler dans la pipette P; l'air déplacé passe dans la burette. De cette façon, CO_2 n'arrive pas en contact avec le liquide, et l'erreur résultant de sa solubilité dans l'eau est évitée.

Lorsque la décomposition de la matière est complète, c'est-à-dire lorsque le volume gazeux n'augmente plus, on laisse l'équilibre de température s'établir pendant quelques minutes, puis on égalise les niveaux de l'eau en B et N, et on lit le volume occupé par le gaz. On note en même temps la température et la pression barométrique et on calcule le volume ramené aux conditions normales, à l'aide de la relation :

$$V_0 = \frac{V t \, (B - f.)}{(1 + 0,003665 t) \, 760.}$$

dans laquelle t est la température observée ;

V le volume observé à t° ;

B la pression barométrique ;

f la tension de la vapeur d'eau à t° ;

On passe du volume au poids, en multipliant le nombre trouvé par 0,00196519, poids de 1 centimètre cube de CO_2 à 0° et 760 millimètres de pression.

Remarque. — Afin d'éviter les calculs, on peut opérer par comparaison en faisant, à la suite de l'analyse proprement dite, un essai sur une quantité de calcaire pur (spath d'Islande), calculée de telle façon qu'elle dégage à peu près autant de CO_2 que la prise d'essai analysée. On emploiera pour la décomposition le même volume d'acide que pour l'essai proprement dit. En admettant, ce qui, en pratique est le cas, que la température et la pression n'aient pas sensiblement varié pendant cette opération comparative, le poids de CO_2 contenu dans la matière analysée est donné par la relation :

$$V : V' = P : P',$$

V et V' étant les volumes observés, et P le poids de CO_2 contenu dans le spath d'Islande employé.

Observation. — Il faut avoir soin d'évacuer de la pipette P, après chaque opération, l'anhydride carbonique qui s'y est accumulé (voir plus haut).

ANALYSE DE LA DOLOMIE. — (*Carbonate double de calcium et de magnésium*).

EXEMPLES DE COMPOSITION

Rés. insol.	—	—	1,30
$CaCO_3$	53,18	54,02	54,91
$MgCO_3$	34,35	45,18	43,63
$FeCO_3$	10,46	0,70	1,23
$MnCO_3$		—	—
Eau comb	1,22	—	—

L'analyse peut se faire comme celle des castines et pierres à chaux. A noter seulement que la magnésie étant ici en forte proportion, une petite partie peut être précipitée en même temps que l'oxalate calcique. Pour opérer exactement, il faudra donc redissoudre ce dernier dans l'acide chlorhydrique, et le précipiter de nouveau en neutralisant par l'ammoniaque; le second filtrat obtenu est réuni au premier pour le dosage de la magnésie.

b. *Calcaires et chaux pour aciéries.* — On y dose surtout la silice.

Pour cet usage, la teneur en silice d'un calcaire ne doit pas dépasser en général 1 à **2** p. 100.

On dissout **5** grammes de calcaire ou 10 grammes de chaux par l'acide chlorhydrique dilué, le mieux dans une capsule de platine, et en s'entourant des précautions voulues pour ne pas avoir de pertes par projection. On évapore ensuite au bain-marie, pour insolubiliser la silice, jusqu'à ce qu'on ne perçoive plus l'odeur de l'acide chlorhydrique. On obtient ainsi une masse sirupeuse de chlorure calcique qu'on déshydrate en chauffant à l'étuve, d'abord vers 100°, et finalement vers 150°, jusqu'à ce que le résidu soit formé de croûtes bien sèches ; on humecte ce résidu d'acide chlorhydrique, puis on reprend par l'eau ; on filtre pour séparer la silice, qu'on lave, calcine et pèse.

La silice brute ainsi obtenue peut renfermer de l'argile. Le cas échéant, on pourra la purifier en la fondant avec du carbonate sodico-potassique. (Voir p. 121, *analyse des argiles*).

c. *Calcaires pour chaux hydrauliques.* — Le point le plus intéressant de l'analyse est la détermination de la proportion d'argile associée au calcaire.

On recouvre d'eau une prise d'essai de 2 à 3 grammes séchés à 100°, puis on ajoute petit à petit de l'acide chlorhydrique dilué, dans le but de dissoudre les carbonates ; on évitera d'ajouter trop d'acide, afin de ne pas attaquer l'argile ; pour la même raison, on ne chauffera que très modérément pendant l'attaque.

Le résidu insoluble se compose, notamment, d'argile et de sable ; il peut aussi contenir de l'acide silicique provenant de décompositions occasionnées par l'acide chlorhydrique. On le recueille sur filtre taré après dessiccation à 100°; on sèche et on repèse. L'augmentation de poids correspond aux matières insolubles.

Le précipité séché est détaché du filtre et divisé en 3 parties : α, β, γ, qui vont être utilisées pour la détermination des teneurs en silice soluble dans les alcalis, en sable et en argile.

Traitement de α. — On prépare une solution de carbonate sodique pur et sec à 20 p. 100, et l'on fait bouillir avec cette solution, la partie α, dans une capsule de platine, ou, à son défaut, dans une capsule de porcelaine. On filtre et, dans le liquide filtré, on dose la silice; on acidifie pour cela par l'acide chlorhydrique, puis on évapore à siccité pour insolubiliser l'acide silicique. (Pour la suite, voir p. 121 : *analyse des argiles, dosage de la silice*).

Traitement de β. — Cette partie est traitée par l'acide sulfurique concentré et chaud dans les conditions indiquées à propos du dosage du sable dans les argiles (V. p. 120).

Traitement de γ. — On fond au creuset de platine en mélange avec du carbonate sodico-potassique et on dose la silice et l'alumine exactement comme dans le cas des argiles (V. p. 121).

La solution chlorhydrique séparée du résidu argileux et siliceux peut être utilisée pour le dosage du fer, de la chaux, de la magnésie, etc., d'après les procédés indiqués à propos de l'analyse des calcaires à chaux grasse (V. p. 77). — Il y a lieu, toutefois, de n'opérer que sur une partie du liquide, à cause de l'importance de la prise d'essai (2 à 3 grammes).

CHAUX HYDRAULIQUES ET CIMENTS

Les chaux hydrauliques et les ciments résultent de la cuisson de calcaires argileux, ou de mélanges d'argiles et de calcaires, ou encore du mélange de chaux avec des gangues hydrauliques, telles que les laitiers de hauts fourneaux, les trass, pouzzolanes, etc. Ces produits contiennent essentiellement les mêmes éléments que les matières dont ils proviennent, mais en partie sous un autre état.

Les silicates, notamment, sont devenus attaquables par l'acide chlorhydrique, les carbonates se sont transformés, etc.

EXEMPLES DE COMPOSITION (d'après E. Candlot).

	Chaux hydrauliques.			Ciments à prise rapide.	
SiO^2	10,20	15,40	25,80	21,70	26,80
Al^2O^3.	4,32	7,72	5,65	8,29	10,39
Fe^2O^3	1,88	2,78	1,57	3,71	4,61
CaO	58,12	54,30	57,50	52,68	46,10
MgO	1,11	1,18	0,68	3,52	1,72
SO^3	0,34	0,03	0,90	3,56	1,74
Perte au feu . . .	24,00	18,03	8,10	6,20	6,40
Indice d'hydrauli-cité	0,25	0,43	0,55	0,56	0,80

	Ciments Portland (d'après Candlot).			Ciments de laitier.		
SiO^2	24,60	23,50	24,30			
Al^2O^3.	7,98	8,43	5,33	SiO^2 . . .	21,53	25,03
Fe^2O^3	2,51	3,47	2,67	Al^2O^3. . .	11,10	13,60
CaO.	59,10	59,64	64,12	CaO . . .	54,72	52,78
MgO.	1,25	0,97	0,72	MgO . . .	2,06	1,15
SO^3.	1,05	1,78	0,74	Perte au feu. . .	7,80	3,96
Perte au feu.	3,40	1,80	1,95	Renferment un peu de CaS.		

MARCHE A SUIVRE POUR L'ANALYSE. — *a. Dosage de la perte à la calcination.* — On chauffe au rouge jusqu'à poids constant, dans un creuset de platine, 1 gramme de matière pulvérisée et séchée à 100°. La perte de poids correspond à l'eau et à l'anhydride carbonique.

b. Dosage du fer, de l'alumine, de la chaux, de la magnésie et analyse du résidu insoluble. — On attaque 2 à 3 grammes de matière par l'acide chlorhydrique et quelques gouttes d'acide nitrique, et on évapore à siccité. Le résidu est repris par quelques centimètres cubes d'acide chlorhydrique et de l'eau. On filtre après dépôt, et, dans la solution, on dose le fer, l'alumine, la chaux et la magnésie comme dans le cas des calcaires (V. p.77).

Le résidu insoluble est traité par une solution bouillante de carbonate sodique à 20 p. 100 afin d'enlever la silice soluble ; le nouveau résidu est formé de quartz et d'une petite quantité d'argile.

On peut y doser le quartz en l'attaquant par l'acide sulfurique concentré. Le cas échéant, on opérera d'après les indications données p. 120 pour le dosage du quartz dans les argiles.

En fait, on se borne le plus souvent à doser globalement le résidu insoluble dans les acides ; ce résidu est en très grande partie formé de silice combinée.

c. Dosage des sulfates. — On traite 2 grammes de matière par l'acide chlorhydrique et on continue comme en *b*. Dans la solution chlorhydrique obtenue après filtration de la silice, on précipite les sulfates par le chlorure barytique (V. p. 48).

d. Indice d'hydraulicité. — On désigne sous ce nom le rapport des éléments de l'argile à la chaux. Par éléments de l'argile, on entend la somme de la silice combinée et de l'alumine.

Les essais physiques que l'on fait subir aux ciments sont beaucoup plus importants que l'analyse chimique.

Les principales épreuves que l'on fait subir aux ciments visent spécialement les points suivants :

1. Durée de la prise.
2. Résistance à la traction.
3. Résistance à l'écrasement.
4. Stabilité à la vapeur et à l'eau bouillante.
5. Densité.
6. Finesse de la mouture [1].

1. Durée de la prise

Nous avons à distinguer les ciments proprement dits et les gangues hydrauliques. Ces dernières doivent être préalablement mélangées à de la chaux éteinte pour pouvoir faire prise avec l'eau.

La chaux à employer pour ces essais doit être bien grasse et bien éteinte, de façon qu'elle ne foisonne pas pendant la durée des essais.

Le cas échéant, on prépare un produit convenable en opérant de la manière suivante :

On remplit à demi de chaux vive (exempte de SiO^2 et d'Al^2O^3) un grand flacon à large goulot bouché à l'émeri.

Sur la chaux, on place une éponge saturée d'eau et

---

[1] Le détail de ces différents essais est donné d'après le rapport élaboré en 1895 par la commission instituée par la section de Bruxelles des ingénieurs sortis de l'école de Gand. D'après une communication de M. E. Camermann, ces essais sont encore en vigueur aujourd'hui à la commission de réception à Malines (V. tableau, p. 98 et 99).

on l'humecte au fur et à mesure qu'elle se dessèche. Bientôt, une partie de la chaux est réduite en poudre ; on sépare cette poudre à l'aide d'un tamis et on la place dans un second flacon qu'on munit également d'une éponge saturée d'eau. Si l'éponge se dessèche, on l'humecte de nouveau ; lorsqu'elle ne se dessèche plus, la chaux doit être considérée comme bien éteinte.

Avant de faire un essai de durée de prise proprement dit, on doit déterminer la consistance normale des pâtes à soumettre à l'essai, c'est-à-dire qu'on doit déterminer la quantité d'eau qu'il convient d'ajouter au ciment essayé.

Pour cela on gâche 400 grammes de matière avec la quantité d'eau qu'on croit nécessaire. La pâte est brassée énergiquement avec une spatule en forme de cuiller pendant

3 minutes pour les produits à prise lente (Portland).
3   »   »   »   rapide (Romain).

puis on l'introduit dans un moule en ébonite en forme d'anneau, de 8 centimètres de diamètre et de 4 centimètres de hauteur. Après avoir lissé la surface de la pâte, on y applique une tige métallique de 1 centimètre de diamètre emmanché dans une petite masse de fer d'un poids total de 300 grammes (fig. 13). Si la tige reste suspendue de 12 millimètres environ au-dessus du fond du moule, on peut considérer la pâte comme normale.

Pour le ciment de trass, la pâte normale s'obtient par le mélange de

2 parties trass ;
1   »   chaux grasse éteinte ;
1   »   d'eau.

Pour le ciment de laitier on prend :

7,5 parties laitier broyé ;
2,5   »   chaux grasse éteinte ;
3,1   »   eau.

Lorsqu'on a déterminé les proportions convenables de matière pour obtenir la pâte normale du ciment que l'on veut essayer, on passe à l'essai de durée de prise.

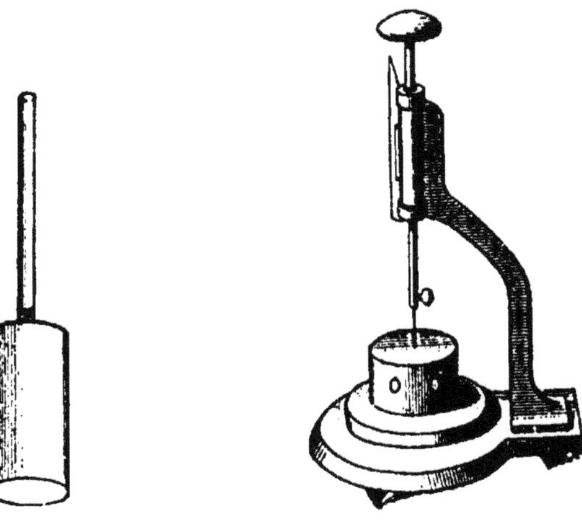

Fig. 13.   Fig. 14.

On détermine la durée de la prise à l'air libre et à l'abri de l'air.

Dans le premier cas, la pâte normale obtenue comme il vient d'être dit, est introduite dans le moule annulaire dont nous avons parlé précédemment ; puis on applique immédiatement sur la surface de la pâte la pointe d'une aiguille de Vicat (fig. 14) du poids de 300 grammes et de 1 millimètre carré de section). On note le moment où l'aiguille ne traverse plus complétement la masse. C'est le commencement du durcissement.

La fin de la prise a lieu lorsque l'aiguille ne laisse

absolument plus d'empreinte sur la surface de la pâte.

Les essais doivent toujours être pratiqués à la température de 15° tant pour l'air ambiant que pour l'eau destinée au gâchage.

Pour déterminer la durée de la prise à l'abri de l'air, on introduit, comme dans le premier cas, la pâte normale dans le moule, puis, après avoir lissé la surface, on plonge le moule dans un vase contenant du pétrole ; la surface de la pâte reste bien nettement visible et l'on observe le commencement et la fin de la prise, exactement comme pour l'essai à l'air libre.

2. Essai de résistance a l'écrasement

Les essais de résistance à l'écrasement se font sur des briquettes formées du ciment à essayer et de sable normal. — Le sable normal est préparé au moyen de sable lavé tel qu'il se présente dans la nature, ou bien au moyen de sable obtenu en pilant du quartz. Le sable est d'abord tamisé sur un crible de 64 mailles par centimètre carré, qui éliminera les parties les plus grossières ; la partie tamisée est alors versée sur un tamis de 144 mailles par centimètre carré ; ce qui est retenu par ce tamis est le sable normal.

Le tamis de 64 mailles par centimètre carré est fabriqué au moyen de fils de 0,4 mm. de diamètre ; celui de 144 mailles au moyen de fils de 0,3 mm. de diamètre.

On désigne sous le nom de *mortier normal* le mélange de 1 partie en poids du ciment à essayer et de 3 parties de sable normal (exception est faite pour le trass).

Pour préparer les briquettes destinées aux essais d'écrasement, on prépare 750 grammes du mélange de matière hydraulique et de sable normal dans les proportions qui viennent d'être indiquées, on humecte de la quantité d'eau qui paraît nécessaire, puis on gâche le mortier pendant cinq minutes si la prise est lente, pendant une minute si la prise est rapide.

Le mortier obtenu est introduit en une fois dans le moule d'un appareil à pilonner, et reçoit 150 coups d'un pilon de 3 kilogrammes tombant d'une hauteur de 50 centimètres. La quantité d'eau employée est convenable lorsque l'eau commence à suinter de la partie inférieure de la briquette entre les 25 derniers coups. Si le suintement se produit plus tôt, on a employé trop d'eau ; si, à la fin de l'opération, il n'y a pas de suintement, on en a mis trop peu.

Le cas échéant, on fera de nouvelles briquettes en tenant compte des faits observés dans un premier essai.

La machine à pilonner est construite de telle façon qu'elle s'arrête d'elle-même après le 150ᵉ coup.

Immédiatement après le dernier coup, on lisse l'échantillon et on l'enlève du moule.

Les briquettes ont la forme de cubes de 50 centimètres carrés de face. On les conserve d'abord dans l'air saturé d'humidité pendant vingt-quatre heures. Pour les briquettes de chaux et de trass, on les laisse dans l'air humide douze heures de plus que le temps constaté pour la prise complète.

Les briquettes sont alors immergées dans de l'eau à 15-18 degrés. On essaye leur résistance à l'écrasement au bout de six et de vingt-sept jours dans une presse spéciale munie d'un indicateur automatique sur lequel on lit la pression maxima supportée par la briquette.

3. Essai de résistance a la traction

Le mortier est confectionné comme pour les essais de résistance à l'écrasement, sauf qu'on ne travaille que sur 200 grammes du mélange de sable et de ciment par briquette. Le mortier est introduit dans un moule en forme de 8 dont la section de rupture est de 5 centimètres carrés, puis on comprime par 120 coups d'un pilon de 2 kilogrammes tombant d'une hauteur de 25 centimètres.

En opérant de cette manière, toutes les briquettes, tant celles qui servent aux essais d'écrasement que celles qui sont destinées au essais de traction subissent un travail de compression de 0,3 kilogrammètre par gramme de mortier sec employé, comme le montre le tableau suivant :

	Poids du mortier sec employé.	Poids du pilon.	Hauteur de chute.	Nombre de coups.
Écrasement . .	750 gr.	3	0,50	150
Traction . . .	200 »	2	0,25	120

Les briquettes sont conservées dans les mêmes conditions et essayées au bout des mêmes temps que celles qui servent aux essais d'écrasement.

Pour faire un essai de traction, on place les deux parties arrondies de la briquette dans deux étriers A et B

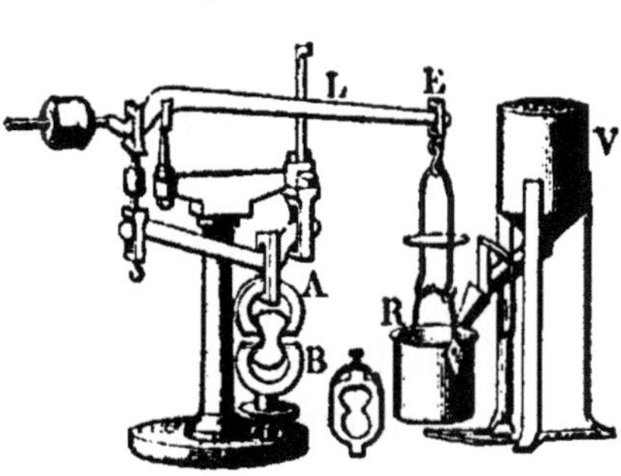

Fig. 15.

d'une machine à levier construite spécialement pour ce genre d'essais (fig. 15).

L'étrier inférieur est fixé au bâti de la machine. L'effort exercé sur la briquette équivaut à 50 fois le poids qui agit à l'extrémité E du levier L. Afin d'augmenter graduellement la traction pendant la durée de l'essai, on fixe à l'extrémité du levier un récipient R dans lequel on fait écouler, à raison de 100 grammes par seconde, de la grenaille de plomb, jusqu'à ce que la rupture de la briquette se produise. Les étriers sont disposés de telle façon que l'écoulement du plomb du réservoir V dans le récipient R s'arrête automatiquement dès que la rupture se produit.

La charge de rupture totale divisée par 5 (surface de la section de rupture) donne la charge de rupture par centimètre carré.

On soumet parfois aux essais de traction des briquettes faites de chaux hydraulique ou de ciment, sans addition de sable normal. — Le cas échéant, ces briquettes se font de la manière suivante :

On gâche 1 kilogramme de matière pendant cinq minutes avec la quantité d'eau nécessaire pour obtenir la consistance normale. La pâte obtenue est introduite dans 6 moules en forme de 8 dont la section de rupture est de 5 centimètres carrés. L'opération se fait sur une plaque de fer, ou d'une autre matière non absorbante. Les moules sont battus à l'aide d'un marteau en bois et la plaque reçoit des mouvements de trépidation jusqu'à ce qu'on n'aperçoive plus de bulles d'air s'échappant de la pâte. La surface des briquettes est alors lissée, puis les moules avec leur contenu sont placés dans une atmosphère saturée d'humidité. Les briquettes sont démoulées après durcissement complet.

On peut aussi confectionner ces briquettes à la machine en employant une quantité d'eau telle qu'elle suinte à la base du moule pendant les 20 derniers coups. — Comme ce mode d'opérer produit des différences dans les résultats obtenus, son emploi devra, le cas échéant, être mentionné.

4. Essai de stabilité a la vapeur et a l'eau bouillante

Au moyen de la pâte à consistance normale (matière hydraulique + eau), on confectionne sur des plaques de verre des galettes de 1 à 1,5 centimètre d'épaisseur et de 10 à 12 centimètres de diamètre, dont les bords se terminent en quart de cercle et non à arête vive. La galette séjournera vingt-quatre heures à l'air saturé d'humidité, puis sera placée avec la plaque de verre dans un bain de vapeur d'eau, pendant six heures. Pendant la première heure la température de l'eau atteindra graduellement 80°, pendant les cinq heures suivantes, l'eau sera en ébullition. Le produit essayé peut être regardé comme stable, si, à la fin de l'expérience, la galette reste bien dure, sans émiettement, soufflures, gerçures ou crevasses.

Au lieu de placer la galette dans la vapeur, on peut aussi la mettre dans l'eau bouillante.

5. Densité

La densité des produits hydrauliques peut se déterminer au moyen de voluménomètre de Schumann (fig. 16). L'appareil consiste en un flacon à col rodé, dans lequel s'engage un bouchon se prolongeant en un tube portant une graduation. L'instrument est d'abord rempli d'essence de térébenthine jusqu'au trait o, puis on y verse par petites portions successives 100 grammes de la matière à essayer. La lecture du volume d'essence primitif se fera *immédiatement* avant l'introduction de la matière, et la lecture du volume final d'essence *immédiatement* après l'immersion. Dans les 2 cas, on notera le trait correspondant à la partie supérieure du ménisque. La matière à essayer et l'essence doivent être à la même température au moment de l'opération. Afin de réaliser cette condition, il est bon de plonger préalablement le flacon tout monté et rempli d'essence dans le ciment à essayer.

On peut aussi déterminer commodément la densité des ciments au moyen d'une fiole jaugeant exactement 50 centimètres cubes et d'une burette graduée divisée en 1/10 de centimètre cube. On introduit dans la fiole 20 centimètres cubes d'essence de térébenthine, puis 30 grammes de ciment. On agite, afin d'expulser les bulles d'air, puis, à l'aide de la burette graduée, on laisse couler doucement la térébenthine dans la fiole, jusqu'à ce que celle-ci soit à peu près exactement remplie ; on laisse déposer complètement afin de pouvoir observer nettement le ménisque, puis on achève de remplir jusqu'au trait de jauge. La densité est donnée par la relation $D = \frac{P}{V}$, dans laquelle P est le poids du ciment employé et V le volume occupé par ce poids, c'est-à-dire la différence entre la capacité de la fiole et le volume total d'essence employé.

Fig. 16.

Observation. — L'essai doit se faire à la température de 15°C., sur du ciment exempt d'humidité (D'après une communication de R. Boveroulle).

CONDITIONS A EXIGER DES MATÉRIAUX HYDRAULIQUES

DÉSIGNATION des Épreuves.	CIMENT Romain.	CIMENT Portland artificiel.	CIMENT Portland naturel.	CIMENT de laitier.	CIMENT de trass.	CHAUX éminemment hydraulique	CHAUX hydraulique.	CHAUX moyennement hydraulique.
Finesse de mouture : Résidu max. sur le tamis de 900 mailles par cm². . .		10 p. 100	10 p. 100	2 p. 100	30 p. 100			
Résistance du mortier normal ; à l'écrasem.t après 1+ 6 jours — — 1+27 — à la traction — 1+ 6 — — — 1+27 —	40 k. par cm² 60 k. —	90 k. par cm² 160 k. — 11 k. — 18 k. —	80 k. par cm 140 k. — 8 k. — 15 k. —	90 k. par cm² 160 k. — 11 k. — 18 k. —	80 k. par cm² 15 k. —	25 k. apr. 10 j. 30 k. apr. 27 j.		
Commencement de prise des pâtes pures à l'air libre.	avant 10'	après 30'	après 30'	après 30'				
Fin de prise des pâtes pures à l'air libre.	avant 15'	avant 12 h.	avant 12 h.	avant 12 h.				
Fin de prise des pâtes pures à l'abri de l'air (sous pétrole)					avant 4 jours	avant 24 h.	avant 5 jours	avant 8 jours.
Densité au voluménomètre.		3,10 minimum	3,05 minimu					
Essai de stabilité à la vapeur ou à l'eau bouillante		Invariable	Invariable	Invariable	Invariable			
Perte au feu après dessic. à 100°					7p. 100 minim. (trass pur)			

6. Finesse de la mouture

La finesse de mouture se détermine d'après la quantité de matière qui reste sur un tamis de 900 mailles par centimètre carré, le diamètre des fils étant de 0,1 mm. Le tamisage s'effectue sur 100 grammes de matière et se continue pendant quinze minutes.

Dans le cas particulier des ciments de laitier qui sont de nature à s'agglutiner sur le tamis, on place sur ce dernier un disque de métal de 3 à 4 centimètres de diamètre, et de 2 à 3 millimètres d'épaisseur.

Observation. — Perte au feu (Essai de trass).

On pèse environ 12 grammes du trass à essayer; on les dessèche pendant deux heures à 100°; puis on pèse exactement 10 grammes du produit séché dans un creuset taré. On chauffe au moufle pendant trois quarts d'heures, puis on repèse après refroidissement sous l'exsiccateur. La diminution de poids multipliée par 10 donne la perte au feu pour 100.

II. Chlorure de chaux

L'analyse de ce produit a pour but la détermination de la proportion de chlore actif, c'est-à-dire du chlore qui se dégage sous l'action des acides. — La teneur en chlore actif doit être d'au moins 25 p. 100.

Exemple de composition

Cl actif	37,00		MgO	0,10
Cl ($CaCl^2$)	0,35		Fe^2O^3	0,05
Cl [Ca (ClO^3)^2]	0,25		Al^2O^3	0,43
CaO	44,40		CO^2	0,13
			Eau	16,45

Le dosage du chlore actif peut se faire, d'après Lunge, en faisant agir sur le chlorure de chaux, de l'eau oxygénée, et mesurant l'oxygène dégagé.

$$Ca\,(OCl)^2 + H^2O^2 = CaCl^2 + H^2O + O^2.$$

Chaque volume d'oxygène dégagé correspond au même volume de chlore actif.

On peut faire usage pour le dosage d'un nitromètre complété par un petit flacon pourvu à l'intérieur d'un godet pouvant contenir 15 centimètres cubes de liquide. (Voir plus loin, *analyse du peroxyde du manganèse par gazométrie*).

On pèse 7.917 grammes du chlorure de chaux à analyser, on triture avec un peu d'eau dans un mortier de porcelaine à bec, puis on ajoute un peu plus d'eau et on transvase dans un matras jaugé de 250 centimètres cubes. On dilue jusqu'au trait de jauge, puis, après avoir rendu le liquide homogène, on prélève, en agitant, 10 centimètres cubes, on les introduit dans le flacon F, en ayant soin de ne pas en laisser tomber dans le godet ; on remplit ensuite à peu près ce dernier d'eau oxygénée (rendue très faiblement alcaline au moyen d'hydrate sodique ajouté goutte à goutte). — Il n'est pas nécessaire de connaître le titre de l'eau oxygénée ; il suffit que la quantité introduite dans le godet soit en excès par rapport au chlorure de chaux à décomposer.

Le dosage s'achève d'après les indications données à propos de l'analyse gazométrique du peroxyde de manganèse. (Voir plus loin : *Composés du Manganèse.*) En opérant sur la quantité indiquée ci-dessus, chaque centimètre cube d'oxygène dégagé (ramené aux conditions normales), correspond à 1 p. 100 de chlore.

III. Phosphates de chaux (naturels et précipités), cendres d'os, scories de déphosphoration, superphosphates de chaux.

Exemples de composition

Phosphates naturels.

Ca³ (PO⁴)²	49,72	53,40	60,17	74,36
Fe²O³ + Al²O³	3,76	4,23	2.12	—

Scories de déphosphoration.

SiO²	13,00	5,80	7,40
FeO	9,03	—	—
Fe²O³	5,57	—	—
MnO	13,76		
CaO	36,80	55,04	32,05
P²O⁵	14,81	19,70	21,00

Superphosphate

		Craie phosphatée	
P²O⁵ total . . .	13,92	SiO²	2,20
P²O⁵ soluble dans		CaO	52,40
l'eau	10,40	P²O⁵	10,07
P²O⁵ soluble dans		Fe²O³	0,83
le citrate . . .	2,21	MgO	0,43
Eau	17,63	Perte au feu . . .	31,75

1. *Phosphates naturels; phosphates précipités; cendres d'os.* — Les dosages que comporte l'analyse de ces produits sont : dosage de l'humidité, dosage de l'acide phosphorique total, et, en outre, dans les phosphates naturels, dosage de l'oxyde de fer et de l'alumine.

Dosage de l'humidité. — On dessèche à 100° jusqu'à poids constant une prise d'essai de 5 grammes.

Dosage de l'acide phosphorique total. — a. L'acide phosphorique est précipité à l'état de phospho-molybdate ammonique.

5 grammes de matière finement pulvérisée sont traités par 50 centimètres cubes d'acide nitrique (densité 1,2) ; on ajoute 5 centimètres cubes d'acide chlorhydrique et on chauffe pendant une demi-heure pour assurer la dissolution du phosphate et l'élimination du chlore en excès. On transvase ensuite dans un matras jaugé de 1/2 litre et, après refroidissement on dilue jusqu'au trait de jauge, on agite pour rendre le liquide homogène et on filtre sur filtre sec.

L'analyse se fait, dans le cas d'un phosphate riche, sur 25 centimètres cubes ; dans le cas des phosphates pauvres, sur 50 centimètres cubes du liquide filtré.

On neutralise la majeure partie de l'acide par l'ammoniaque, puis on traite à la température de 70°-80° par 100 centimètres cubes de liqueur molybdique [1] ; on maintient au bain-marie pendant une demi-heure, puis, après refroidissement, on filtre le phospho-molybdate ammonique et on le lave avec 100 centimètres cubes d'eau additionnés de 1 p. 100 d'acide nitrique ; on le redissout ensuite dans le moins possible d'ammoniaque à 10 p. 100 (densité 0,96). On lave le filtre avec de l'ammoniaque à 5 p. 100 (densité 0,98), on filtre s'il y a lieu, puis, après avoir neutralisé à peu près complètement par l'acide chlorhydrique, on précipite par 10 ou 15 centimètres cubes de liqueur magnésique [2]. On ajoute d'abord 2 ou 3 gouttes de ce réactif, on agite jusqu'à apparition d'un trouble, puis on ajoute le restant des 10 ou 15 centimètres cubes et 50 centimètres

[1] Pour préparer ce réactif, on dissout 150 grammes de molybdate ammonique dans 1 litre d'eau et on verse la solution dans un litre d'acide nitrique (densité 1,2).

[2] Préparation : Mg Cl² crist. 80 grammes : NH⁴ Cl crist. 160 grammes. NH³ à 10°. (Densité 0,96) 320 grammes. — Dissoudre et amener au volume de 1 litre. Filtrer après quarante-huit heures de repos.

cubes d'ammoniaque à 10 p. 100 (densité 0,96). On filtre après quelques heures de repos, on lave avec de l'ammoniaque à 5 p. 100 et on transforme par calcination le précipité de $MgNH^4PO^4$ en pyrophosphate $Mg^2P^2O^7$ qu'on pèse (V. dosage de la magnésie dans les calcaires, p. 80).

b. L'acide phosphorique est précipité directement à l'état de phosphate ammoniaco-magnésique NH^4MgPO^4 (Méthode citro-mécanique).

Principe du procédé. — Si, dans une solution de phosphate dans un acide minéral, contenant ou pouvant contenir en même temps CaO, MgO, Fe^2O^3, Al^2O^3, MnO, SiO^2, on ajoute de l'acide citrique et de l'ammoniaque pour neutraliser, puis qu'on additionne de liqueur magnésique en même temps qu'on agite le liquide d'un mouvement régulier et rapide, tout l'acide phosphorique se précipite à l'état de NH^4MgPO^4 pur, tandis que les autres corps restent en solution.

Mode opératoire. — On prélève **25** centimètres cubes de la solution résultant de l'attaque du phosphate et diluée à 500 centimètres cubes (Voir *a.*)[1] ; on neutralise à peu près par l'ammoniaque, puis on ajoute 30 centimètres cubes de citrate ammonique, (formule Petermann[2]) et 10 centimètres cubes d'ammoniaque à 20 p. 100 (densité 0,92). On soumet le liquide à l'action de l'agi-

[1] On peut aussi, dans le cas qui nous occupe dissoudre, le phosphate dans l'eau régale.

[2] Ce réactif se prépare en traitant 50 grammes d'acide citrique dissous dans l'eau par de l'ammoniaque à 20 p. 100 (densité 0,92) jusqu'à réaction neutre : on emploie environ 70 centimètres cubes d'ammoniaque. On amène le liquide refroidi à la densité 1,09 à 15°, et on ajoute de l'ammoniaque de densité 0,92 dans la proportion de 5 centimètres cubes par 100 centimètres cubes.

lateur mécanique en même temps qu'on y ajoute goutte à goutte 25 centimètres cubes de liqueur magnésique. On agite pendant une demi-heure ; on laisse déposer le précipité pendant deux heures, puis on filtre et on achève le dosage d'après *a*.

DOSAGE DE L'OXYDE DE FER ET DE L'ALUMINE
DANS LES PHOSPHATES NATURELS

Utilité de ce dosage. — (Voir p. 109 les indications qui précèdent l'exposé de l'analyse des superphosphates).

Mode opératoire (d'après von Grueber). — On dissout 10 grammes du phosphate dans l'acide chlorhydrique dilué d'eau et on évapore à siccité pour insolubiliser la silice. On reprend par un peu d'acide chlorhydrique dilué, on transvase dans un matras jaugé de 500 centimètres cubes et on dilue jusqu'au trait de jauge. Après avoir rendu le liquide homogène par agitation, on filtre sur filtre sec. Le liquide filtré sert au dosage de Fe^2O^3 et de Al^2O^3.

a. *Dosage de Al^2O^3.* — On prélève 50 centimètres cubes du liquide (= 1 gramme de phosphate), on les introduit dans un matras jaugé de 200 centimètres cubes, on neutralise à peu près à l'aide d'une solution de soude caustique pure à 20 p. 100, on ajoute encore 30 centimètres cubes de la solution de soude, on fait bouillir, puis, après 10 minutes, pendant lesquelles on agite fréquemment, on dilue jusqu'au trait de jauge. Après refroidissement, on filtre, on prélève 100 centimètres cubes de filtrat (0,5 gr. de phosphate), on neutralise par l'acide chlorhydrique, puis on précipite l'alumine à l'état de phosphate $AlPO^4$ par l'amoniaque en léger excès et on fait bouillir. Le précipité est lavé à l'eau chaude, séché, calciné et pesé. Du poids de AlPO⁴ ou Al²O³, P²O⁵ trouvé, on déduit par le calcul la teneur en AlPO³.

b. Dosage du fer. — On prélève 100 centimètres cubes du liquide (2 grammes de phosphate), on les introduit dans un matras jaugé de 250 centimètres cubes, on ajoute de l'acide sulfurique et quelques grammes de zinc pur, afin de réduire le fer à l'état ferreux, puis on dilue jusqu'au trait de jauge. On prélève 50 centimètres cubes de la solution et on les introduit dans un vase contenant 200 centimètres cubes d'eau et 50 centimètres cubes d'acide sulfurique à 20 p. 100, puis on titre à l'aide d'une solution déci-normale de permanganate potassique (contenant 3,164 gr. de ce sel pur par litre) jusqu'à coloration rose persistante (V. pour les détails le dosage du fer dans ses minerais, p. 134). On ajoute ensuite 50 centimètres cubes de la solution ferreuse, on titre de nouveau par le permanganate, on répète une troisième fois le titrage sur une nouvelle prise de 50 centimètres cubes. Le nombre de centimètres cubes employés dans ce troisième titrage concorde généralement exactement avec celui qu'on a obtenu dans le second titrage, et sert à calculer la teneur en fer (1 centimètre cube de la solution de permanganate correspond à 0,0056 gr. de fer).

2. *Scories de déphosphoration.* — Les scories de déphosphoration contiennent, au moins en partie, l'acide phosphorique sous forme de phosphate tétra-calcique, $Ca^3 (PO^4)^2 CaO$. Sous cet état, l'acide phosphorique se montre beaucoup plus actif comme fertilisant qu'il ne l'est dans les phosphates naturels (phosphate tri-calcique.)

Il est soluble dans l'acide citrique et dans le citrate ammonique.

L'analyse des scories de déphosphoration comprend donc, outre le dosage de l'acide phosphorique total, celui de l'acide phosphorique soluble dans le citrate (V. *Exemples de composition*, p. 102).

Dosage de l'humidité. — Voir p. 102.

Dosage de l'acide phosphorique total. — On traite (d'après Loges) 10 grammes de scories tamisées au tamis 60, et introduites dans un matras jaugé de 500 centimètres cubes par un peu d'eau : on ajoute 5 centimètres cubes d'acide sulfurique dilué de son volume d'eau et on agite vigoureusement. On additionne ensuite de 50 centimètres cubes d'acide sulfurique concentré et on chauffe jusqu'à formation de vapeurs d'acide sulfurique et jusqu'à ce que la masse forme une bouillie assez consistante. On laisse refroidir partiellement, puis on ajoute petit à petit de l'eau jusqu'au trait de jauge. Après refroidissement complet, on rend le liquide homogène par agitation, on filtre sur filtre sec, et dans 50 centimètres cubes (= 1 gramme de scories) du liquide filtré, on dose l'acide phosphorique soit par la méthode citro-mécanique (V. p. 104), soit par la méthode molybdique (V. p. 102).

Dosage de l'acide phosphorique soluble dans le citrate (Méthode P. Wagner).

Solutions nécessaires. — a. Solution concentrée de citrate ammonique. — Cette solution doit contenir exactement par litre 150 grammes d'acide citrique et 27,93 gr. d'ammoniaque (soit 23 grammes d'azote ammoniacal). Sidersky opère de la façon suivante pour préparer 10 litres de réactif : on dissout 1 500 grammes d'acide citrique cristallisé dans 2 litres d'eau et 3 500 centimètres cubes d'ammoniaque à 8 p. 100. Après refroidissement, on dilue au volume de 8 litres. On prélève 25 centimètres cubes, on les dilue au volume de 250 centimètres cubes, et dans 25 centimètres cubes de cette nouvelle solution, on dose l'ammoniaque par distillation en présence de 3 grammes de magnésie calcinée. (V. pour les détails, dosage de l'ammoniaque dans le sulfate ammonique, p. 71). Tout calcul fait, on trouve, par exemple, que les 8 litres de solution contiennent 224 grammes d'azote ammoniacal. Pour obtenir avec cette solution 10 litres de liquide contenant 230 grammes d'azote ammoniacal, il faut ajouter deux litres d'eau contenant 6 grammes d'azote ammoniacal, ou 7,3 gr. d'ammoniaque, ou 94 centimètres cubes d'ammoniaque, densité 0,967.

b. *Solution diluée de citrate ammonique.* — Elle se prépare en mélangeant 2 volumes de la solution concentrée de citrate (V. a) et 3 volumes d'eau.

c. *Solution molybdique.* — On introduit dans un matras de 1 litre, 150 grammes de molybdate ammonique et de l'eau jusqu'à dissolution. La solution est additionnée de 400 grammes de nitrate ammonique ; on dilue ensuite jusqu'au trait de jauge, puis on verse dans un litre d'acide nitrique de densité 1,19. On filtre après 24 heures de repos.

d. *Liqueur magnésique.* — On dissout 110 grammes de chlorure magnésique et 140 grammes de chlorure ammonique dans 700 centimètres cubes d'ammoniaque à 8 p. 100 et 1,300 centimètres cubes d'eau. On filtre après quelques jours de repos.

Mode opératoire. — On opère sur 5 grammes de scories telles qu'elles sont obtenues dans le commerce, c'est-à-dire non broyées ni tamisées. La prise d'essai est introduite dans un matras jaugé d'un demi-litre; on remplit jusqu'au trait de jauge avec la solution diluée de citrate (V. b) à la température de 17°5, on ferme le matras au moyen d'un bouchon de caoutchouc et on agite pendant une demi-heure, à l'aide d'un appareil rotatoire faisant 30 à 40 tours par minute. Ensuite, on filtre sur filtre sec; on prélève 50 centimètres cubes du liquide filtré, on précipite l'acide phosphorique au moyen de 100 centimètres cubes de la solution molybdique (V. c), et on chauffe au bain-marie pendant 15 minutes. On laisse refroidir; ensuite, le précipité de phospho-molybdate est redissous dans l'ammoniaque et l'acide phosphorique est ensuite reprécipité à l'état de phosphate ammoniaco-magnésique (V. pour les détails, p 103).

Remarque. — Les résultats ne sont concordants que pour autant que tous les détails concernant la préparation des réactifs et le mode opératoire soient strictement observés.

3. *Superphosphates de chaux.* — Les superphosphates, qui résultent du traitement des phosphates naturels par l'acide sulfurique, contiennent à côté de sulfate calcique et d'une petite quantité de $Ca^3 (PO^4)^2$ non désagrégé, une forte proportion de phosphate monocalcique $CaH^4(PO^4)^2$ soluble dans l'eau, et même de l'acide phosphorique. Avec le temps, le $CaH^4(PO^4)^2$ agissant sur le $Ca^3 (PO^4)^2$ donne lieu à la formation de phosphate bi-calcique $Ca^2H^2(PO^4)^2$. Celui-ci étant insoluble dans l'eau, il s'ensuit que la proportion de sulfate

soluble se trouve diminuée d'autant. Ce phénomène est connu sous le nom de *rétrogradation des superphosphates*. Il est encore plus marqué lorsque les phosphates renferment une notable proportion d'oxyde de fer et d'alumine; ces oxydes réagissent, en effet, avec le phosphate acide de calcium, pour former des phosphates de fer et d'alumine insolubles.

On désigne sous le nom de superphosphates doubles, des produits enrichis contenant au delà de 22 p. 100 de P^2O^5.

(*Exemples de composition de superphosphates*, V. p. 102).

Dosage de l'humidité. — Par dessiccation à 100°. (V. p. 102). Le sulfate de chaux ne se déshydratant que lentement, la dessiccation exige plus de temps que dans le cas des phosphates naturels, scories de déphosphoration, etc.

Dosage de l'acide phosphorique total. — (V. 1 p. 102.)

Dosage de l'acide phosphorique soluble dans l'eau. — On pèse 20 grammes de superphosphate qu'on triture dans un mortier avec 25 centimètres cubes d'eau froide. On répète plusieurs fois cette opération en versant chaque fois le liquide dans un matras jaugé de 1 litre. Lorsque le tout a été amené dans le matras, on dilue au volume d'environ 900 centimètres cubes et on agite pendant une demi-heure. On remplit ensuite d'eau distillée jusqu'au trait de jauge, on filtre sur filtre sec, et dans 50 centimètres cubes, on dose l'acide phosphorique par le molybdate ammonique ou par la méthode citro-mécanique. (V. p. 102 et suiv.)

Remarque. — A défaut d'agitateur, on laissera digérer la matière avec l'eau pendant deux heures, s'il s'agit de superphosphate ordinaire; pendant 24 heures, dans le cas d'un superphosphate double ; on agitera de temps à autre le liquide.

Dosage de l'acide phosphorique soluble dans l'eau et le citrate ammonique. — On opère sur 4, 2 ou 1 gramme de superphosphate, suivant que la richesse présumée en P^2O^5 est de moins de 10 p. 100, de 10 à 20 p. 100, ou de plus de 20 p. 100. La prise d'essai est d'abord broyée à sec dans un mortier, puis additionnée de 25 centimètres cubes d'eau et triturée jusqu'à délayage complet. Le liquide est décanté sur un filtre ; le filtrat est recueilli dans un matras jaugé de 250 centimètres cubes. L'opération est répétée 3 fois ; le lavage de la matière insoluble est continué jusqu'à ce que le volume du filtrat soit de 200 centimètres cubes environ. On ajoute quelques gouttes d'acide chlorhydrique, et on dilue ensuite jusqu'au trait de jauge avec de l'eau distillée. Le filtre est introduit avec son contenu dans un matras de 250 centimètres cubes avec 100 centimètres cubes de solution de citrate alcalin (V. p. 104, note [2]); on laisse agir pendant 15 heures à froid, en agitant de temps en temps ; puis on fait digérer à la température de 40° pendant une heure. On laisse ensuite refroidir, on dilue jusqu'au trait de jauge, on filtre et on prélève 50 centimètres cubes auxquels on ajoute 50 centimètres cubes de la solution aqueuse obtenue ci-dessus.

L'ensemble est additionné de 10 centimètres cubes d'acide chlorhydrique (densité 1,10), puis on fait bouillir pendant 5 minutes ; on neutralise à peu près par l'ammoniaque, on ajoute 10 centimètres cubes de la solution de citrate (V. p. 104, note [2]) et on achève le dosage par la méthode citro-mécanique. (V. p. 104.)

COMPOSÉS DE L'ALUMINIUM

Nous étudierons ici la bauxite, l'alumine, la cryolithe et les argiles.

1. *Bauxite (minerai d'aluminium)*. — La bauxite est essentiellement un hydroxyde d'aluminium associé à des quantités variables d'oxyde de fer, de silice et d'acide titanique.

EXEMPLES DE COMPOSITION

H_2O combinée	. . . . . .	33,43	32,00	18,66
SiO_3	—	0,80	2,66	26,50
Fe_2O_3	—	0,47	0,47	0,25
TiO_2	—	4.20	4,06	3,11
Al_2O_3	—	61,10	60,81	51,64

L'analyse comprend les dosages de l'eau de combinaison, de la silice, de l'alumine, de l'oxyde de fer et de l'acide titanique. On peut l'effectuer de la manière suivante (méthode de la *Pittsburgh Reduction Cy.*, reproduite par L. Campredon).

Dosage de l'eau de combinaison. — On calcine à haute température 1 gramme de matière ; la perte de poids correspond à l'eau dégagée.

Dosage de la silice. — On fond 0,5 gr. de bauxite en poudre fine avec 8 à 10 grammes de sulfate acide de potassium dans un creuset de platine spacieux (V. pour les détails de ce mode d'attaque, p. 7.)

Lorsque la désagrégation est achevée, on laisse refroidir, puis on traite par l'eau chaude acidulée d'acide chlorhydrique. Tout le fer et l'aluminium passent en solution ainsi que la majeure partie du titane. Le résidu insoluble se compose de la silice et du restant du titane. Ce résidu est séparé par filtration, lavé, séché et pesé comme silice après avoir été calciné. On le soumet ensuite à l'action de l'acide fluorhydrique (V. pour les détails, p. 9), afin d'éliminer la silice à l'état de $SiFl'$. Si, à la suite de ce traitement, il reste un résidu (titane), on le soumet à la fusion avec un peu de bi-sulfate, puis on dissout dans l'eau et on réunit la solution qui contient le reste du titane à la solution principale séparée du précipité de silice. Le tout est neutralisé par l'ammoniaque jusqu'à formation d'un léger précipité persistant. On redissout ce précipité par quelques gouttes d'acide sulfurique, puis, après avoir dilué au volume d'environ 250 centimètres cubes, on ajoute de l'acide sulfureux et l'on fait bouillir pendant trois quarts d'heure. Pendant l'ébullition, on ajoute encore une certaine quantité d'acide sulfureux. Dans ces conditions, le titane finit par se précipiter entièrement à l'état d'hydrate qui est recueilli, lavé, séché et calciné, afin de le transformer en TiO^2 qu'on pèse.

Le filtrat séparé de l'acide titanique contient le fer (à l'état ferreux par suite de l'emploi d'acide sulfureux) et l'alumine. L'acide sulfureux étant entièrement éliminé par ébullition, on acidule par l'acide chlorhydrique, puis on ajoute 2 centimètres cubes d'acide nitrique concentré afin de réoxyder le fer. On fait encore bouillir un instant pour assurer cette réoxydation, puis on précipite fer et alumine par l'ammoniaque (en très léger excès) à l'état d'hydrates. On laisse déposer complètement le précipité, puis on le recueille sur filtre, et après un lavage sommaire, on le redissout dans l'acide chlorhydrique et on répète la précipitation par l'ammoniaque. Le nouveau précipité est recueilli et lavé à l'eau chaude. Après dessiccation, on le calcine à la lampe dans un creuset de porcelaine et on le pèse. On connaît ainsi le poids global des deux oxydes Fe^2O^3 et Al^2O^3. On redissout ces oxydes dans l'acide chlorhydrique concentré (V. p. 3) et dans la solution qui contient le fer à l'état de chlorure ferrique, on dose cet élément par le chlorure stanneux, en suivant les indications données à propos de l'analyse des minerais de fer. (V. p. 134.)

Observation. — Il arrive, lorsqu'on calcine les hydrates de fer et d'alumine à très haute température, ce qui, du reste, est tout à fait inutile, que la redissolution des oxydes est particulièrement difficile et incomplète. En pareil cas, on doit, pour la mise en dissolution, désagréger les oxydes par fusion avec un fondant alcalin.

2. *Alumine.* — Outre la bauxite, on peut avoir à analyser l'alumine hydratée et l'alumine calcinée, matières premières de la fabrication de l'aluminium, résultant de la fusion de la bauxite avec le carbonate sodique. Ces produits sont examinés au point de vue de leur teneur en H^2O, SiO^2, Na^2CO^3 ou $NaOH$.

Dosage de l'eau et de l'anhydride carbonique (d'après L. Campredon.)

On calcine un gramme à la plus haute température du chalumeau; le CO^2 provient de Na^2CO^3 (par réaction avec SiO_2). — Si on désire connaître isolément la teneur en anhydride carbonique, on emploiera la méthode par dégagement. (V. dosage de CO_2 dans les calcaires, p. 81).

Le procédé à suivre pour le dosage de la silice varie, suivant qu'il s'agit d'alumine hydratée ou d'alumine calcinée.

Dans le *premier cas* on traite 5 grammes de matière par 25 centimètres cubes d'acide sulfurique préparé en mélangeant 900 centimètres cubes d'acide sulfurique concentré et 1290 centimètres cubes d'eau. L'alumine se dissout et la silice reste en résidu. Après avoir étendu d'eau, on recueille la silice, on la calcine et on la pèse. Le précipité pouvant retenir de l'alumine et de l'acide titanique, on le fond avec $KHSO_4$ (V. p. 7); le nouveau résidu est pesé après calcination, puis traité par l'acide fluorhydrique qui doit le volatiliser entièrement (V. p. 9).

Dans le cas de l'alumine calcinée on fond 1 gramme de matière avec 10 ou 12 grammes de sulfate acide de potassium.

La silice restant insoluble après reprise de la masse par l'eau est traitée par le carbonate sodique (par fusion) et insolubilisée à la manière ordinaire. On s'assure ensuite de sa pureté au moyen de l'acide fluorhydrique qui doit la volatiliser entièrement.

Pour le dosage de la soude, on peut opérer d'après Lawrence Smith, de la manière suivante : on traite une prise d'essai suffisante par l'acide nitrique densité 1,3 et un peu d'acide chlorhydrique, de façon que l'acide nitrique reste prédominant. On évapore à sec dans une capsule en platine. On calcine jusqu'à décomposition des nitrates, puis, on mélange autant que possible le résidu avec 1 gramme de chlorure ammonique et 8 grammes de carbonate calcique précipité et on chauffe au rouge ; le chlorure calcique qui se forme et la chaux désagrègent le carbonate alcalin dans lequel est engagé la soude, et transforment l'alcali en chlorure. La masse désagrégée est bouillie avec de l'eau ; on dilue finalement à 120 centimètres cubes ; après refroidissement, on filtre sur filtre sec ; on isole ainsi le carbonate calcique en excès et la silice ; on prélève 100 centimètres cubes du liquide filtré et on concentre à 50 centimètres cubes environ. Dans ce liquide se trouvent de la chaux libre, du chlorure calcique et le chlorure alcalin. On élimine la chaux par l'oxalate ammonique (V. p. 78), puis, après avoir séparé l'oxalate calcique, on évapore à siccité en présence d'acide chlorhydrique et on calcine ; on a ainsi comme résidu le NaCl.

3. *La métallurgie de l'aluminium* utilise aussi comme fondant la cryolithe, fluorure double d'aluminium et de sodium, $6NaFl, Al^2Fl^6$, dont les analyses suivantes renseignent la composition :

Al.	12,55	13,00
Na.	33,10	32,93
Fl.	54,35	54,07

L'analyse pourra se faire de la manière suivante, d'après L. Campredon.

On traite 1 gramme de cryolithe dans une capsule de platine par 5 centimètres cubes d'acide sulfurique et on chauffe jusqu'à dissolution.

$$2NaFl + H^2SO^4 = Na^2SO^4 + 2HFl$$
$$Al^2Fl^6 + 3H^2SO^4 = Al^2(SO^4)^3 + 6HFl.$$

On évapore à siccité et on calcine ; on obtient ainsi

un mélange de sulfates d'aluminium et de sodium qu'on pèse. On reprend par l'eau et l'acide chlorhydrique, on filtre, s'il y a lieu, pour éliminer un restant de silice et on dilue à un volume déterminé. Dans une partie aliquote on dose les sulfates par le chlorure barytique ; dans une autre, on dose l'aluminium par l'ammoniaque ; on a alors les éléments pour calculer le sodium par différence.

4. ARGILES

Les argiles sont essentiellement des silicates hydratés d'aluminium dont l'expression la plus pure est le Kaolin $2Al^2O^3$ $3SiO^2$ $2H^2O$ ou : $2SiO^2$, Al^2O^3, $2H^2O$.

Les argiles ont une grande valeur au point de vue industriel. Elles sont, en effet, les matières premières de la fabrication de tous les produits céramiques, depuis les plus grossiers, briques, tuiles, pannes, etc., jusqu'aux plus fins : faïences, porcelaines.

En fait, les argiles contiennent presque toujours une certaine proportion d'éléments étrangers : restant des feldspaths qui leur ont donné naissance, composés de fer, de chaux, de magnésie et sable.

Une argile ferrugineuse donne à la cuisson un produit d'autant plus teinté de jaune ou de rouge, qu'elle contient plus de fer. En outre, plus une argile est chargée d'éléments étrangers au silicate d'aluminium, plus elle est aisément fusible, par suite de la formation de silicates multiples, moins réfractaires que le silicate d'aluminium. Tandis que le kaolin peut supporter sans fondre des températures supérieures à 2000°, l'argile à briques, riche en oxyde de fer, est fusible à 1200° ou 1300°, et entre ces deux extrêmes se range toute une série de termes intermédiaires.

EXEMPLES DE COMPOSITION

	Kaolin.		Argiles réfractaires.				
SiO^2 totale	46,53	50,92	43,10	57,20	44,32	74,11	85,30
Dont sable	—	—	4,40	—	4,90	—	—
Al^2O^3 . . .	39,42	34,90	40,85	19,82	36,30	18,55	10,41
Fe^2O^3 . . .	—	—	1,82	2,08	0,46	0,65	0,50
CaO . . .	0,28	0,18	0,25	1,45	0,19	0,17	0,14
MgO . . .	—		0,27	0,86	0,19	traces	0,16
Alcalis . .	—	1,87		0,54	0,42	—	—
Perte à la calcinat .	13,72	11,78	13,23	—	17,78	6,18	3,40

Argile ferrugineuse (calcinée).

SiO^2	69,40
Al^2O^3	17,28
Fe^2O^3	7,72
CaO	1,76
MgO	1,84

ANALYSE. — a. *Analyse mécanique.* — L'analyse mécanique permet de déterminer la proportion des éléments argileux proprement dits, et de sable plus ou moins grossier qui forment par leur ensemble les argiles naturelles.

L'appareil de Schoene (fig. 17) est très souvent employé pour cette opération. Il se compose d'un récipient allongé A B, de 60 centimètres de longueur environ et de 5 centimètres de diamètre à la partie supérieure.

L'extrémité inférieure se prolonge en un tube C recourbé vers le haut, et pouvant être relié à un réservoir à eau par l'intermédiaire du tuyau T.

Dans le col du récipient AB, est fixé, à l'aide d'un bouchon, un tube à double courbure DEFG, formé d'un tube barométrique, dont le diamètre intérieur doit être de 3 millimètres. Au point F, dans l'axe de la branche FG, un orifice circulaire de 1,5 mm. est pratiqué dans le tube. La branche FG porte une graduation en centimètres dont le zéro coïncide avec le centre de l'orifice d'écoulement.

Si l'on fait arriver de l'eau dans l'appareil par le tube T, cette eau s'élèvera dans le réservoir AB et s'écoulera par F. La vitesse d'écoulement dépendra de la quantité d'eau qu'on fera entrer dans l'appareil dans l'unité de temps en ouvrant plus ou moins la pince p. Pour une vitesse déterminée du courant d'eau, il se produira aussi dans la branche FG une colonne d'eau dont le niveau restera constant.

La prise d'essai de l'argile à examiner étant introduite dans le récipient AB, on fait arriver un courant d'eau par le tube T.

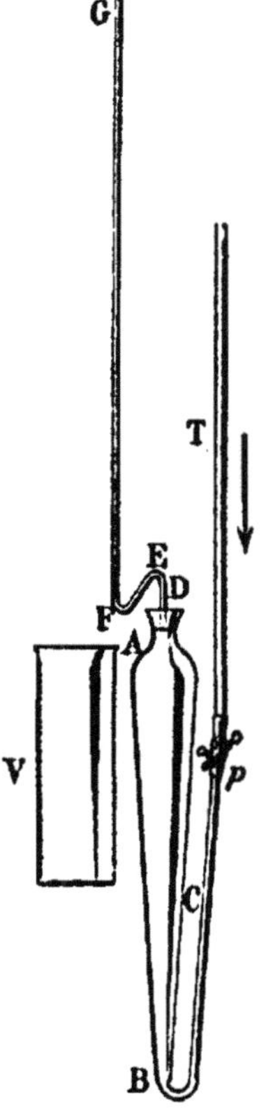

Fig. 17.

L'argile est mise en suspension dans l'eau; les parties les plus grossières restent dans le fond du récipient; les parties moins grossières demeurent en suspension entre B et A ; les parties fines sont entraînées hors du récipient et s'écoulent par F dans le vase V. On conçoit que plus le courant d'eau sera rapide, plus grosses seront les particules qui s'écouleront en F, et inversement. Il importe donc, pour obtenir des résultats comparables, de donner au courant d'eau une vitesse déterminée pour la séparation des divers produits.

D'après Seger, les particules entraînées par un courant de 0,18 mm. par seconde forment l'argile proprement dite dont les grains ne doivent pas dépasser 0,01 mm. Les parties entraînées par un courant de 0,7 mm. par seconde forment la boue (grains de 0,01 à 0,025 mm.).

Les particules enlevées par un courant de 1,5 mm. par seconde constituent la poussière (grains de 0,04 mm. au maximum). Ce qui reste en suspension dans le récipient AB est appelé sable fin (grains de 0,04 à 0,2 mm.). Et enfin, les grains de plus de 0,2 mm. forment le sable grossier.

b. *Analyse chimique.* — Cette analyse comprend les déterminations suivantes : humidité, eau de combinaison, matières organiques, silice libre, silice combinée, alumine, oxyde ferrique, chaux, magnésie, potasse, soude.

Dosage de l'humidité. — On dessèche jusqu'à poids constant à 120°, 2 grammes d'argile finement pulvérisée. La perte de poids correspond à l'humidité.

Dosage de l'eau combinée et des matières organiques. — La matière sèche obtenue dans l'essai précédent est calcinée dans un creuset de platine au contact de l'air. La perte de poids représente la somme des poids de l'eau combinée et des matières organiques. On la désigne sous le nom de : perte à la calcination ou perte au feu.

Dosage de la silice combinée et du sable. — On mélange dans une capsule en platine 2 grammes d'argile sèche finement pulvérisée, avec 15 centimètres cubes d'acide sulfurique concentré et l'on chauffe pendant plusieurs heures dans le but de désagréger l'argile. La chauffe doit être conduite de telle façon qu'il reste encore de l'acide sulfurique en excès à la fin de l'opération. Après avoir laissé refroidir, on étend d'eau, on filtre, on lave le résidu, qui est ensuite soumis une seconde fois à l'action de l'acide sulfurique. Le nouveau résidu est, après dilution par l'eau, recueilli sur filtre taré et pesé après dessiccation à 100°. Il se compose de la silice (provenant de la désagrégation de l'argile) et du sable. Le précipité est détaché aussi complètement que possible du filtre et traité, dans une capsule de platine, par une solution bouillante de carbonate sodique à 20 p. 100 additionnée de quelques gouttes de solution d'hydrate sodique, qui dissout la silice amorphe; on décante et on renouvelle le traitement par le carbonate sodique. Finalement, on filtre, on lave à l'eau bouillante, on dessèche et on calcine le résidu insoluble, qui, si l'opération a été bien conduite, ne doit être formé que par le sable contenu dans l'argile analysée.

Dosage de la silice totale et des bases à l'exception des alcalis. — On désagrège dans un creuset de platine 1 gramme d'argile séchée et finement pulvérisée, au moyen de 10 à 12 grammes de carbonate sodico-potassique. (La théorie de l'opération et la manière de la conduire ont été exposées page 5 à propos de la mise en solution des matières minérales).

Après reprise de la masse fondue par l'acide chlorhydrique et l'eau, on évapore à siccité au bain-marie; le résidu étant repris par 10 centimètres cubes d'acide chlorhydrique concentré, on évapore de nouveau afin d'insolubiliser autant que possible la silice. Lorsque le résidu est formé de croûtes bien sèches, on l'humecte de 2 centimètres cubes d'acide chlorhydrique[1], puis on ajoute de l'eau chaude pour redissoudre la masse saline. On filtre pour séparer le résidu de silice, qui, après lavage à l'eau chaude et dessiccation, est calciné au rouge vif pour obtenir la transformation en SiO^2 qu'on pèse.

Si la désagrégation de l'argile n'a pas été complète, la silice peut, tout en étant blanche, contenir du silicate d'aluminium non décomposé; en outre, certaines argiles renferment un peu d'acide titanique qui peut rester associé à la silice. Si l'on veut s'assurer de la pureté du précipité qu'on a pesé, on le soumet à l'action de l'acide fluorhydrique (V. p. 9) après l'avoir humecté d'acide sulfurique. Si la silice est pure, elle s'élimine en entier à l'état de $SiFl^4$, et, en calcinant pour éliminer la petite quantité d'acide sulfurique, on ne doit obtenir de résidu d'aucune espèce. S'il reste un résidu, il peut être formé d'alumine et d'acide titanique, et, en outre, d'un peu de silice que l'acide fluorhydrique n'aurait pas volatilisée; on le traite par quelques gouttes d'acide chlorhydrique, on ajoute de l'eau, et, après filtration s'il y a lieu, on traite par l'ammoniaque en léger excès qui précipite l'aluminium à l'état d'$Al^2(OH)^6$.

Au cas où l'acide chlorhydrique aurait laissé un résidu,

---

[1] Il faut avoir soin de n'employer ici que peu d'acide chlorhydrique. En effet, dans la suite de l'analyse, cet acide doit être neutralisé par l'ammoniaque, d'où, formation de chlorure ammonique qui vient s'ajouter aux chlorures alcalins provenant du carbonate sodico-potassique employé pour la désagrégation. Vers la fin de l'analyse, le liquide doit être fortement concentré pour le dosage de la chaux et, plus encore, pour le dosage de la magnésie. Si, par l'emploi de trop d'acide chlorhydrique, il y a abondance de chlorure ammonique, une partie des sels en solution se précipite par la concentration; le dosage de la magnésie, qui doit se faire en solution concentrée (Voir p. 80) est alors compromis; en outre, la présence de grandes quantités de sels ammoniacaux passe pour empêcher la précipitation complète du phosphate ammonia-ro-magnésique.

on fondrait ce résidu avec du sulfate acide de potassium (V. p. 7). En reprenant par l'eau, la silice reste en résidu; le titane passe en solution. Par ébullition prolongée, pendant laquelle on remplace l'eau qui s'évapore, le titane se précipite à l'état d'acide méta-titanique $TiO(OH)^2$ qu'on recueille, lave et transforme par calcination en TiO^2 qu'on pèse.

Le filtrat acide séparé du précipité de silice (V. plus haut) est utilisé pour le dosage du fer, de l'alumine, de la chaux et de la magnésie[1].

On précipite à chaud par l'ammoniaque en très léger excès le fer et l'alumine à l'état de $Fe^2(OH)^6$ et $Al^2(OH)^6$. S'il y a beaucoup d'alumine, il est avantageux de laver le précipité au moins une fois par décantation à l'eau bouillante, avant de l'amener sur le filtre. Le précipité, lavé à l'eau chaude, est séché puis calciné, afin de transformer les hydrates en oxydes $Fe^2O^3+Al^2O^3$ qu'on pèse. Ces oxydes sont redissous à la température de 60 — 70° dans quelques centimètres cubes d'acide chlorhydrique concentré. (V. p. 3). Dans la solution obtenue, on dose le fer, soit par le chlorure stanneux, soit par le permanganate potassique (V. p. 134 l'exposé détaillé du dosage du fer dans ses minerais). Il y a lieu de remarquer que la quantité de fer à doser étant faible, les liqueurs titrées à employer doivent être préparées à une faible concentra-

---

[1] Ce filtrat contient parfois une petite quantité de platine (milligrammes) provenant de l'attaque du creuset de platine par les fondants. Si l'on veut opérer très exactement, on précipite par H^2S le platine à l'état de PtS^2 qu'on agrège ensuite par ébullition. On filtre, chasse l'excès d'acide sulfhydrique par ébullition et réoxyde le fer par quelques gouttes de HNO^3. — En général, si la fusion a été faite sans qu'on ait exagéré la durée de l'opération ou le degré de température, la quantité de platine enlevée est tellement faible que son élimination peut être négligée.

tion; leur titre fer ne devra pas être supérieur à 2 milligrammes. Connaissant la teneur en fer, on calcule le poids correspondant d'oxyde ferrique ; en soustrayant ce dernier du poids obtenu pour $Fe^2O^3 + Al^2O^3$, on connaît la quantité d'alumine.

Le filtrat ammoniacal séparé des hydrates de fer et d'alumine est concentré au volume de 150 centimètres cubes environ et, après addition de quelques gouttes d'ammoniaque, traité à l'ébullition par l'oxalate ammonique pour précipiter la chaux (V. pour les détails, *Analyse des calcaires*, p. 78).

Le nouveau filtrat, séparé de l'oxalate calcique est, le cas échéant, concentré à son tour (V. note au bas de la page 122). On y dose ensuite la magnésie par le phosphate ammonique (V. *Analyse des calcaires*, p. 80).

Dosage des alcalis. — On désagrège 2 à 3 grammes d'argile finement pulvérisée, par l'acide fluorhydrique en présence de quelques centimètres cubes d'acide sulfurique dilué. (V. pour les détails du mode opératoire, p. 9). Il est prudent de laisser l'attaque se continuer pendant une journée au moins et de remuer la masse au bout de quelques heures au moyen d'une spatule en platine. La capsule étant retirée de l'appareil en plomb, on la chauffe au bain-marie pour éliminer l'excès d'acide fluorhydrique, puis, en chauffant avec précaution à feu nu, on élimine l'acide sulfurique. Le résidu formé de sulfates est ensuite repris par 2 ou 3 centimètres cubes d'acide chlorhydrique, puis par de l'eau. Si l'attaque a été complète, ce résidu doit, dans ces conditions, se dissoudre entièrement (s'il en est autrement, le résidu laissé par l'acide chlorhydrique est de l'argile inattaquée qui doit être de nouveau soumise à l'action de l'acide fluorhydrique).

La solution aqueuse est additionnée jusqu'à réaction alcaline d'hydrate barytique, afin de précipiter l'acide sulfurique, l'oxyde de fer, l'alumine et la magnésie. On filtre après dépôt; on ajoute au filtrat du carbonate ammonique afin de précipiter le calcium et l'excès de baryum, et on concentre. Après avoir séparé les carbonates barytique et calcique, on évapore à siccité; le résidu étant repris par l'eau, on traite de nouveau par le carbonate ammonique pour précipiter les dernières traces des métaux alcalino-terreux; on filtre, on évapore le filtrat qui contient les chlorures alcalins, dans une capsule de platine tarée et on pèse après avoir *modérément* calciné le résidu. Le poids obtenu représente la somme des chlorures potassique et sodique. On redissout ces chlorures dans le moins d'eau possible, on ajoute quelques gouttes d'acide chlorhydrique, puis du chlorure platinique en quantité suffisante pour transformer le potassium et le sodium en chloroplatinates ; on évapore à siccité au bain-marie. Le résidu est repris par l'alcool qui laisse indissous le chloroplatinate potassique qu'on dosera d'après les indications données page 50 à propos de l'analyse des potasses. — Connaissant la quantité de potassium, on calcule la quantité correspondante de KCl. Le poids trouvé étant soustrait du poids de la somme des chlorures NaCl + KCl, on connaît par différence NaCl et par suite Na^2O.

e. *Essai pyrométrique.* — Cet essai consiste à déterminer expérimentalement le degré de résistance au feu d'une argile. Il peut se faire en comparant l'argile avec une série de silicates à points de fusion connus. Seger a

dressé pour l'évaluation des températures élevées une
sorte d'échelle pyrométrique composée de 58 termes
dont les points de fusion sont compris entre 710 et
2180°. Les onze termes les plus difficilement fusibles
sont des silicates d'aluminium et de potassium ou de calcium, ou bien des silicates d'aluminium; ces substances,
dont les points de fusion se trouvent situés entre 1880
et 2180°, peuvent servir à la détermination du degré
d'infusibilité d'une argile. Elles se vendent sous forme

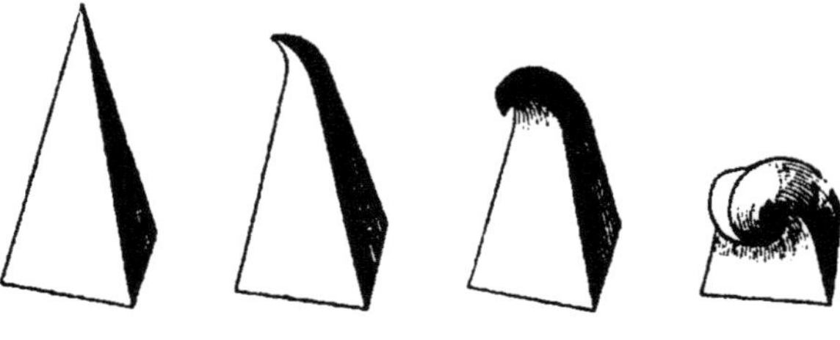

Fig. 18.

de petites pyramides triangulaires ayant 15 millimètres
de côté à la base et 5 centimètres de hauteur. Sous
l'action de la chaleur, la masse se rétracte d'abord
sans subir de déformation; la température croissant,
les arêtes commencent à se déformer et la masse s'af-
faisse de plus en plus sur elle-même (V. fig. 18).

Pour déterminer la valeur pyrométrique d'une argile,
on en façonne une petite pyramide de forme analogue
à celle des types de Seger, après avoir, au cas de présence de matière organique, chauffé préalablement la
substance au rouge, pour détruire tout le carbone.

La pyramide est ensuite placée avec une série de
types dans un creuset en terre très réfractaire, et le
creuset à son tour est introduit dans un fourneau de
Deville dans lequel on peut, par l'emploi du charbon de

cornue, et en s'aidant d'une soufflerie, obtenir une température très élevée.

Lorsque l'opération est terminée, on examine les modifications subies par l'argile essayée et les différents types. On peut ainsi être fixé sur le degré d'infusibilité de la matière analysée.

COMPOSÉS DU CHROME

Chromite. — Cette substance naturelle, qui est la matière première de la préparation des composés du chrome, est essentiellement une combinaison d'oxyde chromique et d'oxyde ferreux Cr^2O^3, FeO. — En fait, on y trouve, outre le chrome et le fer, de la silice, de l'alumine, de la chaux, de la magnésie, etc.

Exemples de composition (d'après Dana).

SiO^2	0,83	10,60	0,91
Cr^2O^3	44,91	39,51	63,07
FeO	28,97	36,00	18,42
Al^2O^3	13,85	13,00	10,83
MgO	9,96	—	6,68

La chromite doit être désagrégée par fusion avec un fondant alcalin ; un mélange de borax et de carbonate sodico-potassique convient très bien pour cette opération (Méthode Dittmar).

Les fondants sont mélangés dans le rapport de 2 parties de borax pour 3 parties de carbonate sodico-potassique. On emploiera 10 grammes de fondant pour 0,5 gr. de chromite finement pulvérisée. La fusion est commencée en creuset fermé ; au bout de quelques minutes, on ouvre le creuset, on l'incline pour faciliter l'accès de l'air, et l'on continue à chauffer pendant trois quarts d'heure sur une forte lampe Bunsen, ou même au chalumeau.

Le rouge vif doit, en tout cas, être maintenu pendant la durée de la fusion, à la fin de laquelle tout le chrome est transformé en chromate alcalin. Après refroidissement, on épuise la masse par l'eau chaude (V. p. 7, 1er alinéa). Le résidu insoluble (oxyde de fer, etc.) est recueilli et traité par l'acide chlorhydrique qui doit le dissoudre entièrement. S'il en était autrement, c'est que l'attaque serait incomplète, et le résidu inattaqué devrait être de nouveau soumis à la fusion.

Dans le liquide alcalin, qui peut contenir un peu de silice, de manganèse, d'alumine, etc. on dose le chrome de la manière suivante : on ajoute un morceau de carbonate ammonique de quelques grammes et on fait bouillir pendant un quart d'heure au moins, pour obtenir la précipitation de la silice. On filtre, et dans le filtrat, on réduit le chromate à l'état de sel chromique au moyen de 15 à 20 centimètres cubes de solution saturée d'acide sulfureux dont on élimine l'excès par ébullition. On précipite ensuite le chrome par l'ammoniaque à l'état d'hydrate $Cr^2(OH)^6$ qu'on lave à l'eau chaude et transforme par calcination en Cr^2O^3 qu'on pèse.

La précipitation du chrome par l'ammoniaque n'étant pas toujours parfaitement complète, on peut, avantageusement, avant de filtrer, saturer le liquide ammoniacal par l'acide sulfhydrique.

Remarque. — D'après A. Van de Casteele, l'attaque du fer chromé par le mélange de borax et de carbonate sodique dont il vient d'être question, se fait beaucoup plus aisément que par le sulfate acide de potassium, qui, généralement, laisse un résidu inattaqué, qui doit être refondu dans une opération spéciale.

On peut aussi désagréger le fer chromé, en fondant 0,5 gr. de ce minerai en mélange avec 6 grammes d'hydrate de sodium et 4 grammes de peroxyde de sodium dans un creuset d'argent. — La température doit être élevée très progressivement (V. p. 8).

Quel que soit le procédé employé, on aura soin de réduire au préalable le fer chromé à un état d'extrème finesse, ce minerai étant un de ceux dont la désagrégation est le plus difficile.

COMPOSÉS DU FER

A. MINERAIS

Les principaux minerais de fer sont : l'oligiste ou hématite rouge, oxyde de fer anhydre Fe^2O^3 ; les oxydes hydratés ou hématites brunes (limonites, limonites des prairies, minettes) ; l'oxyde magnétique Fe^3O^4 ; la sidérose ou fer spathique $FeCO^3$.

La métallurgie du fer consomme aussi accessoirement certains sous-produits riches en fer, tels que les résidus de pyrites provenant du grillage des pyrites servant à la fabrication de l'acide sulfurique, et les scories de puddlage obtenues pendant la fabrication du fer.

Les éléments que l'on peut rencontrer dans un minerai de fer sont très nombreux. On peut citer ici : manganèse, aluminium, chrome, zinc, cobalt, nickel, titane, arsenic, antimoine, vanadium, plomb, cuivre, calcium, magnésium, baryum et métaux alcalins.

Parmi les métalloïdes : soufre, phosphore, carbone (CO^2, matières organiques), silicium (silice, argile).

Dans la pratique courante, les dosages généralement effectués sont les suivants : humidité, perte à la calcination, fer, manganèse, soufre, phosphore, silice, alumine, chaux, magnésie.

La recherche et le dosage du chrome, du zinc, du nickel et du cobalt, du cuivre, du plomb, de l'arsenic, de l'antimoine, du titane et du vanadium sont d'exécution beaucoup moins fréquente. Le dosage de la plupart de ces éléments est cependant nécessaire lorsqu'il s'agit de se renseigner sur la valeur d'un minerai, par exemple, en vue de la conclusion d'un marché.

EXEMPLES DE COMPOSITION DE MINERAIS DE FER

	Hématites rouges (Oligiste, fer spéculaire, etc.)		Minerais magnétiques (Ledebur.)		
Gangue insoluble.	5,20	2,68	12,44	6,48	10,14
Fe..	60,44	62,83	59.51	63,73	66,22
Al^2O^3	—	1,60	0,33	0,35	0,37
Mn	1,50	1,17	0,12	0,26	0,76
CaO	1,50	0,30	1,08	0,75	0,43
MgO	1,04	0,60	0,51	2,14	0,29
S.	0,002	0,01	0,02	—	0,03
P.	0,026	0,03	0,18	0,02	0,01
TiO^2	—	—	—	—	0,57
Perte au feu	4,50	2,00			

	Minerais spathiques crus (Ledebur).		Minerai spathique calciné.
Gangue insoluble.	0,22	3,52	12,80
Fe..	38,36	39,40	47,40
Mn.	9,20	3,10	9,90
Al^2O^3	—	1,02	—
CaO	0,70	4,68	n. d.
MgO	0,54	1,24	n. d.
Pb.	0,03		
Cu.	0,03	n. d.	
S	0,03	n. d.	0,23
P	tr.	0,016	0,007
CO^2	n. d.	⎫ 28,81	⎧ 1,70
H^2O	n. d.	⎭	⎩

	Hématites brunes ordinaires				Minette	
SiO^2	8,62	9,37	8,52	10,33	19,00	10,70
Fe	44,26	52,68	41,21	52.86	39,12	40,50
Mn	0,90	0,80	7,15	0,30	tr.	0,30
Al^2O^3	3,04	2,85	1,90	2.27	—	6,80
CaO	9,60	0.30	1,80	0,20	3,50	5,25
MgO	1,03	0,10	0,70	0,10	—	0,25
Cu	0,012	0,017	0,010	0,018		n. d.
Pb	tr.	tr.	0,73	tr.		—
Zn						—
As	tr.	0,010	0,010	0,015		tr.
S	0,010	0,02	0,011	0,015		0,10
P	0,024	0,055	0,017	0,029	0,60	1,70
Perte au grillage	12,95	10,60	12,80	11,00	n. d.	16,80

Minerais ferro-manganésifères.

SiO^2	31,50	27,60	2,30
Fe	18,58	18,82	31,70
Mn	17,70	19,88	22,83

Résidus de pyrites.

Fe	62,91	63,70	62,68	63,00
S	1,80	1,54	2,57	1,17

Analyses complètes de résidus de pyrites après grillage chlorurant (pour extraction du cuivre) et lavage (d'après Ledebur.)

SiO^2	4,67	2,77
Fe	63,62	61,94
Mn	0,01	0,02
Al^2O^3	1,82	0,26
CaO	0,46	0,41
MgO	0,12	0,07
Cu	0,04	0,12
Pb	0,45	1,07
Zn	0,24	0,25
As	0,05	0,03
Sb	0,06	0,04
S	0,55	0,47
P	0,01	0,01

Scories de puddlage.

Gangue insoluble. .	14,10	11,86
Fe.	52,88	60,80
P	4,02	3,08

1. Dosage de l'humidité

On dessèche à 100°, jusqu'à poids constant, une prise d'essai de 5 grammes environ.

2. Dosage du fer

Le dosage du fer dans ses minerais se fait dans presque tous les cas par titrimétrie.

Les deux méthodes les plus employées sont :

a. La méthode dite par le *permanganate*, dans laquelle le fer, préalablement ramené à l'état ferreux, est réoxydé par $K^2Mn^2O^8$ d'après l'équation :

$$10FeSO^4 + K^2Mn^2O^8 + 9H^2SO^4 = 2KHSO^4 + 5Fe^2(SO^4)^3$$
$$+ 2MnSO^4 + 8H^2O.$$

b. La méthode dite par le *chlorure stanneux*, dans laquelle le fer, qui doit exister à l'état de chlorure ferrique, (jaune brun) est réduit à l'état ferreux (solution incolore ou à peu près) par le chlorure stanneux.

$$Fe^2Cl^6 + SnCl^2 = Fe^2Cl^4 + SnCl^4.$$

Ces deux procédés peuvent être appliqués directement à la solution du minerai dans les acides sans qu'il soit nécessaire d'éliminer l'un ou l'autre des éléments qui accompagnent le fer dans ses minerais.

Lorsque l'on a affaire à des minerais riches en matières organiques, on doit, lorsqu'on veut appliquer la méthode par le permanganate, calciner préalablement la prise d'essai pesée, afin de détruire ces matières organiques dont l'action réductrice sur le permanganate pourrait altérer l'exactitude du résultat de l'essai. Cette calcination doit se faire à température aussi basse que possible, l'oxyde de fer fortement calciné se dissolvant très difficilement dans les acides.

a. Méthode basée sur l'emploi du permanganate. — On pèse 0,5 ou 1 gramme de minerai séché à 100° [1], suivant que la teneur présumée en fer est supérieure ou inférieure à 35 p. 100. La prise d'essai (calcinée s'il y a lieu, voir plus haut) est traitée dans un gobelet de verre par 20 à 30 centimètres cubes d'acide chlorhydrique concentré; on chauffe doucement au bain de sable jusqu'à dissolution, puis on évapore la majeure partie de l'acide, on dilue fortement avec de l'eau froide, on filtre dans un matras à fond plat et on ajoute au liquide, pour réduire le sel ferrique, une lame de zinc de 10 grammes environ, exempt de fer ou de teneur en fer connue; on aide à la dissolution du zinc par des additions répétées d'acide sulfurique dilué de son volume d'eau. Lorsque tout le zinc est dissous, on fait couler d'une burette graduée dans le liquide parfaitement incolore, la solution titrée de permanganate potassique jusqu'à faible coloration rose persistante [2].

Préparation de la solution titrée de $K^2Mn^2O^8$. — On prépare une solution de 5 grammes de $K^2Mn^2O^8$ pur

---

[1] On peut aussi peser 2,5 à 5 grammes, les traiter par la quantité nécessaire de HCl et diluer la solution au volume de 500 centimètres cubes. De cette façon on peut effectuer toute une série d'essais sur des prises de 50 ou 100 centimètres cubes.

[2] On ajoute parfois avant de titrer, une certaine quantité de sulfate manganeux, (par exemple : 20 centimètres cubes d'une solution à 20 p. 100) afin d'éviter la réduction de $K^2Mn^2O^8$ par HCl. Cependant, le mode opératoire décrit ne donne pas lieu au moindre dégagement de chlore.

dans un litre d'eau, on titre ensuite cette solution, soit à l'aide d'une solution ferreuse de titre connu, soit à l'aide d'acide oxalique pur.

Dans le premier cas, on pèse 0,25 gr. de fil de clavecin [1] soigneusement nettoyé au papier à l'émeri; on soumet cette prise d'essai exactement au même traitement que le minérai à analyser. En divisant le poids de fer employé par le nombre de centimètres cubes de $K^2Mn^2O^8$ consommés, on obtiendra le titre *fer* du $K^2Mn^2O^8$.

Le titrage au moyen de l'acide oxalique est basé sur l'oxydation de ce composé par le permanganate d'après l'équation :

$$K^2Mn^2O^8 + 5C^2H^2O^4, 2H^2O + 4H^2SO^4 = 2KHSO^4 + 2MnSO^4$$
$$+ 18H^2O + 10CO^2.$$

On pèse 5 grammes d'acide oxalique pur, on les dissout dans l'eau et on dilue au volume de 500 centimètres cubes dans un matras jaugé. On prélève 25 centimètres cubes de la solution, on y ajoute 20 centimètres cubes d'acide sulfurique au 1/5, on chauffe vers 80°, puis on titre par $K^2Mn^2O^8$ jusqu'à faible coloration rose persistante. D'après l'équation ci-dessus et l'équation exprimant l'action du permanganate sur les sels ferreux (V. p. 134), 1 molécule d'acide oxalique cristallisé ($C^2H^2O^4$, $2H^2O = 125,10$) équivaut à 2 atomes de fer (111,76).

Le titre en fer du permanganate peut s'établir de la façon suivante :

On calcule d'abord le titre en acide oxalique en divisant le poids de cet acide contenu dans les 25 centimètres cubes employés (0,25 gr.) par le nombre de cen-

---

[1] Le fil de clavecin renferme 99,6 p. 100 de fer pur; 0,25 gr. contiennent donc 0,249 gr. de fer.

limètres cubes de permanganate consommés dans le titrage.

Le titre en fer est ensuite donné par la relation :

Titre fer : titre acide oxalique = 111,76 : 125,10.

Remarque. — Il est prudent de faire parallèlement au dosage un essai à blanc sur les mêmes quantités de zinc et de réactifs que celles qui sont utilisées pour le dosage. Cet essai est indispensable si on n'a pas déterminé au préalable la teneur en fer du zinc employé à la réduction.

Modification du procédé basée sur l'emploi du chlorure stanneux pour la réduction du sel ferrique à l'état ferreux, préalablement au titrage par le permanganate.

Ce mode opératoire repose sur les deux réactions :

$$Fe^2Cl^6 + SnCl^2 = Fe^2Cl^4 + SnCl^4.$$
$$SnCl^2 + HgCl^2 = SnCl^4 + Hg.$$

On réduit donc le chlorure ferrique à l'état ferreux par le chlorure stanneux dont on élimine l'excès par le chlorure mercurique.

La solution chlorhydrique résultant de l'attaque du minerai, préparée comme dans le cas précédent jusqu'à l'addition du zinc exclusivement, est additionné de 5 centimètres cubes environ d'acide chlorhydrique concentré et chauffée jusqu'à commencement d'ébullition. Après avoir éloigné la flamme, on ajoute *goutte à goutte* une solution de chlorure stanneux [1] jusqu'à décoloration complète, mais sans aller au delà. Ensuite, on verse dans le liquide 30 centimètres cubes d'une solution de

[1] Préparée en dissolvant 15 grammes d'étain dans l'acide chlorhydrique en léger excès et diluant au volume de 1 litre.

chlorure mercurique [1] qui détruisent l'excès de chlorure stanneux et déterminent la formation d'un louche plus ou moins prononcé.

L'absence de précipité indiquerait que l'on a employé trop peu de chlorure stanneux pour la réduction; un précipité blanc, abondant de chlorure mercureux, dénoterait au contraire l'emploi de trop de chlorure stanneux.

On ajoute 60 centimètres cubes d'une solution de sulfate manganeux [2], puis après avoir refroidi aussi rapidement que possible (de façon à éviter la réoxydation du fer par contact avec l'air), on additionne de 700 centimètres cubes d'eau et on titre par le permanganate jusqu'à coloration rose persistante, comme dans le cas précédent.

L'emploi de la solution manganeuse et la forte dilution du liquide permettent de titrer aussi exactement que si la solution était sulfurique et non chlorhydrique.

L'acide phosphorique a pour but de transformer en phosphate ferrique incolore la petite quantité de chlorure ferrique qui se forme à la fin de l'essai, et qui, par sa teinte jaune, pourrait empêcher l'appréciation exacte du moment où le permanganate commence à être en excès.

b. *Méthode basée sur l'emploi du chlorure stanneux.* (V. le principe, p. 134.) On dissout 0,5 à 1 gramme de minerai dans 20 à 30 centimètres cubes d'acide chlorhydrique concentré [3]. Afin d'être certain que tout le fer se trouve finalement à l'état ferrique, on ajoute pen-

---

[1] Solution de 5 grammes de chlorure mercurique dans un litre d'eau.

[2] D'après Reinhardt, cette solution doit contenir par litre : 66,6 gr. de sulfate manganeux, 333,3 cm^3 d'acide phosphorique (densité 1,3) et 133 centimètres cubes d'acide sulfurique concentré.

[3] Voir note 1, p. 135.

dant l'attaque et par petites quantités, quelques décigrammes de permanganate ou de chlorate potassique ;
le chlore produit oxyde le composé ferreux qui peut se
trouver dans la prise d'essai. On peut s'assurer que tout
le fer est à l'état ferrique en faisant agir une goutte du
liquide sur une solution fraîchement préparée de ferri-
cyanure potassique ; il ne doit pas, dans ces conditions,
se produire de coloration bleue. On évapore à siccité,
puis on reprend le résidu d'évaporation par 10 centimètres cubes d'acide chlorhydrique concentré qu'on
laisse agir quelques instants afin d'assurer la redissolution des sels basiques produits pendant l'évaporation ; on ajoute ensuite 50 centimètres cubes d'eau,
puis on filtre pour séparer la gangue siliceuse ; dans la
solution filtrée et chauffée à l'ébullition, on laisse couler
le chlorure stanneux titré (V. p. 140) jusqu'à disparition de toute coloration jaune.

En fait, il arrive fréquemment qu'on dépasse le
terme, c'est-à-dire qu'on ajoute un peu trop de chlorure stanneux. Pour évaluer cet excès, on utilise la
propriété que possède l'iode de réagir à froid avec le
chlorure stanneux pour le transformer en chlorure stannique d'après l'équation :

$$SnCl^2 + 2I + 2HCl = SnCl^4 + 2HI.$$

En pratique, on refroidit rapidement la solution ferreuse contenant l'excès de chlorure stanneux, en y ajoutant de l'eau froide ; on y verse ensuite 2 centimètres
cubes d'empois d'amidon, puis on laisse couler d'une
burette graduée la solution d'iode (V. p. 141) jusqu'à
ce que, tout le chlorure stanneux en excès étant détruit,
la coloration bleue de l'iodure d'amidon apparaisse.

Après avoir noté le volume de solution d'iode employé, on en ajoute autant qu'il en a fallu pour colorer le liquide en bleu ; sous l'action de cet excès d'iode la coloration passe au vert sombre ; on laisse ensuite couler de la solution stanneuse jusqu'à décoloration, le volume de chlorure stanneux employé pour atteindre ce résultat est évidemment égal à celui qu'on a ajouté en excès dans le titrage.

Exemple :

$$
\begin{array}{ll}
\text{SnCl}^2 \text{ employé dans le titrage} \dots & \text{26 c.c. 3} \\
\text{Volume de la solution d'iode néces-} & \\
\quad \text{cessaire pour colorer le liquide} & \\
\quad \text{en bleu} \dots & 0{,}3 \\
\text{SnCl}^2 \text{ correspondant à 0,3 c.c. d'I} \, . & 0{,}12 \\
\text{SnCl}^2 \text{ en excès} \dots & 0{,}12 \\
\text{SnCl}^2 \text{ réellement consommé par le} & \\
\quad \text{titrage} \dots & \text{26 c.c. 18}
\end{array}
$$

On peut aussi, lorsque la couleur bleue de l'iodure d'amidon apparaît, ajouter au liquide **2** centimètres cubes de chlorure stanneux, puis, de nouveau, de l'iode jusqu'à réapparition de la coloration bleue. Une simple proportion permet de calculer l'excès de chlorure stanneux employé.

Exemple :

$$
\begin{array}{ll}
\text{SnCl}^2 \text{ employé} \dots & \text{28 c.c. 5} \\
\text{I en retour} \dots & 0{,}2 \\
\text{2 c.c. de SnCl}^2 \text{ correspondent à} \, . & \text{3,91 I} \\
\text{SnCl}^2 \text{ en excès} = \dfrac{0{,}2 \times 2}{3{,}9} = \dots & \text{0,10 c.c.} \\
\text{SnCl}^2 \text{ réel} = \dots & 28{,}4
\end{array}
$$

Solutions nécessaires. — **1.** *Solution de* chlorure stanneux obtenue en dissolvant 12 grammes d'étain en feuilles dans l'acide chlorhydrique employé en léger excès et diluant au volume d'un litre la solution filtrée.

Le titre fer de cette solution se détermine à l'aide d'une solution titrée de chlorure ferrique qu'on prépare de la manière suivante :

On dissout dans l'acide chlorhydrique 1,255 gr. de fil de clavecin (correspondant à 1,25 gr. de fer pur) ; le chlorure ferreux formé est transformé en Fe^2Cl^6 par des additions de permanganate ou de chlorate potassique solide; on peut s'assurer que la transformation est complète à l'aide du ferri-cyanure potassique. On évapore à siccité à une douce température, puis on reprend le résidu par 10 centimètres cubes d'acide chlorhydrique concentré et de l'eau et on dilue au volume de 250 centimètres cubes. On prélève, à l'aide d'une pipette, une ou plusieurs prises d'essai de 50 centimètres cubes (renfermant 0,25 gr. de fer) qu'on traite par le chlorure stanneux dans les mêmes conditions que précédemment; afin de renforcer la teinte du chlorure ferrique, on ajoute au liquide, avant de titrer, 5 centimètres cubes d'acide chlorhydrique concentré.

2. *Solution d'iode.* — Elle est obtenue en dissolvant 5 grammes d'iode dans une solution aqueuse concentrée de 12 grammes d'iodure potassique, et diluant ensuite au volume d'un demi-litre.

3. *Empois d'amidon.* — On délaye 1 gramme d'amidon en poudre dans 10 centimètres cubes d'eau froide, puis on verse la bouillie dans 200 centimètres cubes d'eau bouillante ; on entretient l'ébullition pendant quelques instants, puis on laisse déposer, le mieux dans un vase haut et étroit; on décante au bout de quelques heures le liquide clair surnageant. L'empois d'amidon doit donner, au contact d'une goutte d'eau d'iode, une coloration d'un bleu franc.

Observation. — La solution de chlorure stanneux s'oxyde rapidement, même en flacon bouché à l'émeri ; dans une atmosphère d'anhydride carbonique elle peut être conservée assez longtemps sans altération sensible. Néanmoins, on en déterminera le titre chaque fois qu'on devra en faire usage.

Dosage du fer dans les scories de puddlage. (Exemple d'une matière non homogène.) — Les scories de puddlage contiennent du fer à l'état métallique et du fer à l'état oxydé. Dans la préparation de l'échantillon pour l'analyse, il arrive un moment où, sous l'action du pilon, les globules métalliques s'aplatissent et restent sur le tamis. Ce fer métallique doit être recueilli et pesé, et son poids rapporté à celui des scories mises en œuvre pour la préparation de l'échantillon. La partie susceptible d'être pulvérisée et tamisée est seule soumise à l'analyse en suivant les méthodes appliquées aux minerais de fer en général. Le résultat est évidemment calculé en tenant compte du pourcentage en fer métallique contenu dans les scories.

3. Dosage du manganèse

Cet élément est généralement dosé dans les minerais de fer par voie volumétrique, au moyen du permanganate potassique (procédé Volhard). Le procédé est basé sur le principe suivant : Si, à une solution manganeuse neutre et chaude contenant un sel de zinc, on ajoute du permanganate, tout le manganèse est précipité à l'état de peroxyde (MnO^2), d'après l'équation :

$$3MnO + Mn^2O^7 = 5MnO^2.$$

Le terme de l'essai se marque donc par la coloration

rose que prend le liquide, lorsque le permanganate est en léger excès. Préalablement au titrage, le fer doit être précipité au moyen d'oxyde de zinc, le dosage ne pouvant évidemment se faire en présence d'un sel coloré (chlorure ferrique).

Mode opératoire. — Le minerai étant finement pulvérisé et séché à 100°, on en prélève 1,25 gr. qu'on traite dans un vase à bec de trois quarts de litre environ par 20 à 30 centimètres cubes d'acide chlorhydrique concentré et quelques centimètres cubes d'acide nitrique, densité 1,4 ; on évapore à siccité au bain de sable et on reprend le résidu par 10 centimètres cubes environ d'acide chlorhydrique, qu'on laisse agir jusqu'à redissolution complète des sels basiques formés pendant l'évaporation ; ensuite on dilue et on

Fig. 19.

transvase dans un matras jaugé de 500 centimètres cubes ; on complète le volume avec de l'eau distillée, et on agite pour rendre le liquide homogène. On prélève ensuite deux ou trois prises d'essai de 100 centimètres cubes, qu'on introduit dans des matras d'Erlenmeyer de 1 litre à fond très évasé (fig. 19) ; on ajoute de l'oxyde de zinc en suspension dans l'eau [1] jusqu'à neutralisation complète de l'acide libre et précipitation du fer, puis 20 grammes environ de sulfate de zinc cristallisé ; le liquide qui surnage le précipité ferrique mélangé à l'oxyde de zinc en excès doit être parfaitement incolore. On ajoute environ 400 centimètres cubes d'eau chaude, on porte à l'ébullition le contenu du matras et on y laisse couler, d'une burette graduée, la solution titrée de per-

[1] V. observation, p. 145.

manganate potassique (V. plus bas) jusqu'à légère coloration rose persistante ; on agite vigoureusement après chaque addition du réactif. Sous l'action de la chaleur et de l'agitation, le précipité se dépose rapidement et complètement.

Pour apprécier le terme de l'essai, on incline, entre deux additions de permanganate, le matras dans la position indiquée figure 20.

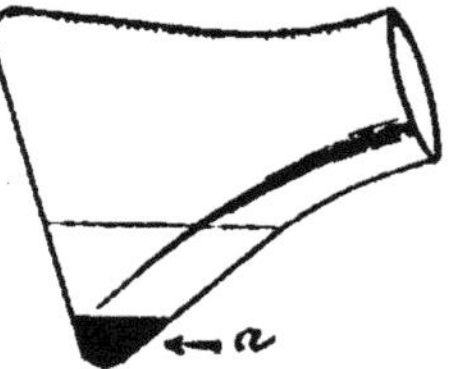

Fig. 20.

Le précipité se rassemble en *a* et on examine la tranche du liquide éclairci[1]. En général, le premier essai n'est qu'un essai d'orientation. Un second, et parfois un troisième essai sont, le plus souvent, nécessaires.

Le nombre de centimètres cubes employés, multiplié par le titre *manganèse* de la solution, donne la teneur en manganèse de la prise d'essai.

Préparation de la solution titrée de permanganate. — On dissout dans un litre d'eau 4 grammes de permanganate cristallisé pur du commerce. On contrôle le titre de cette solution au moyen de l'acide oxalique, dans les conditions décrites à propos du dosage du fer (V. p. 136). D'après les équations :

$$(1) \quad 10FeSO^4 + K^2Mn^2O^8 + 9H^2SO^4 = 5Fe^2(SO^4)^3$$
$$+ 2KHSO^4 + 2MnSO^4 + 8H^2O$$

$$(2) \quad 3MnSO^4 + K^2Mn^2O^8 + 2H^2O = 5MnO^2 + 2KHSO^4 + H^2SO^4,$$

on voit que 1 molécule de $K^2Mn^2O^8$ agissant sur un sel ferreux, oxyde 10 atomes de fer ($10 \times 55,88 = 558,8$)

---

[1] On peut avantageusement faire usage d'un petit support en bois construit spécialement en vue de ce dosage.

tandis que la même quantité n'oxyde que 3 atomes de manganèse ($3 \times 55 = 165$ Mn).

Le titre manganèse d'une solution de $K^2Mn^2O^8$ est donc, théoriquement, relativement au titre fer de la même solution, comme $165 : 558,8 = 0,2952$, autrement dit, le titre fer d'une solution de $K^2Mn^2O^8$ (V. p. 135) multiplié par 0,2952, devrait donner le titre en manganèse de la solution.

En fait, ce coefficient serait un peu trop faible; il devrait être fixé à 0,304 (A. Ghilain).

Observation. — L'oxyde de zinc qu'on emploie dans le dosage du manganèse est le blanc de zinc du commerce. Afin de détruire toute trace de matière organique qu'il pourrait contenir, on le calcine au rouge vif dans un four à moufle, après l'avoir additionné d'acide nitrique, densité 1,4, dans la proportion de 5 centimètres cubes pour 200 grammes d'oxyde.

4. Dosage du soufre

Le soufre contenu dans les minerais de fer peut s'y trouver sous forme de composés solubles dans les acides (FeS^2, PbS, ZnS, $CaSO^4$, etc.) et aussi, parfois, à l'état insoluble sous forme de sulfate barytique.

La teneur est généralement faible (quelques 1/100 p. 100); elle dépasse rarement quelques 1/10 p. 100.

Le dosage du soufre est important, parce que cet élément, passant du minerai dans la fonte, exerce, lorsqu'il est en proportion quelque peu notable, une influence nuisible sur les principales propriétés des produits sidérurgiques.

On traite dans un vase à bec de trois quarts de litre,

de 1 à 5 grammes de minerai finement pulvérisé, par environ 20 à 30 centimètres cubes d'acide nitrique fumant. On laisse agir d'abord quelque temps à froid, puis on évapore à température modérée, en ajoutant de temps en temps et avec précaution de petites quantités d'acide chlorhydrique. On reprend le résidu par 10 centimètres cubes d'acide chlorhydrique, et on évapore de nouveau, afin d'être certain de la décomposition complète des nitrates. Le nouveau résidu est repris par 3 à 4 centimètres cubes d'acide chlorhydrique concentré et très peu d'eau; on laisse agir jusqu'à redissolution des sels basiques, puis on dilue davantage, on filtre et on précipite à l'ébullition, par le chlorure barytique, le sulfate formé. (V. p. 48).

Lorsqu'on a filtré et lavé le précipité comme à l'ordinaire, on humecte une ou deux fois le filtre et son contenu d'acide chlorhydrique très dilué (2 gouttes d'acide dans 100 centimètres cubes d'eau) et froid, afin d'éliminer du précipité toute trace de fer; on déplace ensuite l'acide chlorhydrique par deux ou trois lavages à l'eau pure.

Observations. — Un essai à blanc doit être fait, en opérant sur 1 gramme de fil de clavecin, et les quantités d'acide nitrique et d'acide chlorhydrique qui interviennent dans le dosage, l'acide nitrique contenant parfois un peu de soufre.

Si le minerai renferme du sulfate barytique, celui-ci reste mélangé, après l'attaque, à la gangue siliceuse.

Le cas échéant, on fondra cette gangue avec environ dix fois son poids de carbonate sodico-potassique dans un creuset de platine, à la lampe, pendant environ quinze minutes. (V. p. 5).

Le sulfate barytique est alors transformé en sulfate alcalin. La masse fondue est, après refroidissement, traitée par l'eau chaude qui dissout, notamment, le sulfate; on filtre, on acidule par l'acide chlorhydrique *en aussi léger excès que possible* et on précipite à l'ébullition par le chlorure barytique.

5. Dosage du phosphore

Le phosphore existe dans la plupart des minerais de fer. La teneur, très variable, est souvent inférieure à 0,10 p. 100; dans des cas, nombreux aussi, elle est de plusieurs 1/10 p. 100, et elle atteint et dépasse parfois 2 p. 100.

Principe du dosage. — Précipiter le phosphore à l'état de phospho-molybdate ammonique, qu'on pèse comme tel, ou qu'on transforme en phosphate ammoniaco-magnésique.

Mode opératoire. — On traite de 0,5 à 5 grammes de minerai pulvérisé et séché, par l'acide chlorhydrique concentré et quelques centimètres cubes d'acide nitrique; on évapore à siccité au bain de sable.

Après avoir laissé partiellement refroidir, on reprend le résidu par quelques centimètres cubes d'acide chlorhydrique, et on évapore de nouveau jusqu'à ce qu'il ne reste plus que quelques gouttes d'acide; à ce moment, on ajoute 15 centimètres cubes d'acide nitrique, densité 1,4, et l'on continue à chauffer jusqu'à ce qu'il ne se dégage plus de vapeurs rutilantes; le but est de transformer les chlorures en nitrates; on ajoute ensuite 50 centimètres cubes d'eau, on filtre, on lave le résidu siliceux, puis on fait bouillir le liquide (dont le volume ne doit guère dépasser 100 centimètres cubes) et on le neutralise par l'ammoniaque diluée, jusqu'à ce que le précipité ferrique qui se forme prenne une teinte rouge brique ; à ce moment, on ajoute 10 à 12 centimètres cubes d'acide nitrique, densité 1,4, qui redissolvent le précipité ; on laisse refroidir vers 70°, puis on précipite le phosphore à l'état de phospho-molybdate ammonique (P^2O^5, $24MoO^3$, $3Am^2O$, $3H^2O$) à l'aide d'une solution de

Fig. 21.

2 grammes de molybdate ammonique dans 20 centimètres cubes d'eau ; on laisse ensuite déposer pendant une heure, en maintenant le liquide à 50-60°, puis on filtre. On peut, pour cette filtration, faire usage de deux filtres lavés de même poids ; on décante le liquide clair sur les deux filtres disposés dans des entonnoirs superposés (fig. 21), puis, après avoir lavé une couple de fois le précipité à l'eau par décantation, on le fait arriver sur le filtre supérieur et on le lave encore deux fois. On sèche à 100°, puis on pèse, le second filtre servant de contrepoids à celui qui contient le précipité [1]. Il est prudent de s'assurer si une seconde dessiccation ne produit pas de diminution de poids.

Le précipité de phospho-molybdate, séché à 100°, contient 1,63 p. 100 de phosphore.

Remarque. — Si la quantité de phospho-molybdate est assez importante, il est préférable de redissoudre le précipité humide dans l'ammoniaque à chaud, et de reprécipiter le phosphore par la liqueur magnésique à l'état de phosphate ammoniaco-magnésique NH^4MgPO^4 qu'on transforme par calcination en pyrophosphate $Mg^2P^2O^7$. (V. p. 80.)

---

[1] On s'assurera que la balance est en équilibre à vide.

Il faut avoir soin d'employer le moins possible d'ammoniaque, et, avant d'ajouter la liqueur magnésique, de neutraliser par l'acide chlorhydrique dilué jusqu'à ce que le précipité jaune commence à réapparaître.

6. Dosage de la perte au grillage, de la silice, de l'alumine, de la chaux et de la magnésie

Perte au grillage. — On chauffe au rouge, jusqu'à poids constant, dans un creuset de platine à demi-couvert, 2 grammes du minerai pulvérisé et séché à 100°. Il arrive parfois que la perte de poids résultant de l'élimination des matières organiques et de l'anhydride carbonique est inférieure à l'absorption d'oxygène par le fer pouvant exister dans le minerai à l'état ferreux ou ferroso-ferrique et par l'oxyde manganeux. En pareil cas, peu fréquent d'ailleurs, on constate après le grillage une augmentation de poids.

Dosage de la silice, de l'alumine, de la chaux et de la magnésie. — On traite, dans un gobelet de verre de trois quarts de litre, une prise d'essai de 5 grammes du minerai desséché à 100-110° par 30 à 40 centimètres cubes d'acide chlorhydrique concentré, et l'on évapore doucement au bain de sable [1]. On peut, pendant l'évaporation, ajouter quelques gouttes d'acide nitrique. Lorsque l'évaporation est achevée, on ajoute, après avoir laissé refroidir, 15 centimètres cubes d'acide chlorhydrique et 30 centimètres cubes d'eau ; on laisse agir ce mélange jusqu'à redissolution complète des sels basi-

---

[1] Voir p. 159, la marche à suivre lorsqu'on a affaire à un minerai inattaquable par les acides. — Ce cas est peu fréquent ; la plupart des minerais de fer peuvent être dissous par l'acide chorhydrique.

ques qui se sont produits par l'évaporation à siccité. La solution est alors jaune brun et limpide. Un aspect trouble et une teinte rougeâtre indiqueraient que les sels basiques n'ont pas été entièrement redissous.

On filtre pour séparer la silice qui doit être blanche ou tout au plus grisâtre, on lave d'abord à l'eau acidulée d'acide chlorhydrique, puis à l'eau pure jusqu'à ce que les eaux de lavage ne donnent plus de réaction avec le nitrate d'argent. Le précipité lavé est séché, puis calciné dans un creuset de platine et pesé.

Remarque. — En fait, le résidu que laissent à l'attaque par les acides, non seulement les minerais de fer, mais, d'une manière générale, la plupart des minerais métalliques (de zinc, de cuivre, de plomb, etc.), n'est pas toujours de la silice pure ; très fréquemment ce résidu est de nature silico-argileuse, et, dans ce cas, il renferme, à côté d'une proportion de silice très élevée (souvent jusqu'à 90 p. 100), de l'alumine, du fer, de la chaux, etc. Dans la pratique ordinaire, la totalité du résidu est considérée comme *silice*. Si, pour une raison quelconque, on désire être fixé sur la teneur réelle en SiO^2, on doit refondre ce résidu avec un fondant alcalin, de façon à isoler la silice des bases qui l'accompagnent. Le cas échéant, on opérera comme pour le dosage de la silice dans les argiles. (V. p. 121.)

Il se peut aussi que le minerai contienne du sulfate barytique. Dans ce cas, le sulfate, inattaquable par les acides, reste avec la silice. Le procédé de purification consiste alors à fondre l'ensemble du résidu avec un fondant alcalin comme dans le cas précédent ; dans cette opération, le baryum est transformé en carbonate insoluble dont on peut se débarrasser en reprenant la masse par l'eau et filtrant. La silice passe en solution à l'état de silicate alcalin. On décompose ce silicate par l'acide chlorhydrique et on continue l'analyse comme ci-dessus.

La solution ferrique, séparée du précipité siliceux (V. page précédente), est diluée au volume de 500 centimètres cubes dans un matras jaugé. On prélève 100 centimètres cubes de la solution rendue homogène par agitation, on ajoute 3 grammes de chlorure ammonique solide, 10 centimètres cubes d'eau de brome, et, après quelque temps, de l'ammonique en léger excès ; on fait ensuite bouillir quelques instants.

Le précipité obtenu dans ces conditions est formé des hydrates de fer, alumine et manganèse ; il contient, en outre, le phosphore du minerai à l'état de phosphate. On le lave à l'eau chaude, puis on le sèche et on le calcine. On obtient de cette façon un mélange de Fe^2O^3, Al^2O^3, Mn^3O^4, P^2O^5. En se basant sur les résultats des dosages spéciaux du fer, du manganèse et du phosphore, on peut établir la quantité de Fe^2O^3, Mn^3O^4 et P^2O^5 existant dans le précipité, et, par conséquent, connaître par différence la proportion de Al^2O^3.

Ce procédé, comme tout procédé par différence, a l'inconvénient d'entacher le résultat trouvé pour l'alumine, des erreurs qui ont pu être commises dans la détermination des trois autres éléments.

D'après L. Campredon, on peut doser directement l'alumine en opérant de la façon suivante, qui aboutit à la production d'un précipité de phosphate d'aluminium $AlPO^4$ pur. On prélève 100 centimètres cubes (= 1 gramme) de la solution chlorhydrique du minerai, on dilue à 500 centimètres cubes environ, puis on neutralise par l'ammoniaque. On ajoute ensuite 4 centimètres cubes d'acide chlorhydrique concentré et 2 grammes de phosphate de sodium dissous dans un peu d'eau; le précipité qui se forme est redissous par agitation. On verse à ce moment dans le liquide une solution de 10 grammes d'hyposulfite de sodium dans un peu d'eau et 15 centimètres cubes d'acide acétique cristallisable. On fait enfin bouillir pendant un quart d'heure; le précipité de phosphate d'alumine formé est filtré rapidement, lavé à l'eau chaude, séché et calciné dans un creuset de porcelaine. — Après calcination, le précipité répond à la formule $AlPO^4$.

Dosage de la chaux et de la magnésie. — On dose ces éléments dans le filtrat ammoniacal séparé du précipité de fer, alumine et manganèse (V. p. 15) obtenu par le brome et l'ammoniaque. Il est recommandable, afin d'être certain d'avoir la totalité de la chaux et de la magnésie, d'opérer par double précipitation, c'est-à-dire de redissoudre le précipité ferrique dans l'acide chlorhydrique dilué et chaud, de répéter sur la solution obtenue la précipitation par le brome et l'ammoniaque, et de réunir le filtrat ammoniacal obtenu dans cette seconde opération à celui qui provient de la première. L'ensemble des filtrats ammoniacaux est concentré jusqu'au volume de 150 centimètres cubes environ; on y dose ensuite la chaux au moyen de l'oxalate ammonique et la magnésie, à l'aide du phosphate ammonique. (V. pour les détails, *Analyse des calcaires*, p. 76).

7. Dosage des éléments suivants : Arsenic, Antimoine, Plomb, Cuivre, Zinc, Nickel, Cobalt

Ces éléments existent toujours en quantité très faible dans les minerais de fer.

On peut avantageusement mettre à profit, dans ce cas, la méthode de Rothe qui permet d'éliminer à peu près complètement le fer, au moyen de l'éther. La méthode repose sur les faits suivants : le chlorure ferrique forme avec l'éther et l'acide chlorhydrique une combinaison aisément soluble dans l'éther, renfermant pour une molécule de Fe^2Cl^6, deux molécules de HCl. Ce composé est plus ou moins soluble dans l'acide chlorhydrique concentré ou dans une solution d'éther dans l'acide chlorhydrique, mais il peut être enlevé à ses solutions par l'éther en excès. Il se dissout le moins dans l'acide chlorhydrique de densité 1.105, saturé d'éther.

Mode opératoire. — On dissout 5 grammes du minerai pulvérisé et séché à 100° dans l'acide chlorhydrique concentré[1] ; on ajoute 1 à 2 centimètres cubes d'acide nitrique et on évapore à siccité. Le résidu est repris par 15 à 20 centimètres cubes d'acide chlorhydrique, puis on évapore de nouveau. Cette seconde évaporation a pour but d'éliminer les dernières traces d'acide nitrique qui pourraient rester encore dans la masse ; il importe pour la suite de l'analyse que les métaux soient entièrement à l'état de chlorures. Le résidu de la seconde évaporation est repris par 20 centimètres cubes d'acide chlorhydrique, densité 1.105 ; on filtre pour séparer les matières siliceuses, et on lave avec de l'acide chlorhydrique, densité 1.105. Le filtrat et les liquides de lavage, dont l'ensemble ne doit pas dépasser 60 à 65 centimètres cubes, sont recueillis directement dans un entonnoir à robinet de 200 centimètres cubes de capa-

---

[1] Les métaux à doser existant généralement en très petite quantité dans les minerais de fer, on opérera, le cas échéant, sur 2, 3 ou 4 prises de 5 grammes, et on réunira, pour la suite de l'analyse, les différentes solutions acides, après enlèvement du fer par l'éther.

cité. On ajoute 50 centimètres cubes d'éther *pur*, on bouche l'entonnoir et on agite avec précaution, tandis qu'on fait tomber sur l'entonnoir un courant d'eau froide, afin de combattre toute élévation de température. On laisse ensuite en repos pendant quelques minutes. Le liquide surnageant se sépare en deux couches : la couche éthérée colorée en vert foncé, contient presque tout le fer de la prise d'essai ; la couche inférieure renferme un peu de fer non enlevé par l'éther et la totalité des métaux autres que le fer. On laisse couler cette dernière dans un second entonnoir à robinet, puis on verse dans l'entonnoir qui contient la solution ferrique 10 centimètres cubes d'acide chlorhydrique, densité 1.105 ; on agite de nouveau et, après séparation des couches, on fait passer le liquide acide dans le second entonnoir ; on ajoute au contenu de ce dernier 40 centimètres cubes d'éther et on renouvelle l'extraction. On arrive ainsi à enlever la majeure partie du fer resté dans la solution chlorhydrique. Le liquide acide qu'on sépare finalement, ne retient que quelques centigrammes de fer. On l'évapore à siccité après y avoir ajouté 2 ou 3 gouttes de brome. Le résidu est repris par quelques centimètres cubes d'acide chlorhydrique et 100 centimètres cubes d'eau environ, et dans la solution obtenue, chauffée vers 70°, on fait passer un courant d'acide sulfhydrique, afin de précipiter les métaux des groupes de l'arsenic et du cuivre. Le précipité, qui peut contenir les sulfures d'arsenic, d'antimoine, de plomb et de cuivre est recueilli et lavé ; à l'aide du jet de la pissette, on le fait ensuite passer dans un gobelet de verre, on ajoute 5 centimètres cubes d'une solution de sulfure sodique à 10 p. 100, et on chauffe au bain-marie afin de dissoudre les sulfures d'arsenic et d'antimoine. On sépare par filtration le résidu formé des sulfures de cuivre et de plomb.

La solution des sulfo-sels d'arsenic et d'antimoine est acidulée par l'acide sulfurique, afin de reprécipiter les sulfures des deux métaux; dans le précipité obtenu on dose l'arsenic et l'antimoine. (V. pour les détails, le dosage des mêmes éléments dans les minerais de zinc).

Les sulfures de plomb et de cuivre sont redissous dans quelques centimètres cubes d'acide nitrique (densité 1,2) à chaud. La solution des nitrates est évaporée après addition de 2 centimètres cubes environ d'acide sulfurique concentré; l'évaporation est continuée jusqu'à dégagement de vapeurs blanches d'acide sulfurique; tout l'acide nitrique est alors éliminé et le plomb est transformé en sulfate insoluble. En reprenant par l'eau on obtient, d'une part, une solution contenant le cuivre; d'autre part, un précipité de sulfate de plomb. Celui-ci est recueilli sur un petit filtre, lavé avec de l'acide sulfurique au 1/5, puis avec de l'alcool; il est ensuite séché et calciné. (V. pour les détails, le dosage du plomb par voie humide dans les minerais de zinc).

La solution cuivrique acide est traitée par l'acide sulfhydrique; le précipité de sulfure de cuivre obtenu est recueilli sur filtre et lavé. On dose ensuite le cuivre, soit par calcination directe ou par colorimétrie, si le précipité est très faible, soit par électrolyse. (V. pour les détails, le dosage du cuivre dans les minerais de zinc, et le dosage du cuivre par électrolyse dans les minerais de cuivre).

Le filtrat séparé du précipité des métaux des groupes de l'arsenic et du cuivre sert au dosage de l'aluminium, du manganèse, du zinc, du cobalt, du nickel, de la chaux et de la magnésie. On le fait bouillir pour le débarrasser de l'acide sulfhydrique dont il est chargé, puis on ajoute quelques centimètres cubes d'eau de brome pour réoxyder la petite quantité de fer qu'il contient et pour faciliter la précipitation ultérieure du manganèse; ensuite on traite par l'ammoniaque qui précipite à l'état d'hydrates le fer, l'aluminium et le manganèse. Le précipité est recueilli, lavé et redissous dans un peu d'acide chlorhydrique à chaud. On répète ensuite la précipitation par le brome et l'ammoniaque dans les mêmes conditions que la première fois. Cette double précipitation a pour but d'éviter que le cobalt ou le nickel soit retenu par le précipité [1].

Les liquides ammoniacaux séparés des hydrates de fer, aluminium et manganèse, sont évaporés jusqu'à élimination complète de l'ammoniaque; on y ajoute ensuite de l'acide chlorhydrique concentré, à raison de 1 goutte par 100 centimètres cubes de liquide, puis on traite par l'acide sulfhydrique : le zinc se précipite à l'état de sulfure ZnS. On recueille le sulfure formé, on le lave, on le redissout dans un peu d'acide chlorhydrique et on reprécipite le zinc à l'ébullition par le carbonate sodique en léger excès. Le carbonate de zinc est, après lavage et dessiccation, transformé par calcination en oxyde ZnO qu'on pèse. (V. au sujet du dosage du zinc à l'état d'oxyde : *analyse du laiton*.)

Le filtrat séparé du précipité de sulfure de zinc est chauffé à l'ébullition pour éliminer l'acide sulfhydrique; on y ajoute ensuite 5 centimètres cubes d'acide chlorhydrique concentré et 50 centimètres cubes d'ammo-

---

[1] Le précipité contenant le fer, l'aluminium et le manganèse renferme aussi le phosphore. On peut l'utiliser, le cas échéant, pour le dosage de l'alumine et du manganèse.

niaque et on le soumet à l'électrolyse afin de précipiter le nickel et le cobalt. (V. au sujet de ce dosage et de la séparation du nickel et du cobalt, *l'analyse des minerais de nickel*).

Le liquide restant après la précipitation électrolytique du nickel et du cobalt, peut servir au dosage du calcium et du magnésium. On précipitera d'abord le calcium à l'état d'oxalate, puis le magnésium sous forme de phosphate ammoniaco-magnésique. (V. pour les détails, *Analyse des calcaires*, p. 76.)

8. Recherche et dosage du chrome

La recherche de cet élément se justifie par l'action durcissante qu'exerce le chrome sur le fer. On peut appliquer ici la méthode à l'éther, décrite en détail dans le paragraphe précédent. On opérera sur une ou plusieurs prises d'essai de 5 grammes[1]; après élimination du fer par l'éther, et des métaux des groupes de l'arsenic et du cuivre par l'acide sulfhydrique, on obtiendra le chrome dans la solution contenant les métaux du groupe du fer (aluminium, manganèse, etc.). On peut (d'après G. Lunge) transformer le chrome en chromate ammonique en ajoutant au liquide quelques centimètres cubes d'eau oxygénée, sursaturant par l'ammoniaque et chauffant à l'ébullition; les métaux qui accompagnent le chrome se précipitent en même temps à l'état d'hydrates. Ces derniers sont recueillis et redissous dans l'acide chlorhydrique; on répète une seconde fois la précipitation par l'eau oxygénée et l'ammoniaque. L'ensemble des liquides contenant le chrome à l'état de chromate

[1] Voyez note 1 au bas de la page 153.

est acidulé, et le chromate est réduit par l'eau oxygénée à l'état de sel chromique ; on traite ensuite par l'acide sulfhydrique, afin de détruire un restant d'eau oxygénée non décomposée, puis on précipite à chaud le chrome par l'ammoniaque à l'état d'hydrate $Cr^2(OH)^6$; le précipité est recueilli sur un filtre, lavé, séché et transformé par calcination en oxyde Cr^2O^3 qu'on pèse.

9. RECHERCHE ET DOSAGE DU TITANE

On dissout, d'après Ledebur, 5 grammes du minerai dans l'acide chlorhydrique, on évapore à siccité et on reprend le résidu par de l'acide chlorhydrique, densité 1.105. Une partie du titane passe en solution, le reste demeure avec le résidu siliceux. La solution ferrique est traitée par l'éther (V. pour les détails, p. 153) afin d'enlever à peu près tout le fer, et de faciliter par là la recherche du titane.

Le résidu siliceux pouvant contenir du titane, est fondu avec 8 à 10 fois son poids de carbonate sodico-potassique (V. pour les détails, p. 5) ; la masse fondue est reprise par l'eau et l'acide chlorhydrique, et la silice est éliminée à la manière habituelle[1].

La solution séparée du précipité silicique est réunie à la solution chlorhydrique, renfermant à côté d'un peu de fer non enlevé par l'éther, la majeure partie du titane et les divers métaux qui accompagnent le fer dans le minerai. L'ensemble est neutralisé par le car-

---

[1] On s'assurera que la silice est entièrement volatilisée par l'acide fluorhydrique (V. p. 9). Si cet acide laissait un résidu inattaqué, ce résidu pouvant être formé d'acide titanique serait refondu avec du carbonate sodico-potassique et la solution obtenue après reprise de la masse par l'eau serait réunie à la solution chlorhydrique du minerai. (V. ci-dessus).

bonate sodique et traité par l'acétate sodique (V. plus loin pour les détails, analyse d'un minerai ferro-manganésifère). Le précipité obtenu contient le fer, l'alumine, le titane et l'acide phosphorique. Après lavage et dessiccation, on le fond avec du carbonate sodico-potassique; en reprenant par l'eau, on dissout tout le phosphore à l'état de phosphate sodique et une partie de l'alumine; le résidu insoluble est formé d'oxyde de fer, d'alumine et du titane à l'état de titanate alcalin. Ce résidu est recueilli, lavé et fondu dans un creuset de platine avec environ 12 fois son poids de sulfate mono-potassique (V. pour les détails de cette opération, p. 7). Après refroidissement, on dissout la masse fondue dans l'eau froide, et, dans la solution qui contient, notamment le titane, on fait passer un courant d'acide sulf-hydrique afin de réduire le fer à l'état ferreux. On fait ensuite bouillir pendant une heure au moins dans un matras conique, afin d'éviter l'accès de l'air; pendant l'ébullition, on remplace l'eau à mesure qu'elle s'évapore. Le titane finit par se précipiter entièrement à l'état d'acide métatitanique, qui est recueilli et lavé. Après dessiccation, on le transforme par calcination en TiO^2 qu'on pèse.

DOSAGE DE LA SILICE, DU FER, DE L'ALUMINE ET DU MANGANÈSE (PAR PESÉE) DANS UN MINERAI FERRO-MANGANÉSIFÈRE INCOMPLÉTEMENT ATTAQUABLE PAR LES ACIDES.

On fond à la lampe, pendant vingt minutes environ, dans un creuset de platine, un mélange intime de 0,7 gr. du minerai finement pulvérisé et séché à 100°, avec 8 à 10 grammes de carbonate sodico-potassique et 0,5 gr. de nitrate potassique. L'attaque terminée, on saisit le

creuset avec une pince, et, en l'inclinant, on répartit la
masse fondue sur les parois, où elle se solidifie, de façon
à offrir le plus de surface possible à l'action de l'eau
chaude qu'on fait agir ensuite. (V. mise en solution
des matières minérales p. 5). Après avoir transvasé
le contenu du creuset dans une capsule, on le traite
jusqu'à acidité par l'acide chlorhydrique ajouté avec
précaution, pour qu'il n'y ait pas de perte par projection. On évapore ensuite à siccité ; on ajoute au résidu
10 centimètres cubes d'acide chlorhydrique concentré
et on évapore de nouveau de façon à insolubiliser le
plus complètement possible la silice. Le produit de l'évaporation est repris par 5 centimètres cubes d'acide chlorhydrique concentré et autant d'eau qu'on laisse agir
pendant quelques minutes pour assurer la redissolution
des sels basiques qui peuvent s'être formés pendant l'évaporation ; on dilue ensuite, puis, après dépôt de la silice, on filtre ; on lave, dessèche et calcine au rouge vif,
dans un creuset de platine, la silice qu'on pèse.

Dans le filtrat, on sépare à l'aide de l'acétate sodique le
fer et l'alumine, du manganèse. Pour cela, on basifie le liquide à l'aide d'une solution assez concentrée de carbonate sodique, jusqu'à ce que la teinte jaune du chlorure
ferrique vire au brun clair, le liquide restant parfaitement
limpide. A ce moment, on ajoute 3 grammes environ
d'acétate sodique, puis on chauffe le liquide jusqu'à vive
ébullition, qu'on entretient pendant une demi-minute environ. Cette ébullition, s'accompagnant d'une abondante
production de mousse, on fera usage d'un vase assez
spacieux d'au moins trois quarts de litre de capacité ;
le vase sera évidemment couvert pendant l'ébullition.

Si l'on a bien opéré, les précipités d'acétates basiques
de fer et d'alumine [$R^2 (C^2H^3O^2)^4 (OH)^2$] qui se forment,

se déposent rapidement ; au bout de quelques minutes le liquide doit être absolument clarifié. On décante le liquide chaud sur un filtre, en évitant de remettre le précipité en suspension, ce qui s'obtient aisément si l'on dispose d'un filtre laissant passer rapidement la solution ; on amène finalement le précipité sur le filtre et on le lave à l'eau bouillante en ayant soin de diriger le jet de la pissette de façon à décoller le précipité de la partie supérieure du filtre. Ces précautions s'imposent à cause de la nature un peu gélatineuse du précipité qui tend à boucher les pores du papier, ce qui ralentit considérablement la filtration [1].

Le précipité lavé est redissous dans l'acide chlorhydrique ; de la solution, on précipite par l'ammoniaque, le fer et l'alumine à l'état d'hydrates, qu'on recueille, lave à l'eau bouillante, dessèche, transforme en $Fe^2O^3 + Al^2O^3$ par calcination à la lampe et pèse.

Les oxydes sont ensuite introduits dans un petit gobelet, traités par 10 centimètres cubes d'acide chlorhydrique concentré à température modérée au bain-marie, jusqu'à redissolution. On dose dans ce liquide le fer par le chlorure stanneux (V. p. 138). Connaissant le poids total des oxydes de fer et d'alumine, on calcule aisément le poids de cette dernière [2].

Le filtrat acétique contient le manganèse ; l'addition

---

[1] Pour opérer tout à fait exactement, il y aurait lieu de redissoudre les acétates basiques, et de répéter une seconde fois la précipitation par l'acétate, le premier précipité retenant un peu de manganèse ; toutefois, pour des essais courants, on peut se dispenser de cette seconde opération ; la quantité de manganèse restant avec le fer ne dépasse guère 0,001 gr., si l'on se conforme aux indications données ci-dessus.

[2] Si le minerai contient du phosphore, cet élément se trouvera finalement dans le précipité des oxydes de fer et d'alumine. Le cas échéant, il y aura lieu de le doser dans une prise d'essai spéciale.

d'eau de brome à l'ébullition y détermine la précipitation totale du manganèse d'après l'équation :

$$4NaC^2H^3O^2 + H^2O + MnCl^2 + Br^2 = MnO(OH)^2 + 2NaCl$$
$$+ 2NaBr + 4C^2H^4O^2$$

Cette précipitation doit se faire, comme celle de l'acétate de fer, (V. ci-dessus) et pour les mêmes raisons, dans un vase très spacieux ; il arrive parfois qu'après ébullition le liquide surnageant est légèrement violacé (permanganate) ; le cas échéant, on ajoutera quelques gouttes d'alcool afin de réduire l'acide permanganique.

L'hydrate de manganèse obtenu se présente en flocons brun noir qui se déposent rapidement ; on le recueille sur un filtre et on le lave. Ce précipité retient énergiquement une certaine quantité des sels en solution, que le lavage ne parvient pas à enlever et qui est assez importante pour occasionner une erreur grave dans le résultat du dosage. Pour opérer exactement, on dessèche le précipité et on le calcine, puis on introduit le résidu de la calcination dans une capsule de porcelaine, on ajoute quelques centimètres cubes d'acide chlorhydrique dilué et on chauffe au bain-marie jusqu'à dissolution, la capsule étant couverte afin d'éviter les pertes par projection résultant du dégagement de chlore ; on évapore ensuite à siccité ; on redissout dans 50 centimètres cubes d'eau environ le $MnCl^2$ restant comme résidu et on transvase la solution dans un petit gobelet ; on la traite à 40-50° par le carbonate ammonique. Il se forme un précipité blanc de carbonate manganeux ($MnCO^3$) qu'on recueille sur un filtre après l'avoir laissé déposer pendant quelques heures. Fréquemment, les premières portions du précipité passent à travers le filtre. Le mieux est de décanter d'abord le liquide clair sur le filtre, puis, lorsqu'on est sur le point d'amener le précipité sur le filtre, de substituer au vase contenant le filtrat un second vase. De cette façon la quantité de liquide qu'on peut avoir à filtrer de nouveau est réduite au minimum.

Le précipité de carbonate manganeux est, après dessiccation, transformé par calcination dans un creuset de platine en Mn^3O^4, qu'on pèse.

Remarque. — Le manganèse au lieu d'être dosé par pesée, peut aussi être déterminé par titrimétrie à l'aide du permanganate, dans la solution obtenue après élimination de la silice (V. p. 142).

SCORIES DE HAUTS FOURNEAUX (LAITIERS)

L'analyse de ces substances offre souvent de l'intérêt, non seulement au point de vue du contrôle de la fabrication, mais aussi à cause de leur utilisation dans la fabrication des ciments dits de laitier, très employés aujourd'hui. Pour être appropriés à cette fabrication, les laitiers, qui sont, en somme, des silicates doubles d'aluminium et de calcium, doivent contenir 30 à 32 p. 100 de silice et près de 50 p. 100 de chaux.

EXEMPLES DE COMPOSITION

SiO^2	30,76	37,18
Al^2O^3	15,60	16,02
FeO	0,87	0,04
CaO	50,17	41,78
MgO	1,02	1,30
S.	2,01	1,73

Analyse. — Attaquer 1 gramme par 15 à 20 centimètres cubes d'acide chlorhydrique concentré et quelques gouttes d'acide nitrique, après avoir délayé la prise d'essai dans un peu d'eau ; évaporer à sec ; reprendre le résidu par quelques centimètres cubes d'acide chlorhydrique et un peu d'eau ; filtrer pour séparer la silice qu'on pèse après calcination ; ajouter de l'eau de brome, puis précipiter par l'ammoniaque, le fer, l'alumine et la petite quantité de manganèse qui peut exister dans les scories. (Pour les détails, voir les dosages correspondants dans les minerais de fer, p. 134 et suivantes).

Le filtrat ammoniacal est dilué au volume de 500 centimètres cubes, dont on prélève 200 centimètres cubes (= 0,4 gr. de laitier) pour le dosage de la chaux et de la magnésie. (Voir pour les détails, p. 78).

B. PYRITES

Les pyrites (FeS^2) sont employées en très grandes quantités comme matière première de la fabrication de l'acide sulfurique, à cause de la production d'anhydride sulfureux à laquelle donne lieu leur grillage.

$$2FeS^2 + O^{11} = Fe^2O^3 + 4SO^2$$

L'oxyde de fer qu'elles laissent après grillage est connu sous les noms de pyrites grillées, résidus de pyrites ou purple-ore.

Lorsqu'il ne contient que 1 à 2 p. 100 de soufre, il peut être utilisé comme minerai de fer. En pratique, la richesse en fer est de 60 à 65 p. 100. Indépendamment du fer et du soufre, les pyrites contiennent souvent un peu de cuivre, de plomb, de zinc, d'arsenic et quelques autres éléments, notamment le sélénium et le thallium. En pratique, les éléments à doser sont le soufre, l'ar-

senic, le cuivre, le plomb, le zinc, et, dans les pyrites
grillées, le fer et le soufre.

a. PYRITES CRUES

EXEMPLES DE COMPOSITION

Fe.	30,00	42,78	44,60
S	33,85	48,81	50,76

Dosage du soufre. — Ce dosage se fait le mieux par
voie sèche sur une prise d'essai de 0,5 gr. de matière
séchée à 100°. Les procédés à employer sont les mêmes
que ceux qui sont détaillés à propos de dosage du soufre
dans les blendes crues (V. p. 190). A noter seulement
que si on emploie le procédé β (fusion avec $NaKCO^3 +$
KNO^3) on peut, en général, opérer la fusion dans un
creuset de platine, la proportion de métaux susceptibles
de s'allier au platine, qui pourraient se produire, étant
le plus souvent très faible.

Dosage de l'arsenic, du plomb, du cuivre et du zinc.
— On traite une prise d'essai de 5 grammes par 30 à
40 centimètres cubes d'acide nitrique fumant. L'opération
doit se faire dans un vase de 3/4 de litre au moins;
l'acide sera ajouté par petites portions, l'attaque étant
très vive. Après avoir laissé en repos pendant une couple
d'heures à froid afin d'assurer l'oxydation du soufre,
on chauffe jusqu'à élimination de la plus grande partie
de l'acide en excès, puis on ajoute de l'acide chlorhydrique avec précaution et on évapore à siccité au
bain-marie. Le résidu est repris par 10 centimètres
cubes d'acide chlorhydrique concentré; une nouvelle
évaporation assure l'élimination complète de l'acide
nitrique. On reprend finalement par 20 centimètres

cubes d'acide chlorhydrique de *densité* 1,105 et l'on sépare le fer des éléments à doser au moyen de l'éther[1]. (V. pour les détails le dosage des mêmes éléments dans les minerais de fer, p. 152).

b. RÉSIDUS DE PYRITES (Voir composition, p. 133).

Dosage du fer. —Ce dosage se fait exactement comme dans les minerais de fer proprement dits (Voir au sujet de la mise en solution, ce qui a été dit à propos de la dissolution des matières minérales, p. 3).

Dosage du soufre. — Ce dosage est important, parce que, s'il reste trop de soufre dans les résidus, ces sous-produits ne peuvent plus être travaillés comme minerais de fer ; ils donneraient des fontes trop sulfureuses. En pratique, la teneur en soufre est, en général, inférieure à 2 p. 100.

1re méthode. — Elle repose sur l'emploi d'un mélange de chlorate et de carbonate alcalins. Elle s'applique exactement comme dans le cas des blendes. (V. p. 192.)

2e méthode (Lunge). — On mélange intimement dans un creuset de platine, 3,2 gr. de la matière finement pulvérisée et 2 grammes de bicarbonate sodique, dont on connaît le titre alcalimétrique, déterminé au moyen d'un acide titré. (Voir dosage du titre alcalimétrique des potasses, p. 49). On chauffe dix minutes au-dessus d'une petite flamme dont la pointe lèche à peine le fond du creuset ; on brasse la masse, puis on élève la tempé-

---

[1] Bien que le fer soit ici à l'état de sulfate (par oxydation de FeS²) et non à l'état de chlorure, l'expérience démontre que la méthode de Rothe est applicable, comme dans le cas des minerais de fer proprement dits.

rature et on continue à chauffer pendant quinze minutes sans cependant aller jusqu'à fusion ; on transvase avec de l'eau le contenu du creuset dans une capsule de porcelaine ; on fait bouillir pendant dix minutes après addition de quelques centimètres cubes d'une solution concentrée de chlorure sodique (ceci afin d'éviter qu'ultérieurement de l'oxyde de fer passe à travers le filtre), puis on filtre pour séparer l'oxyde de fer et on lave jusqu'à ce que le liquide ne présente plus la moindre réaction alcaline ; on laisse refroidir, on ajoute deux gouttes de solution de méthylorange à 1 p. 100, puis on titre à l'aide d'acide chlorhydrique normal (36,5 gr. HCl par litre ; à préparer à l'aide de $Na^2 CO^3$ pur et sec,) jusqu'à ce que la teinte jaune de l'indicateur vire au rose. Chaque centimètre cube d'acide chlorhydrique normal correspond à 0,053 de carbonate sodique, c'est-à-dire à 0,016 de soufre. Par conséquent, si 2 grammes de bicarbonate correspondent à N centimètres cubes d'acide chlorhydrique normal, et si le titrage en retour a nécessité N′ centimètres cubes, la teneur centésimale en soufre est donnée par la relation : $\dfrac{N - N'}{2}$

Dosage du plomb, du cuivre et du zinc. — Ces dosages se feront, le cas échéant, comme dans les minerais de fer. (V. p. 152).

COMPOSÉS DU MANGANÈSE

Nous avons vu, à propos de l'analyse des minerais de fer (p. 134 et suivantes) tout ce qui a rapport à la détermination de la proportion de manganèse métallique contenu dans un minerai.

Nous nous occuperons exclusivement ici de l'analyse des oxydes de manganèse naturels, plus oxygénés que l'oxyde manganeux, et employés à la fabrication du chlore, etc.

EXEMPLES DE COMPOSITION (LEDEBUR)

SiO^2.	6,20	15,15	8,30
Fe.	1,89	11,03	1,40
Al^2O^3.	1,10	n.d.	n.d.
Mn.	52,78	36,87	55,03
CaO	3,40	—	—
S.	—	—	0,02
P.	0,15	0,14	0,01

DOSAGE DU MANGANÈSE A UN ÉTAT D'OXYDATION SUPÉRIEUR A MnO OU DOSAGE DE L'OXYGÈNE DISPONIBLE

a. *Dosage par chlorométrie.* — *Principe* : Si l'on traite du peroxyde de manganèse MnO^2 par de l'acide chlorhydrique, chaque atome d'oxygène disponible donne lieu au dégagement de 2 atomes de chlore, d'après l'équation :

$$MnO^2 + 4HCl = MnCl^2 + 2H^2O + Cl^2$$

Le chlore étant amené dans une solution d'iodure potassique, met en liberté une quantité correspondante d'iode, qu'on titre à l'acide d'une solution d'hyposulfite sodique.

$$KI + Cl = KCl + I.$$
$$2I + 2Na^2S^2O^3 = 2NaI + Na^2S^4O^6$$

Solution nécessaire. — Solution d'hyposulfite obtenue en dissolvant 25 grammes de ce sel dans un litre d'eau. On en détermine le titre par rapport à l'iode pur.

Pour cela, on pèse, entre deux verres de montre, environ 0,2 gr. d'iode sublimé; puis on introduit le tout dans un vase contenant 10 centimètres cubes d'une solution d'iodure potassique pur à 10 p. 100 ; on laisse l'iode se dissoudre dans l'iodure, puis on dilue et on laisse couler dans le liquide, d'une burette graduée, la solution d'hyposulfite jusqu'à ce que presque tout l'iode soit consommé ; le liquide n'est plus alors que faiblement jaune; à ce moment on ajoute 2 centimètres cubes d'empois d'amidon (V. p. 141) qui réagissent avec les dernières traces d'iode et colorent le liquide en bleu ; on continue ensuite l'addition d'hyposulfite jusqu'à décoloration. La quantité d'iode pur employée divisée par le nombre de centimètres cubes d'hyposulfite consommés, donne le titre iode de cette dernière solution.

Remarque. — On peut, évidemment, peser au lieu de 0,2 gr. d'iode une quantité plus forte, 1 gramme par exemple, diluer, après dissolution, à un volume déterminé, et prélever des parties aliquotes pour faire plusieurs essais de titrage.

Mode opératoire. — On peut faire usage de l'appareil reproduit figure **22** (d'après L. Campredon), consistant en un petit ballon muni d'un chapiteau rodé et tubulé portant un entonnoir à robinet et un tube de dégagement

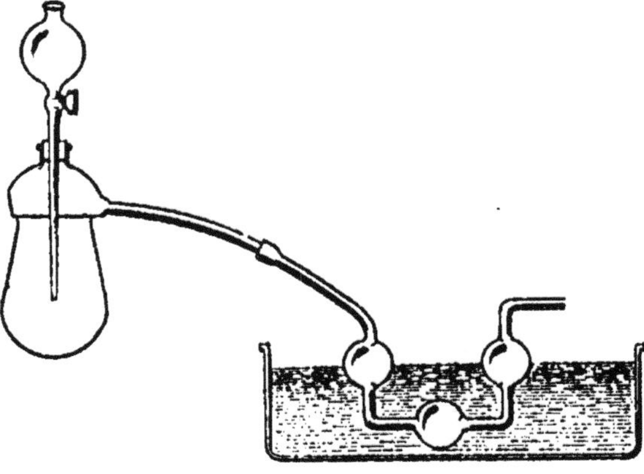

Fig. 22.

latéral sur lequel est rodé un condenseur. Ce dispositif évite le contact du chlore avec des joints en caoutchouc et des bouchons. On introduit la prise d'essai (0,2 à 0,3 gr.) suivant la richesse présumée en MnO^2 dans le ballon, on raccorde celui-ci avec le condenseur dans lequel on a versé 50 centimètres cubes de solution d'iodure potassique à 10 p. 100, puis on fait arriver en contact avec la matière, par l'entonnoir à robinet 10 à 15 centimètres cubes d'acide chlorhydrique concentré et on chauffe. Lorsque l'attaque est terminée, on fait arriver dans le ballon goutte à goutte quelques centimètres cubes d'une solution de bicarbonate sodique qui, au contact de l'acide, dégagent de l'anhydride carbonique qui entraîne dans le condenseur les dernières traces de chlore. Le contenu du condenseur est transvasé dans un gobelet de verre ; on ajoute environ 200 centimètres cubes d'eau et on titre au moyen de la solution d'hyposulfite dans les mêmes conditions que pour la fixation du titre de cette dernière.

Les équations :

$$MnO^2 + 4HCl = MnCl^2 + 2H^2O + Cl^2$$
$$KI + Cl = KCl + I$$
$$2I + 2Na^2S^2O^3 = Na^2S^4O^6 + 2NaI$$

permettent de calculer la quantité d'oxygène disponible de la prise d'essai.

Remarque. — Bien que le contenu du condenseur soit acide (HCl) on n'a pas à craindre, en pratique, que de l'hyposulfite soit décomposé. Néanmoins, on peut, avant de titrer l'iode, neutraliser l'acide libre à peu près complètement au moyen de bicarbonate sodique.

b. *Dosage par gazométrie.* — Principe : si l'on traite un oxyde supérieur du manganèse par l'acide sulfurique et l'eau oxygénée, il se forme du sulfate manganeux en même temps qu'il se dégage de l'oxygène d'après l'équation :

$$MnO^2 + H^2SO^4 + H^2O^2 = MnSO^4 + O^2 + H^2O$$

La moitié de l'oxygène dégagé représente donc l'oxygène disponible de l'oxyde analysé.

Mode opératoire. — On fait usage du nitromètre (fig. 23), appareil consistant en une burette graduée raccordée à un tube de niveau N, la burette pouvant être mise en communication par le jeu d'un robinet à trois voies R, avec un petit flacon F, muni d'un godet g. Le nitromètre étant chargé de mercure, on fait arriver le niveau de celui-ci jusqu'au robinet en élevant le tube N ; le robinet, qui, pendant cette manipulation, communiquait avec l'atmosphère, est ensuite fermé.

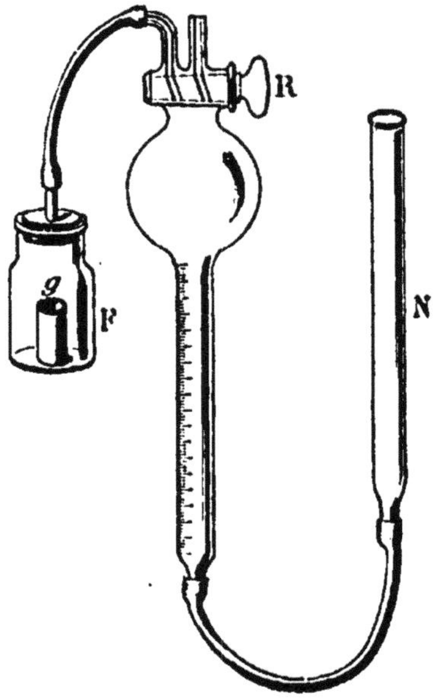

Fig. 23.

D'autre part, on a introduit dans le flacon F la prise d'essai et dans le godet g, le mélange d'acide sulfurique et d'eau oxygénée ; on raccorde F à l'ajutage du robinet, qu'on tourne de façon à établir la communication entre F et le nitromètre.

On incline ensuite le flacon de manière à faire arriver le contenu du godet en contact avec la matière à décomposer. L'oxygène se dégage et vient s'accumuler dans la burette. Afin d'éviter dans celle-ci un excès

de pression, on descend le tube de niveau à mesure que
l'oxygène se dégage. Lorsque la réaction est terminée,
on laisse l'appareil se mettre en équilibre de température avec le milieu ambiant ; puis on égalise le niveau
du mercure dans les deux branches, on ferme le robinet, et on lit le volume occupé par le gaz.

Le *poids* de l'oxygène est donné par la relation :

$$P = 1/2 \frac{V. (B-F) \, 0{,}00143 \text{ gr.}}{(1 + 0{,}003665 \, t) \, 760}$$

dans laquelle V est le volume observé ; t la température ; B la pression barométrique ; F la tension de la
vapeur d'eau à $t°$, 0,00143, le poids de 1 cc. d'oxygène
à 0° et 760 mm.

Remarque. — Pour ce dosage, il faut avoir soin d'opérer sur une prise d'essai suffisamment faible pour que
le volume de l'oxygène dégagé ne dépasse pas celui de
la partie graduée de l'appareil.

c. *par pesée. Principe* : Si l'on traite par l'acide sulfurique de la pyrolusite (MnO^2) ou tout autre oxyde de
manganèse plus oxygéné que l'oxyde manganeux (MnO)
il se forme du sulfate manganeux, et l'oxygène dégagé
peut oxyder de l'acide oxalique qu'il transforme en eau
et anhydride carbonique. Pour chaque atome d'oxygène,
il y a formation de $2CO^2$ qui se dégagent. On peut donc,
en déterminant la perte de poids résultant du départ de
l'anhydride carbonique, conclure à la quantité d'oxygène disponible, c'est-à-dire à la quantité d'oxygène en
excès pour former l'oxyde manganeux.

Exemple z. La matière analysée est la pyrolusite.

$$H^2C^2O^4 + MnO^2 + H^2SO^4 = \underbrace{MnSO^4} + 2CO^2 - 2H^2O$$

Exemple β. La matière analysée est de l'oxyde manganique.

$$H^2C^2O^4 + Mn^2O^3 + 2H^2SO^4 = 2MnSO^4 + 2\,CO^2 + 3H^2O$$

Le dosage peut être effectué au moyen de l'appareil de Will et Fresenius (fig. 24). Cet appareil se compose de deux petits matras à fond plat, A et B, de 100 centimètres cubes environ de capacité. Chacun des matras est muni d'un bouchon à deux trous. Le bouchon

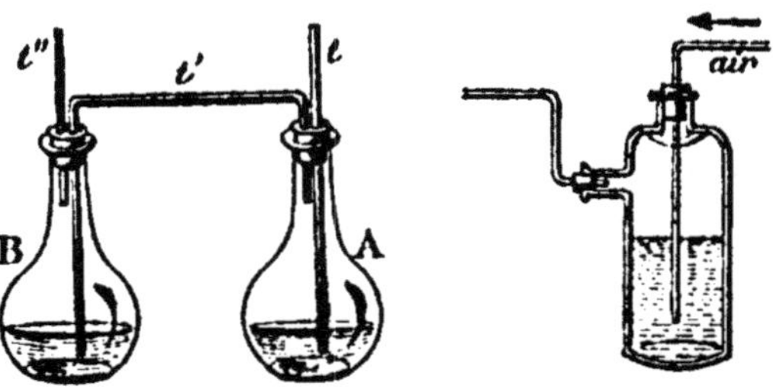

Fig. 24.

de A donne passage à un tube t ouvert aux deux bouts et plongeant jusqu'au fond de A. Il porte, en outre, un tube à double courbure t' dont une extrémité descend jusqu'au fond de B. Le bouchon de B porte, outre le tube t', un tube t'' dont l'extrémité inférieure se trouve à une couple de centimètres en dessous du bouchon.

La prise d'essai, 1 gramme, pulvérisée et séchée, est introduite en A et additionnée de 5 à 6 grammes d'oxalate potassique et d'un peu d'eau. On verse en B jusqu'à moitié de la hauteur de l'acide sulfurique concentré. Les bouchons étant mis en place, on ferme l'extrémité supérieure du tube t, au moyen d'un petit capuchon de caoutchouc portant un bout de verre plein, puis on porte l'appareil dans la cage de la balance, et après un quart d'heure, lorsque l'équilibre de température s'est établi, on le pèse[1].

On aspire ensuite légèrement par l'extrémité libre du tube t'' en s'aidant d'un tuyau de caoutchouc ; on produit ainsi une dépression en A, et, lorsqu'on cesse d'aspirer, de l'acide sulfurique s'élève par t', passe en A, et la réaction indiquée plus haut se produit. L'anhydride carbonique dégagé doit, pour sortir de l'appareil, traverser le tube t' et la colonne d'acide sulfurique de B à laquelle il cède son humidité : on répète la même manipulation jusqu'à ce qu'on ne remarque plus de dégagement de gaz. Finalement on chauffe légèrement le matras A, afin d'être certain que la décomposition est complète. Il ne reste plus alors qu'à déplacer l'anhydride carbonique qui se trouve dans l'appareil et à le remplacer par de l'air. Pour cela, on enlève le capuchon du tube t, et l'on raccorde ce dernier à un flacon laveur disposé comme l'indique la figure et contenant de l'acide sulfurique concentré. Aspirant ensuite par le tube t'', on fait passer pendant quelques minutes un courant lent d'air desséché par son passage dans l'acide sulfurique du laveur.

Le capuchon est alors replacé sur le tube t et l'appareil est reporté dans la cage de la balance et pesé avec les mêmes précautions qu'au début de l'opération. — La perte de poids correspond à l'anhydride carbonique dégagé.

Il est aisé, en se basant sur les équations données plus haut, de déduire du poids d'anhydride carbonique la quantité d'oxygène disponible dans la matière analysée.

---

[1] On veillera à ce que l'appareil tout monté ne pèse pas plus de 150 à 175 grammes, la charge maximum des balances d'analyse ordinaires ne dépassant pas 200 grammes.

COMPOSÉS DU ZINC

A. Minerais de zinc

Les minerais les plus importants sont la blende ZnS, la smithsonite, ($Zn\ CO^3$, calamine des métallurgistes, les silicates de zinc ; (le silicate hydraté forme la calamine proprement dite, le silicate anhydre, la willémite) ; la franklinite ($Zn\ Mn\ Fe^3\ O^4$). Outre le zinc, ces divers minerais renferment, en proportions variables, de très nombreux éléments étrangers, métaux et métalloïdes. Les quelques exemples suivants, donnent une idée de la composition des divers minerais.

	Blendes crues.			Minerai mixte.	Calamines calcinées.	
	I	II	III		I	II
Zn.. . . .	32,47	40,10	51,58	25,22	54,98	45,86
Pb.. . . .	6,52	8,00	3,04	17,66	1,56	6,40
Ag.. . . .	0,056	0,141	0,07	0,018	0,0207	0,02
As.. . . .	0,06	—	Tr.	—	Tr.	—
Sb.. . . .	0,06	0,02	0,01	—	0,04	—
Cu.. . . .	0,05	0,18	1,01	Tr.	0,04	Tr.
Cd.. . . .	0,15	0,32	0,55	0,08	0,33	0,25
Fe.. . . .	12,42	8,22	2,51	3,93	3,32	8,20
Al^2O^3 . . .	1,47	Tr.	0,30	0,66	0,07	2,13
Mn	0,48	—	—	—	—	—
CaO. . . .	2,90	2,62	1,21	1,20	8,90	3,82
MgO. . . .	1,02	0,96	0,42	1,00	1,38	0,98
S	19,82	26,55	24,40	18,11	0,72	0,85
Gangue siliceuse	14,04	8,80	4,52	30.18	5,02	9,56

Outre les éléments signalés dans ces analyses, on rencontre encore dans certains minerais du fluor (fluorure de calcium) et, plus rarement, du mercure.

En dehors du zinc, le plomb, l'argent et, dans le cas des blendes crues, le soufre, entrent en ligne de compte pour fixer la valeur marchande du minerai. Le soufre des blendes sert, en effet, dans un grand nombre d'usines, à la fabrication de l'acide sulfurique.

Nous examinerons d'abord les dosages de ces éléments.

1. Dosage du zinc

Dans la pratique industrielle, le dosage du zinc dans les minerais se fait pour ainsi dire exclusivement au moyen de liqueurs titrées. Les procédés généralement admis reposent sur l'emploi du sulfure de sodium (méthode Schaffner) et sur l'emploi du ferro-cyanure potassique.

a. *Méthode Schaffner* (modifiée). — La méthode est basée sur la précipitation du zinc en solution ammoniacale, par une solution titrée de sulfure sodique.

On opère sur une prise d'essai de 2,5 gr. de minerai pulvérisé aussi finement que possible et séché à 100°. L'attaque se fait le mieux au bain de sable, dans un matras d'Erlenmeyer de 500 centimètres cubes de capacité. Le mode d'attaque diffère suivant la nature des minerais. Si l'on a affaire à une blende crue, on traite, d'abord à froid pendant une couple d'heures, par 10 à 12 centimètres cubes d'acide nitrique fumant (densité 1,5) ajoutés petit à petit à cause de l'énergie de la réaction. On chauffe ensuite jusqu'à ce qu'il ne se dégage plus de vapeurs rutilantes. On ajoute alors par portions successives, 25 centimètres cubes d'acide chlorhydrique concentré et on évapore à siccité.

Avec les calamines (crues ou calcinées) l'emploi de l'acide nitrique n'est pas nécessaire. On attaque la prise d'essai par 30 centimètres cubes d'acide chlorhydrique conc. et on évapore à siccité.

Avec les calamines et les blendes grillées, il arrive fréquemment que le traitement par l'acide, produit de la silice gélatineuse. Dans ce cas, il se forme des grumeaux adhérents au verre ; on aura soin alors de diviser ces grumeaux, en s'aidant d'un agitateur, afin d'assurer l'attaque complète du minerai.

On a proposé, afin d'éviter cet inconvénient, d'employer pour l'attaque des calamines et des blendes grillées de l'acide chlorhydrique dilué de son volume d'eau[1].

Lorsque l'évaporation est terminée, on reprend par 5 centimètres cubes d'acide chlorhydrique et environ autant d'eau, de façon à redissoudre les sels basiques qui auraient pu prendre naissance par l'évaporation, puis on ajoute 50 à 60 centimètres cubes d'eau. On chauffe vers 60-70° et dans le liquide chaud, on fait passer un courant d'acide sulfhydrique. Pendant le passage du gaz, on dilue graduellement avec de l'eau froide jusqu'au volume d'environ 150 centimètres cubes afin d'assurer la précipitation complète du

[1] Certains minerais renferment parfois du zinc engagé dans des combinaisons inattaquables par les acides ; il arrive aussi, avec les minerais grillés (riches en silicates produits par le grillage) que l'acide silicique (silice gélatineuse) formé par l'action des acides, englobe des particules du minerai qui échappent ainsi à la dissolution. Le cas échéant, on recherchera le zinc dans le résidu insoluble, en fondant celui-ci avec du carbonate sodico-potassique. Après avoir éliminé la silice, on précipite le fer et l'alumine par l'ammoniaque, et, après filtration, on recherche le zinc par le sulfure sodique. S'il se forme un précipité de sulfure zincique, on le recueille sur filtre après dépôt complet, puis, on le dissout dans quelques gouttes d'acide chlorhydrique dilué, et on réunit la solution ainsi obtenue à la solution principale.

plomb et du cadmium. On doit éviter de prolonger l'action de l'acide sulfhydrique au delà du temps nécessaire, et aussi de diluer trop fortement le liquide; on s'exposerait, en agissant autrement, à favoriser la précipitation d'une petite quantité de zinc. On filtre pour séparer le précipité formé par les sulfures des métaux des groupes de l'arsenic et du cuivre, et on lave le précipité avec environ 100 centimètres cubes d'eau additionnée de 5 centimètres cubes d'acide chlorhydrique concentré. Le lavage est complet lorsqu'une goutte du liquide filtré, additionnée d'ammoniaque, ne donne plus trace de sulfure zincique au contact du sulfure sodique. On élimine l'acide sulfhydrique en chauffant le liquide à l'ébullition, jusqu'à ce que les vapeurs ne noircissent plus un papier imprégné d'acétate plombique; on ajoute ensuite 10 centimètres cubes d'acide chlorhydrique concentré et 5 centimètres cubes d'acide nitrique (densité 1.4) ces derniers pour peroxyder le fer. Il est prudent de faire bouillir encore un instant pour assurer l'oxydation complète de ce dernier.

Après refroidissement partiel, on transvase le liquide réoxydé dans un matras jaugé de 500 centimètres cubes, on ajoute 100 centimètres cubes d'ammoniaque concentrée et 5 centimètres cubes de solution de carbonate ammonique saturée à froid et on agite vigoureusement. Après refroidissement complet, on ajoute de l'eau jusqu'au trait de jauge, et on agite de nouveau pour rendre le liquide parfaitement homogène.

Si le minerai est manganésifère, on verse dans le liquide, avant l'addition de l'ammoniaque, 10 centimètres cubes d'eau oxygénée ou d'eau de brome saturée.

Entre temps, on prépare une solution ammoniacale de zinc de concentration connue, couramment désignée sous le nom de « titre ». On pèse, pour cela, une quantité de zinc chimiquement pur à peu près égale à celle que renferment les 2,5 gr. de minerai mis en œuvre[1]. Le zinc est introduit dans un matras jaugé de 500 centimètres cubes et dissous par 20 centimètres cubes d'acide chlorhydrique conc. ; la solution est diluée au volume de 200 à 300 centimètres cubes, puis on ajoute successivement, comme à la soluion du minerai, 5 centimètres cubes d'acide nitrique concentré, 100 centimètres cubes d'ammoniaque et 5 centimètres cubes de solution de carbonate ammonique. Il est, en effet, très recommandable de soumettre la solution de zinc pur au même traitement que la solution du minerai. Finalement, on dilue après refroidissement complet au volume de 500 centimètres cubes et on agite pour rendre le liquide homogène.

Le contenu du matras qui renferme la solution du minerai est filtré dans un vase sec à travers un filtre sec. On se sert pour cette opération de filtres plissés en papier assez fort. Pour le titrage, on prélève, à l'aide d'une pipette ou d'un matras jaugé, 100 centimètres cubes de la solution du minerai et 100 centimètres cubes du titre, et on les verse dans des gobelets en verre épais, puis on dilue de part et d'autre, au volume d'environ 300 centimètres cubes au moyen d'eau distillée.

On se sert pour le titrage d'une solution de sulfure sodique dont 1 centimètre cube précipite 7 à 8 milligrammes de zinc. On prépare cette solution en dissolvant dans l'eau 30 à 34 grammes de sulfure sodique cristallisé du commerce (Na^2S, $9H^2O$), et diluant la solution au volume d'un litre.

---

[1] Si l'on n'a aucune idée de la teneur en zinc du minerai, on la détermine, au préalable, approximativement par un essai rapide.

Pour opérer, on remplit de sulfure sodique deux burettes de 60 centimètres cubes de capacité, divisées en 1/10 de centimètre cube ; puis, après avoir amené le liquide au zéro de la graduation [1], on laisse couler le sulfure dans la solution du minerai et dans le titre, en restant autant que possible à 1 ou 2 centimètres cubes en deçà de la quantité supposée nécessaire à la précipitation de tout le zinc ; on agite vigoureusement, puis, à l'aide d'agitateurs terminés par un petit renflement, on prélève une goutte de chacun des liquides, qu'on dispose sur une bande de papier aux sels de plomb [2]. On laisse en contact pendant environ quinze secondes, puis, à l'aide du jet de la pissette, on lave le papier sur lequel les deux gouttes ne doivent pas avoir laissé de trace colorée. On continue alors à ajouter avec précaution le sulfure jusqu'à ce que les deux gouttes prélevées dans les deux liquides, produisent sur le papier, après le même temps de contact, des taches très légèrement brunâtres et de même intensité.

Si, dans un premier essai, on a dépassé le terme de la réaction, on renouvelle le titrage sur une seconde portion du liquide. Il faut, en tout cas, que la réaction finale se produise simultanément avec le titre et avec la solution du minerai. La lecture doit être faite à 0,05 cm³ près.

En divisant la quantité de zinc pur contenue dans 100 centimètres cubes du « titre » par le nombre de

---

[1] On fera avantageusement usage de flotteurs.

[2] On désigne couramment sous ce nom un papier épais imprégné d'un sel de plomb et glacé. Il en existe dans le commerce de différentes qualités ; on s'assurera que l'eau distillée n'y laisse aucune trace colorée. On le conservera soigneusement dans un flacon bien bouché, de façon à le soustraire complétement aux vapeurs du laboratoire.

centimètres cubes de sulfure sodique employés pour la précipitation, on connaîtra le titre zinc de la solution de sulfure. Le nombre obtenu, multiplié par le nombre de centimètres cubes nécessaires à la précipitation du zinc contenu dans 100 centimètres cubes de la solution du minerai, donne la quantité de zinc existant dans 0,5 gr. de minerai. En multipliant par 200 le nombre trouvé, on obtient la teneur centésimale du minerai en zinc.

L'hydrate ferrique retenant facilement une petite quantité de zinc, il y a lieu, lorsqu'il s'agit de dosages très exacts, et lorsqu'on a affaire à des minerais très ferrugineux, d'ajouter au « titre » approximativement autant de fer qu'il y en a dans les 2,5 gr. de minerai mis en œuvre. On se sert, dans ce but, d'une solution de chlorure ferrique contenant 25 grammes de fer par litre; 1 centimètre cube de cette solution correspond à 0,025 gr. ou 1 p. 100 de fer. Si l'on a, par exemple, affaire à un minerai contenant 10 p. 100 de fer (donc 0,25 gr. pour une prise d'essai de 2,50 gr.,) on ajoutera au titre 10 centimètres cubes de la solution titrée de chlorure ferrique, c'est-à-dire $10 \times 0,025 \text{ gr} = 0,25 \text{ gr}$. de fer.

On peut aussi, au lieu de procéder comme il vient d'être dit, éliminer le fer en utilisant la propriété que possède le chlorure ferrique de se dissoudre dans l'éther. Pour cela, après avoir éliminé la silice, on évapore à siccité la solution chlorhydrique, et on reprend le résidu par de l'acide chlorhydrique, de densité 1,105. Cette solution est traitée par l'éther dans les conditions indiquées à propos de l'analyse des minerais de zinc ferrugineux (V. p. 202). La solution aqueuse séparée de la solution éthérée de chlorure ferrique, est ensuite travaillée comme dans le procédé qui vient d'être détaillé.

b. *Méthode basée sur l'emploi du ferrocyanure potassique :* (Modification L. L. de Koninck et E. Prost).

Principe : Précipiter le zinc en solution chlorhydrique légèrement acide à l'état de ferrocyanure double de zinc et de potassium $Zn^3 K^2 Fe^2 Cy^{12}$ et titrer en retour l'excès de ferrocyanure potassique employé, au moyen d'une solution titrée de chlorure zincique.

Solutions nécessaires. — 1° Solution de chlorure de zinc contenant 10 grammes de zinc par litre et aussi peu acide que possible.

2° Solution de ferrocyanure potassique contenant par litre 27,05 gr. de ce sel. Le titre de cette solution est de 0,00625 gr. de zinc si le ferrocyanure est pur.

3° Acide chlorhydrique, densité 1,075 (Contient environ 182 grammes HCl par litre).

4° Solution aqueuse de nitrate d'urane à 1 p. 100.

5° Solution de sulfite sodique cristallisé à 10 p. 100.

Détermination du rapport des solutions de ferrocyanure potassique et de chlorure de zinc. — On prélève 20 centimètres cubes de la solution zincique et on y ajoute successivement 100 centimètres cubes d'eau, 15 centimètres cubes de solution de chlorure ammonique à 20 p. 100, et 10 centimètres cubes d'acide chlorhydrique densité 1,075. On verse dans le liquide 40 centimètres cubes de la solution de ferrocyanure, on agite vivement, puis on laisse en repos pendant environ dix minutes de façon à permettre au précipité, d'abord gélatineux et pouvant réagir sous cet état avec le nitrate d'urane, de s'agréger.

La quantité de ferrocyanure employée est de 25 p. 100 environ supérieure à la quantité nécessaire pour la précipitation du zinc. On titre l'excès à l'aide de la solution zincique qu'on ajoute jusqu'à ce qu'une goutte du liquide prélevée avec un tube de verre servant d'agitateur ne donne plus, même au bout de deux minutes, la moindre trace de coloration brune au contact d'une goutte de solution de nitrate d'urane à 1 p. 100. Cette dernière solution est répartie sur une plaque de porcelaine à fossettes. Le terme de l'essai se marque très nettement.

En opérant comme il vient d'être dit, on a fixé une fois pour toutes, le titre zinc de la solution de ferrocyanure. La solution zincique et la solution de ferrocyanure (mise à l'abri de la lumière) se conservent, en effet, sans altération.

Analyse proprement dite. — On traite une prise d'essai de 2,5 gr. du minerai exactement comme dans le procédé Schaffner, jusques et y compris l'élimination de l'acide sulfhydrique par ébullition, après la séparation du précipité des sulfures des groupes de l'arsenic et du cuivre. Après avoir laissé refroidir, on ajoute 10 centimètres cubes d'acide chlorhydrique concentré, puis 15 centimètres cubes d'eau de brome, pour réoxyder les sels ferreux et faciliter éventuellement l'élimination ultérieure du manganèse[1].

Après avoir transvasé le liquide dans un matras jaugé de 500 centimètres cubes, on ajoute 100 centimètres cubes d'ammoniaque concentrée et 10 centimètres cubes de solution saturée de carbonate ammonique; puis on dilue jusqu'au trait de jauge. On agite et on

---

[1] On peut, au lieu de brome, employer l'acide nitrique pour la réoxydation des sels ferreux, à la condition de détruire ultérieurement, au moyen du sulfite sodique, les composés nitreux formés aux dépens de l'acide nitrique; si on négligeait cette précaution, les composés nitreux agiraient comme oxydant sur une certaine quantité de ferrocyanure qu'ils transformeraient en ferricyanure.

filtre sur filtre sec. On prélève 100 centimètres cubes du filtrat, on les neutralise par l'acide chlorhydrique, densité 1,075, en s'aidant d'un bout de papier de tournesol comme indicateur, on ajoute 10 centimètres cubes d'acide en excès, puis quelques gouttes de la solution de sulfite sodique qui entrave la formation de toute trace de ferricyanure, ce qui communiquerait au liquide une teinte jaune. On laisse ensuite couler dans le liquide un volume connu de solution de ferrocyanure tel qu'il soit en excès d'environ 20 p. 100 sur la quantité supposée nécessaire à la précipitation du zinc contenu dans les 100 centimètres cubes soumis à l'essai [1]. Après avoir mélangé, on laisse reposer pendant dix minutes, puis on titre en retour l'excès de ferrocyanure au moyen de la solution zincique (V. plus haut).

On fait un essai comparatif sur 100 centimètres cubes d'un « titre » préparé en dissolvant dans 20 centimètres cubes d'acide chlorhydrique concentré à peu près autant de zinc qu'il y en a dans la prise d'essai du minerai. La solution est additionnée de 100 centimètres cubes d'ammoniaque et de 10 centimètres cubes de solution de carbonate ammonique et diluée au volume de 500 centimètres cubes. Pour les essais courants, ce dernier essai peut être négligé; il suffit de se baser sur le titre zinc de la solution de ferrocyanure déterminé expérimentalement.

Calcul du résultat. — Soit a le poids de zinc contenu dans 100 centimètres cubes de la solution du minerai;

[1] Si l'on n'a aucune idée de la teneur en zinc du minerai, on détermine par un essai direct la quantité approximative de ferrocyanure nécessaire, en laissant couler dans 100 centimètres cubes de solution du minerai, acidulés par HCl, de la solution de ferrocyanure, jusqu'à ce qu'un essai à la touche, fait au moyen du nitrate d'urane, donne une coloration brune bien marquée.

P, le poids de zinc contenu dans 100 centimètres cubes du titre ;

T le titre de la solution zincique ;

N, le nombre de centimètres cubes de solution zincique employés en retour pour 100 centimètres cubes du titre ;

p le poids de zinc correspondant ;

N' le nombre de centimètres cubes employés en retour pour 100 centimètres cubes de la solution du minerai ;

p' le poids de zinc correspondant.

Comme on a employé de part et d'autre le même volume de ferrocyanure, le poids de zinc précipité est le même des deux côtés.

Pour l'essai fait sur le titre, le poids est égal à :

$$P + p = P + NT$$

et pour l'essai fait sur le minerai :

$$x + p' = x + NT$$

Ces deux quantités étant égales, on a :

$$x + NT = P + NT$$

d'où

$$x = P + (N - N')T$$

Le titrage se faisant sur 0,5 gr. (100 centimètres cubes), la teneur centésimale du minerai en zinc est égale à 200 x.

2. Dosage du plomb

a. *Par voie sèche.* — *Principe* : Fondre le minerai finement pulvérisé avec un fondant alcalin réducteur formé de carbonate sodique sec, de borax anhydre et de tartre. L'opération se fait le mieux dans un creuset de fer dont la matière intervient aussi comme réducteur. Les réactions qui se passent pendant la fusion aboutissent à la réduction complète du plomb à l'état métallique, tandis que la plupart des oxydes fixes et la silice forment avec le fondant une scorie fluide qui surnage le plomb accumulé au fond du creuset. Quant au zinc, il est volatilisé pendant l'essai. L'argent que peut contenir le minerai se dissout en entier dans le plomb.

Si le minerai contient du cuivre ou de l'antimoine, ces métaux passent aussi, au moins en partie, dans le plomb.

Mode opératoire. — Mélange à fondre : 25 grammes de minerai pulvérisé et séché à 100° ; 50 grammes de carbonate sodique sec, 25 grammes de borax anhydre ; 4 grammes de tartre.

Ce mélange est introduit dans un creuset de fer forgé de 250 centimètres cubes environ de capacité ; on ajoute environ 10 grammes de carbonate sodique puis on place le creuset dans un four à vent chauffé au coke, ou dans un four à gaz. La fusion doit s'opérer progressivement afin d'éviter les bouillonnements et les projections qui en résultent.

Lorsque la masse est en fusion à peu près tranquille, on nettoie à l'aide d'une tige en fer effilée les parois du creuset afin d'en détacher les globules de plomb qui peuvent y adhérer ; on laisse ensuite l'opération s'achever complètement en diminuant autant que possible le tirage ; on peut, pendant cette dernière phase, recouvrir le creuset d'un couvercle en terre réfractaire afin de diminuer l'accès de l'air.

La température doit être suffisante pour volatiliser le

zinc; cette volatilisation doit, toutefois, être lente, afin d'éviter autant que possible les pertes de plomb par entraînement. Lorsque la masse est en fusion tranquille et qu'on ne remarque plus de dégagement de gaz, la fusion peut être considérée comme terminée. On retire le creuset du fourneau, on le saisit en son milieu à l'aide d'une pince à branches courbes, et l'on décante le plus possible la scorie qui surnage le plomb. On coule ensuite celui-ci dans une lingotière. Si l'on a bien opéré, le culot de plomb doit être tout à fait exempt de scorie, et il ne doit pas rester de globules de métal adhérent aux parois du creuset.

Remarque. — Si l'on avait affaire à un minerai riche en cuivre ou en antimoine, ce qui, à la vérité, est rarement le cas pour les blendes et calamines, il y aurait lieu de tenir compte de la quantité de ces métaux passés dans le plomb. Il faudrait donc analyser le culot, ou tout au moins y doser le plomb. — En fait, si la nature du minerai expose à une pareille complication, il est préférable d'y doser directement le plomb par voie humide.

b. *Dosage par voie humide.* — (V. p. 193, *Analyse complète des minerais*).

3. Dosage de l'argent

(V. plus loin : *Chapitre du dosage de l'argent ; Dosage de l'argent dans les minerais de zinc.*

4. Recherche de l'or

Les minerais de zinc sont généralement exempts d'or. Le cas échéant, cet élément passerait en totalité dans le

culot de plomb d'abord, dans le bouton d'argent ensuite.
La recherche de l'or se fera donc dans le bouton d'argent obtenu dans un essai spécial. La marche à suivre est exposée en détail à propos de l'analyse des minerais aurifères. (V. plus loin).

5. Dosage du soufre

A. *Dans les blendes crues.* — a. *par voie humide.* —
On traite dans un gobelet de 3/4 de litre 0,5 gr. du minerai finement pulvérisé et séché à 100°, par 10 centimètres cubes d'acide nitrique fumant qu'on ajoute petit à petit, la réaction étant assez vive ; il faut éviter que la matière reste agglomérée en un point du vase ; le cas échéant on divisera les grumeaux à l'aide d'un agitateur. On laisse l'acide agir à froid pendant une couple d'heures, puis, le vase restant couvert, on chauffe au bain-marie jusqu'à cessation de dégagement de vapeurs rutilantes ; on laisse refroidir, puis on ajoute avec précaution et en plusieurs fois, 20 centimètres cubes d'acide chlorhydrique concentré, qu'on laisse agir d'abord à froid pendant une demi-heure ; on chauffe ensuite au bain-marie le vase étant couvert, jusqu'à ce que toute effervescence, due au dégagement du chlore, ait cessé, puis on évapore à siccité soit au bain-marie, soit au bain de sable à température modérée ; les nitrates d'abord formés sont, pendant cette opération, transformés en chlorures par l'action de l'acide chlorhydrique en excès.

Le produit de l'évaporation est repris par 5 centimètres cubes d'acide chlorhydrique concentré : on évapore de nouveau à siccité ; on reprend par 3 centimètres cubes d'acide chlorhydrique concentré et autant d'eau, on chauffe jusqu'à redissolution des sels basiques (de fer, notamment), produits pendant l'évaporation ; lorsqu'il ne reste plus de grumeaux rougeâtres, on ajoute 20 à 25 centimètres cubes d'eau.

Le liquide ne doit tenir en suspension que les éléments siliceux ou argileux du minerai sans trace de soufre libre. On le filtre sur un très petit filtre, et on lave à l'eau bouillante. Pendant les deux ou trois premiers lavages, on ajoute au contenu du filtre quelques gouttes d'acide chlorhydrique concentré. Le faible volume de liquide employé pour la reprise du résidu de l'attaque (V. plus haut) et l'emploi d'eau acidulée pour le lavage, ont pour but d'éviter que du sulfate de plomb, formé sous l'action de l'acide nitrique fumant, aux dépens du plomb que peut contenir la blende, se précipite et reste mélangé à la silice.

La solution limpide qui contient tout le soufre à l'état de sulfate, est diluée au volume d'environ 200 centimètres cubes et traitée à l'ébullition par du chlorure barytique en léger excès. Le sulfate barytique formé est recueilli après une couple d'heures de repos et lavé avec les précautions indiquées, p. 48, note [1].

b. *Dosage par voie sèche.* — *Principe :* Oxyder le soufre à l'état de sulfate par fusion du minerai avec un mélange oxydant de carbonate alcalin et de peroxyde sodique (Na^2O^2) ou de nitrate potassique (KNO^3).

α. *Emploi du peroxyde sodique.* — On mélange, dans un petit creuset de fer de 20 centimètres cubes de capacité, 0,5 à 0,6 gr. de blende pulvérisée et séchée, 4 à 5 grammes de peroxyde sodique, et 1 gramme de carbonate sodique sec ; le creuset, recouvert d'un couvercle, est ensuite chauffé pendant cinq minutes au moyen d'une toute petite flamme ; au bout de ce temps, on augmente la flamme de façon que la pointe vienne lécher le fond du creuset ; on maintient ces conditions pendant environ cinq minutes, puis on élève la température au rouge et l'on continue à chauffer pendant quelques minutes encore.

On obtient ainsi la fusion progressive du mélange sans déflagration violente pouvant occasionner des pertes ; à la fin de l'opération, tout le soufre est transformé en sulfate alcalin. Après refroidissement, on introduit le creuset avec son contenu dans un vase contenant de l'eau froide, qu'on laisse agir jusqu'à désagrégation complète de la masse ; on retire le creuset, puis on dilue le liquide qui tient en suspension, notamment, de l'oxyde de fer, au volume de 500 centimètres cubes dans un matras jaugé ; on filtre après dépôt de l'oxyde de fer, à travers un filtre plissé et sec ; on prélève 300 centimètres cubes du filtrat qu'on neutralise par l'acide chlorhydrique employé *en aussi léger excès que possible*, puis on précipite par le chlorure barytique.

Observation. — Il n'est pas pratique d'opérer sur tout le produit de la fusion en lavant l'oxyde de fer ; cet oxyde en effet, se présente à un très grand état de division, et son lavage complet demande beaucoup de temps.

β. *Emploi du nitrate potassique* [1]. — On fond dans un creuset de porcelaine couvert, pendant environ 20 minutes, 0,5 gr. du minerai avec 5 grammes d'un mélange de 2 p. de nitrate potassique et 3 p. de carbonate sodico-potassique. Après refroidissement, on intro-

---

[1] Cette méthode, qui nécessite une évaporation à siccité, est longue ; dans la plupart des cas, on lui préfère la précédente qui est d'une exécution beaucoup plus rapide.

duit le creuset et son contenu dans un vase contenant de l'eau très chaude dont on laisse l'action se prolonger jusqu'à désagrégation de la masse ; on filtre pour séparer les oxydes insolubles, qu'on lave à l'eau chaude jusqu'à ce que les eaux de lavage ne contiennent plus de sulfate ; on traite par l'acide chlorhydrique en excès et on évapore à siccité dans une capsule de porcelaine ; le but de l'opération est d'éliminer l'acide nitrique, dont la présence nuirait à la précipitation ultérieure du sulfate barytique.

Le résidu de l'évaporation est repris par 2 à 3 centimètres cubes d'acide chlorhydrique concentré et de l'eau ; on filtre pour séparer la silice et on précipite à l'ébullition par le chlorure barytique.

B. *Dans les blendes grillées et les ca'amines.* — Renferment généralement de moins de 1 p. 100 à 3 p. 100 environ de soufre.

Opérer par voie sèche en employant comme substance oxydante le chlorate potassique ou le peroxyde sodique.

a. *Emploi du chlorate potassique.* — On fond à la lampe 1,5 gramme à 2 grammes de matière finement pulvérisée avec 5 à 6 grammes d'un mélange de 2 p. de chlorate potassique et 3 p. de carbonate sodico-potassique. L'opération dure environ 20 minutes. La masse fondue est, après refroidissement, épuisée par l'eau chaude ; puis on filtre, on acidule le filtrat par l'acide chlorhydrique en aussi léger excès que possible et on précipite par le chlorure barytique.

b. *Emploi du peroxyde sodique.* — Mélange à fondre : 2 grammes de minerai, 4 grammes de peroxyde sodique,

0,5 gr. à 1 gramme de carbonate sodique sec. (Pour les détails du mode opératoire, voir le dosage correspondant dans les blendes crues (p. 190.)

ANALYSE COMPLÈTE DES MINERAIS DE ZINC.

Cette analyse comprend les dosages suivants : humidité, matières insolubles dans les acides, arsenic, antimoine, cuivre, plomb, cadmium, fer, alumine, manganèse, chaux, magnésie, anhydride carbonique et anhydride sulfurique ; et, en outre, la recherche et éventuellement, le dosage du mercure et du fluor. Dans les calamines crues on dose aussi la perte à la calcination, et dans les blendes crues la perte au grillage.

Le dosage de la chaux et de la magnésie offre une importance spéciale dans le cas des blendes.

La chaux existe à l'état de calcaire dans les blendes, dans une proportion qui dépasse parfois 5 p. 100 ; la magnésie accompagne généralement la chaux, mais, le plus souvent, en quantité faible. Pendant le grillage de la blende, la chaux se transforme en sulfate calcique, qui, étant indécomposable à la température des fours, se retrouve en totalité dans le produit grillé ; la magnésie subit une transformation analogue, mais une partie seulement du sulfate formé résiste à la décomposition jusqu'à la fin du grillage. En résumé, il est important de connaître la teneur en chaux et en magnésie, afin de pouvoir fixer la teneur maxima en soufre que le grillage peut laisser dans la blende. On sait, en effet, que le soufre en forte proportion est considéré comme nuisible dans l'opération de la réduction de la blende grillée.

On attaque 10 grammes de minerai finement pulvérisé et séché à 100° exactement comme s'il s'agissait du dosage du zinc (V. p. 177). On doit évidemment proportionner les quantités d'acides à l'importance de la prise d'essai. S'il s'agit d'une blende crue, l'addition d'acide nitrique fumant doit se faire par petites parties, la réaction de cet acide sur les sulfures étant très violente.

Après avoir évaporé à siccité à très douce température, on reprend par 10 centimètres cubes d'acide chlorhydrique concentré et 10 centimètres cubes d'eau et, après avoir donné aux sels basiques qui ont pu se former pendant l'évaporation le temps de se redissoudre, on ajoute environ 100 centimètres cubes d'eau chaude, on agite, laisse déposer et filtre pour séparer la silice à laquelle peut être mélangée une certaine proportion de sulfate de plomb (provenant notamment de l'action de l'acide nitrique sur le sulfure de plomb). Appelons R l'ensemble du résidu et F le filtrat.

Traitement de R. — Le résidu siliceux est séché, puis détaché du filtre, étalé sur le fond d'un gobelet de verre et traité par 50 centimètres cubes de tartrate ammonique [1] ammoniacal chaud, qui dissout éventuellement le sulfate de plomb. Après avoir laissé en contact à chaud pendant quelques minutes, on filtre sur le filtre même qui contenait le résidu R, on lave, dessèche et calcine le nouveau résidu qui cette fois se compose uniquement de silice et d'argile [2]. (V. au sujet de la composition de ce résidu, analyse des minerais de fer, p. 150, Remarque).

Traitement du filtrat F. — Le filtrat est additionné d'acide sulfureux puis chauffé à l'ébullition pour

---

[1] Pour préparer ce réactif, on dissout 100 grammes d'acide tartrique dans l'eau ; on sursature par l'ammoniaque et on amène au volume d'un litre.

[2] Voir au sujet de la possibilité de la présence d'un peu de zinc dans ce résidu : Dosage du zinc, p. 178, note 1.

réduire les sels ferriques à l'état ferreux et éviter la formation d'un précipité de soufre lors du traitement ultérieur par l'acide sulfhydrique. En même temps, l'arsenic est réduit à l'état arsénieux et sa précipitation par l'acide sulfhydrique est facilitée.

Le liquide est ensuite dilué à 300 centimètres cubes et traité vers 60° par l'acide sulfhydrique afin de précipiter les métaux des groupes de l'arsenic et du cuivre. La solution étant très faiblement acide, ce qui est nécessaire pour assurer notamment la précipitation complète du cadmium, il arrive qu'un peu de zinc se précipite.

Le précipité est recueilli et lavé, puis on le fait passer dans un gobelet en s'aidant du jet de la pissette, et en employant le moins d'eau possible, et on ajoute 10 à 15 centimètres cubes d'une solution fraîchement préparée de sulfure sodique à 10 p. 100. On chauffe quelque temps au bain-marie pour assurer la redissolution des sulfures du groupe de l'arsenic par le sulfure sodique, puis on filtre et l'on a, d'une part, une solution S des sulfosels d'arsenic et d'antimoine et un précipité P contenant les sulfures des métaux du groupe du cuivre et, parfois, un peu de sulfure de zinc.

Traitement de la solution S. — On acidule par l'acide sulfurique dilué de façon à reprécipiter les sulfures d'arsenic et d'antimoine. Après dépôt, on recueille les sulfures sur un petit filtre, on les redissout dans le moins possible d'acide chlorhydrique auquel on ajoute quelques grains de chlorate potassique, on évapore à une douce température pour éliminer le chlore, puis on dilue légèrement, et, dans cette solution, qui contient l'arsenic à l'état d'acide arsénique et l'antimoine sous forme de chlorure antimonique, on dose ces deux métaux de la manière suivante: on ajoute quelques décigrammes d'acide tartrique afin de maintenir l'antimoine en solution lors de la neutralisation par l'ammoniaque, puis on ajoute de l'ammoniaque en léger excès, on concentre, s'il y a lieu au volume d'environ 20 centimètres cubes; après refroidissement partiel on ajoute 5 centimètres cubes de liqueur magnésique et 10 centimètres cubes d'ammoniaque concentrée, afin de précipiter l'arsenic à l'état d'arséniate ammoniaco-magnésique NH^4MgAsO^4[1]. On laisse déposer du jour au lendemain, puis on recueille le précipité sur un petit filtre taré, séché à 100°; on lave avec le moins possible d'un mélange de 3 volumes d'eau et 1 volume d'ammoniaque et on pèse après dessiccation à 105° jusqu'à poids constant.

On peut aussi redissoudre directement le précipité sur le filtre à l'aide de quelques gouttes d'acide nitrique dilué et chaud, recevoir la solution dans une petite capsule tarée, évaporer et calciner progressivement le résidu pour le transformer en pyroarséniate magnésique $Mg^2As^2O^7$.

Le filtrat de l'arséniate est débarrassé par évaporation de la majeure partie de l'ammoniaque. On l'acidule ensuite par l'acide chlorhydrique et on précipite l'antimoine à l'état de sulfure par l'acide sulfhydrique; on laisse déposer; on décante le liquide surnageant le précipité et on redissout ce dernier dans le vase même par addition d'acide chlorhydrique concentré. On obtient ainsi le chlorure antimonieux,

$$Sb^2S^5 + 6HCl = 2SbCl^3 + 3H^2S + S^2$$

[1] Le NH^4MgAsO^4 étant un peu soluble dans l'eau, même ammoniacale, il y a lieu de ne précipiter l'arsenic qu'en solution assez concentrée ; en agissant autrement, on pourrait, s'il y a très peu d'arsenic, ne pas obtenir de précipité.

qu'on traite par l'acide sulfhydrique afin d'obtenir le sulfure antimonieux Sb^2S^3, qui se prête mieux que le sulfure antimonique au dosage de l'antimoine.

Le sulfure antimonieux est pesé sur filtre taré après dessiccation à 100°. En général, la quantité de sulfure qu'on obtient est faible et le dosage peut se terminer ici. Si la quantité de sulfure est importante, il y a lieu de compléter l'opération comme suit : après avoir pesé le filtre et son contenu, on détache du filtre la majeure partie du précipité, on la pèse dans une nacelle en porcelaine tarée, on introduit cette nacelle dans un tube

Fig. 25.

de verre (fig. 25) et on calcine très légèrement dans un courant d'anhydride carbonique sec jusqu'à ce que le précipité rouge passe à la variété cristalline noire ; on laisse refroidir et on repèse. La perte de poids correspond au dégagement d'une très petite quantité d'eau retenue par le sulfure rouge. On rapporte évidemment par le calcul cette perte à la totalité du précipité de sulfure antimonieux.

On peut aussi, au lieu de procéder comme il vient d'être dit, doser l'antimoine à l'état de Sb^2O^4. Pour cela, on redissout le sulfure non desséché dans le sulfure ammonique, et on évapore la solution dans une petite capsule tarée ; le résidu est traité par quelques centimètres cubes d'acide nitrique fumant dont on évapore l'excès. Finalement, on calcine (la capsule restant découverte) et l'on obtient l'antimoine à l'état de Sb^2O^4. Pendant la calcination, il faut veiller à ce que la flamme de la lampe ne vienne pas en contact avec le précipité à calciner, sinon il peut y avoir réduction d'une partie du Sb^2O^4 à l'état de Sb^2O^3 qui se volatilise.

Traitement du précipité P. — Le précipité pouvant contenir plomb, cuivre, cadmium (et zinc) est dissous dans l'acide nitrique, densité 1,2, à chaud. Entre temps, on a précipité, au moyen du sulfure sodique, le plomb existant dans la solution tartro-alcaline séparée de la silice. (V. p. 194.) Le sulfure de plomb obtenu a été recueilli, redissous dans l'acide nitrique, et la solution est réunie à celle du précipité P. Le tout est évaporé au bain de sable après addition de 5 centimètres cubes d'acide sulfurique dilué ; on chauffe jusqu'à élimination complète de l'acide nitrique et formation de vapeurs blanches d'acide sulfurique ; on laisse ensuite refroidir, puis on ajoute un peu d'eau. Tout le plomb reste précipité à l'état de sulfate. On recueille ce sulfate sur un filtre aussi petit que possible, on le lave au moyen d'acide sulfurique au 1/5 jusqu'à élimination des autres sels métalliques, puis on déplace l'acide qui imprègne le filtre au moyen de trois lavages à l'alcool (les liquides alcooliques de lavage sont recueillis dans un vase séparé). On dessèche, calcine et pèse le sulfate de plomb. Pendant la calcination, il y a presque toujours réduction à l'état métallique d'une petite quantité de plomb. Pour retransformer ce plomb en sulfate, on traite d'abord par quelques gouttes d'acide nitrique dilué (formation de nitrate de plomb), puis, après avoir évaporé l'acide en excès, on ajoute deux gouttes d'acide sulfurique pour transformer le nitrate en sulfate, et on calcine.

Le filtrat séparé du sulfate plombique qui, si l'on a bien opéré, ne doit guère dépasser 100 centimètres cubes, est additionné d'ammoniaque en léger excès ; en présence de cuivre, il se produit une coloration bleue[1]. Le liquide est soigneusement neutralisé, puis additionné d'acide chlorhydrique concentré dans la proportion de 3 centimètres cubes par 100 centimètres cubes. On traite ensuite par l'acide sulfhydrique pour précipiter les sulfures de cuivre et de cadmium, et se débarrasser du zinc qui peut être associé aux autres métaux.

Les sulfures de cuivre et de cadmium sont, après filtration et lavage, redissous dans l'acide nitrique dilué et chaud.

Si la quantité de cuivre paraît être assez importante pour qu'on puisse doser cet élément par pesée, on opère comme suit : On neutralise la solution nitrique par l'ammoniaque en excès, puis on ajoute du cyanure potassique jusqu'à ce que la coloration bleue, due au composé ammoniacal de cuivre, ait disparu. On traite alors par l'acide sulfhydrique qui précipite le cadmium seul à l'état de sulfure CdS, le sulfure de cuivre étant soluble dans le cyanure. Le sulfure de cadmium est, après dépôt complet, recueilli sur un filtre, lavé et redissous sur le filtre même par de l'acide chlorhydrique dilué de son volume d'eau et chauffé. La solution de chlorure cadmique est recueillie dans une capsule de platine tarée ; on évapore en présence de quelques gouttes d'acide sulfurique, on calcine modérément pour éliminer l'excès d'acide et transformer le chlorure cadmique en sulfate $CdSO^4$ qu'on pèse.

Dans le filtrat séparé du sulfure cadmique, on détruit le cyanure potassique en faisant bouillir avec de l'acide

---

[1] S'il se formait quelques flocons blancs, il y aurait lieu de les examiner au point de vue de la présence du bismuth, élément qui ne se rencontre que très rarement dans les minerais de zinc.

chlorhydrique et quelques gouttes d'acide nitrique, puis on précipite le cuivre à l'état de sulfure. Le précipité étant généralement faible, on peut le calciner directement au contact de l'air, ce qui donne un mélange de Cu^2S et de CuO, composés dans lesquels la proportion centésimale de cuivre est identique.

Si la proportion de cuivre dans le minerai analysé est très faible, on dosera cet élément par colorimétrie. On prépare, dans ce but, une solution de nitrate de cuivre contenant 0,001 gr. cuivre par centimètre cube. On dissout pour cela 0,1 gr. de cuivre pur (cuivre électrolytique) dans l'acide nitrique, on évapore à peu près à sec, on reprend par l'eau et dilue à 100 centimètres cubes. On prélève 1, 2, 3, 4, etc. centimètres cubes de la solution qu'on place dans une série de tubes en verre gradués, de même diamètre, et, après addition d'une même quantité d'ammoniaque, on dilue au même volume le contenu de tous les tubes. On forme ainsi une échelle colorimétrique d'intensité croissante.

D'autre part, on évapore à peu près à sec la solution des nitrates de cuivre et de cadmium provenant de la redissolution des sulfures de ces métaux (V. p. 199), on reprend par l'eau, on ajoute autant d'ammoniaque et d'eau que dans les tubes témoins, et on compare l'intensité de la teinte bleue à celle des différents termes de la série.

Le filtrat séparé du précipité obtenu par l'acide sulfhydrique est utilisé pour le dosage du fer, de l'aluminium, du manganèse, de la chaux et de la magnésie.

On le fait d'abord bouillir jusqu'à élimination de l'acide sulfhydrique dont il est chargé, puis on ajoute 5 centimètres cubes d'acide nitrique pour réoxyder le fer, réduit à l'état ferreux par l'acide sulfhydrique.

La prise d'essai étant assez considérable (10 grammes) et certains des éléments que l'on va doser maintenant existant en proportion notable dans la plupart des minerais, il y a lieu de n'opérer que sur une partie du liquide (la moitié ou même le quart) préalablement amené à un volume déterminé.

Deux cas peuvent se présenter : 1° le minerai est exempt de manganèse ; 2° le minerai est plus ou moins manganésifère [1].

Dans le premier cas, on précipite le fer et l'alumine par l'ammoniaque ; on redissout dans l'acide chlorhydrique le précipité après lavage, et on répète une seconde fois la précipitation, ceci afin d'être certain d'éliminer complètement le zinc. On dessèche et calcine le précipité d'hydrates et on pèse les oxydes $Fe^2O^3 + Al^2O^3$ obtenus. On redissout le précipité dans l'acide chlorhydrique concentré (V. au sujet de cette redissolution p. 3) et on titre le chlorure ferrique par le chlorure stanneux. (V. pour les détails, *Analyse des minerais de fer*, p. 138)

Dans l'ensemble des filtrats ammoniacaux, fortement concentrés par évaporation, on dose la chaux et la magnésie d'après les indications données à propos de l'analyse des calcaires (p. 78).

Dans le cas où le minerai est manganésifère, on ajoute au liquide, préalablement au traitement par l'ammoniaque, 10 centimètres cubes d'eau de brome, on traite ensuite par l'ammoniaque et on obtient un précipité formé de : $Fe^2(OH)^6$, $Al^2(OH)^6$, $MnO(OH)^2$. Ce précipité est redissous dans l'acide chlorhydrique, et,

---

[1] La présence du manganèse, même en faible quantité est facile à déceler en fondant une prise d'essai du minerai avec un mélange de carbonate et de nitrate alcalins. On forme ainsi du manganate alcalin qui colore la masse en vert. (Réaction très sensible).

pour les mêmes raisons que ci-dessus, la précipitation est répétée dans les mêmes conditions. Le nouveau précipité est calciné et pesé après lavage et dessiccation.

Les oxydes Fe^2O^3, Al^2O^3, Mn^3O^4 sont redissouts dans l'acide chlorhydrique. On sépare ensuite le fer et l'aluminium du manganèse au moyen de l'acétate sodique. (V. pour les détails de cette opération, l'*Analyse des minerais de fer manganésifères*, p. 159.)

MARCHE A SUIVRE POUR L'ANALYSE DES MINERAIS DE ZINC RICHES EN FER. — Lorsqu'on a affaire à des minerais très ferrugineux, contenant 10 à 20 p. 100 de fer, il est très avantageux de se débarrasser du fer dès le début de l'analyse. V. Hassreidter arrive à ce résultat en utilisant la propriété que possède le chlorure ferrique de se dissoudre dans l'éther (Rothe). (V. p. 153.) Il indique le mode opératoire suivant :

On attaque 2,5 gr. du minerai exactement comme dans le cas du dosage du zinc. (V. p. 177.) L'attaque est suivie de deux évaporations en présence d'acide chlorhydrique afin d'éliminer complètement l'acide nitrique et de transformer entièrement les nitrates en chlorures.

Le résidu de la seconde évaporation est repris par 20 centimètres cubes d'acide chlorhydrique de densité 1,105 ; on filtre à travers un petit filtre et on reçoit le liquide dans un entonnoir à robinet de 200 centimètres cubes de capacité ; le résidu est lavé avec de l'acide chlorhydrique, densité 1,105 ; l'ensemble du filtrat et de l'acide de lavage ne doit pas dépasser 60 centimètres cubes. On ajoute ensuite 50 centimètres cubes d'éther, on bouche l'entonnoir et on agite à plusieurs reprises, en même temps qu'on fait tomber sur l'entonnoir un courant d'eau froide. On laisse ensuite en repos pendant quelques minutes pour permettre à la couche éthérée contenant le fer de se séparer, puis, ouvrant le robinet, on recueille dans une capsule la couche d'acide qui contient les métaux autres que le fer. Le robinet étant refermé, on verse dans l'entonnoir 40 centimètres cubes d'acide chlorhydrique, densité 1,105, et 20 centimètres cubes d'éther, et on renouvelle l'extraction comme précédemment. La couche acide qui se sépare de l'éther est réunie au liquide acide de la première opération et l'ensemble est évaporé au bain-marie [1]. Le résidu d'évaporation est repris par 5 centimètres cubes d'acide chlorhydrique concentré et de l'eau. La solution ainsi obtenue contient tout le zinc, plomb, cuivre, cadmium, arsenic, antimoine, aluminium, manganèse, chaux et magnésie. On traite par l'acide sulfhydrique pour précipiter les métaux du groupe de l'arsenic et du cuivre, qu'on dosera ensuite d'après les indications données dans la méthode d'analyse complète exposée précédemment. (V. p. 193).

Le filtrat séparé de ce précipité est chauffé à l'ébullition pour éliminer l'acide sulfhydrique.

Si l'on veut doser le zinc, on transvase dans un matras jaugé de 500 centimètres cubes, on ajoute 20 centimètres cubes d'acide chlorhydrique, on traite par 100 centimètres cubes d'ammoniaque et, en présence de manganèse, par un peu d'eau oxygénée, et on achève le dosage du zinc par la méthode Schaffner [2]. (V. p. 177.)

---

[1] L'ensemble des liquides éthérés est mis en réserve, pour y rechercher, éventuellement, des traces de zinc, au cas où on voudrait doser ce métal dans la prise d'essai soumise à l'analyse.

[2] Il n'y a aucun inconvénient, au point de vue de l'exactitude du dosage du zinc, à ce qu'une petite quantité de fer échappe à l'extraction par l'éther et passe dans la solution zincique. La présence d'un

Si l'on a surtout en vue le dosage de l'alumine, du manganèse, de la chaux et de la magnésie, on précipite l'alumine et le manganèse par l'ammoniaque et le brome, et dans le filtrat on dose la chaux et la magnésie à la manière habituelle. (V. p. 78.)

RECHERCHE ET DOSAGE DU MERCURE DANS LES BLENDES. — On peut opérer par voie humide ou par voie sèche.

a. *Par voie humide.* — On traite au bain-marie 20 grammes du minerai, finement pulvérisé, par l'acide chlorhydrique concentré ajouté par portions successives. On additionne ensuite à plusieurs reprises de chlorate potassique solide, et l'on continue à chauffer (au bain-marie) jusqu'à ce que le chlore en excès soit, au moins en grande partie, éliminé. On dilue ensuite fortement le liquide, on filtre, et on traite le filtrat par l'acide sulfhydrique.

Le précipité qui se forme contient les métaux des groupes de l'arsenic et du cuivre. On le traite par le sulfure ammonique afin d'éliminer l'arsenic et l'antimoine, puis par l'acide nitrique dilué, qui dissout les sulfures de plomb, cuivre et cadmium, et laisse indissous le sulfure de mercure. Celui-ci est redissous dans le moins possible d'acide chlorhydrique bromé; on élimine l'excès de brome, puis on traite par l'acide phosphoreux en excès et on laisse en repos du jour au lendemain. Tout le mercure est précipité à l'état de chlorure mercureux HgCl, qu'on recueille sur filtre taré, lave à l'eau froide et pèse après dessiccation à 100°.

peu de fer est même nécessaire pour assurer la décomposition de l'eau oxygénée qu'on doit ajouter dans la suite de l'analyse, si l'on a affaire à un minerai manganésifère.

b. *Par voie sèche.* — On procède exactement comme pour le dosage correspondant dans les minerais de mercure. (V. plus loin.) La prise d'essai sera au minimum de 50 grammes.

DOSAGE DE L'ANHYDRIDE CARBONIQUE. — *Principe :* Décomposer les carbonates par l'acide chlorhydrique et faire absorber l'anhydride carbonique dégagé par de l'hydrate barytique.

Prises d'essai : Blendes : 2 à 5 grammes : calamines (crues) 0,5 gr.

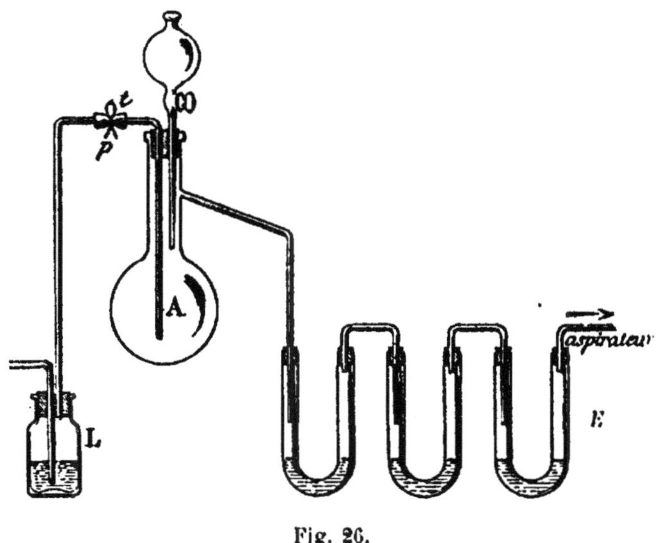

Fig. 26.

On peut faire usage de l'appareil suivant (fig. 26) :
Un ballon distillatoire A de 200 centimètres cubes de capacité environ est fermé par un bouchon à deux trous dans l'un desquels est engagé un entonnoir à robinet; dans l'autre passe un tube *t* descendant jusqu'au fond du ballon et relié avec un flacon laveur L contenant une solution de potasse caustique à 10 p. 100. La

communication entre le ballon et le laveur peut être établie ou rompue à volonté par le jeu de la pince *p*. Le tube latéral du ballon communique avec une série de trois éprouvettes de verre de 15 centimètres environ de hauteur et de **2** à **3** centimètres de diamètre. Ces éprouvettes sont chargées d'une solution saturée d'hydrate barytique. La dernière E est reliée à un aspirateur.

La prise d'essai étant introduite avec un peu d'eau dans le ballon, on verse petit à petit, par l'entonnoir à robinet, 25 centimètres cubes d'acide chlorhydrique au 1/5. L'anhydride carbonique produit par la décomposition des carbonates se dégage et vient former, au contact de l'hydrate barytique, un précipité de carbonate barytique. Lorsque le dégagement se ralentit, on chauffe progressivement à l'ébullition le contenu du ballon, en même temps qu'on balaye l'appareil au moyen d'un courant d'air débarrassé d'anhydride carbonique par son passage dans le laveur à potasse.

Lorsque l'opération est terminée, on filtre *rapidement* le contenu des tubes à travers un petit filtre plissé, on rince les tubes plongeant dans la baryte, et on lave à l'eau chaude le carbonate barytique restant sur le filtre.

Si l'on a soin de choisir convenablement le papier à filtrer, la filtration et le lavage sont terminés sans que l'anhydride carbonique de l'air ait pu occasionner d'erreur en transformant de la baryte en carbonate.

Le carbonate barytique lavé est redissous dans le moins possible d'acide chlorhydrique, et le baryum est dosé à l'état de sulfate au moyen de l'acide sulfurique. (V. p. 48.) Chaque molécule de $BaSO_4$ correspond à une molécule de CO_2.

DOSAGE DES SULFATES. — On traite au bain-marie 5 grammes du minerai finement pulvérisé par 50 centimètres cubes d'acide chlorhydrique au 1/10. Au bout d'une demi-heure de contact pendant laquelle on a agité de temps à autre, on filtre et on lave le résidu insoluble. Le filtrat et les eaux de lavage sont évaporés à peu près complètement, afin d'éliminer en très grande partie l'acide chlorhydrique ; on reprend finalement par l'eau et on précipite l'acide sulfurique à l'ébullition par le chlorure barytique (V. p. 48).

RECHERCHE ET DOSAGE DU FLUOR DANS UNE BLENDE
(OU AUTRE MINERAI DE ZINC)

Intérêt que présente ce dosage. — La présence du fluor dans les blendes est surtout préjudiciable lorsque les gaz du grillage sont utilisés pour la fabrication de l'acide sulfurique. Pendant le grillage, en effet, une partie du fluor se dégage à l'état d'acide fluorhydrique, une autre partie passe, sous l'action de la silice du minerai, à l'état de fluorure de silicium ; l'acide fluorhydrique corrode les parois des fours et des appareils qui les relient aux chambres de plomb ; le fluorure de silicium, au contact de l'eau, se transforme en acide fluosilicique et en silice gélatineuse (H^2SiO^3) ; le premier peut, à son tour, se décomposer en HFl et SiFl⁴ ; quant à l'acide silicique, il se mélange à l'acide de chambre sous forme de masse gélatineuse, altérant le produit, en rendant la manipulation difficile, entravant complètement, en un mot, la fabrication.

Le fluor se trouve dans les minerais fluorifères à l'état de fluorine ($CaFl^2$) ; sa teneur atteint parfois plusieurs pour cent.

Principe du dosage. — Transformer le fluor en fluorure de silicium SiFl⁴; amener celui-ci à l'état de fluosilicate de potassium K²SiFl⁶ qu'on pèse.

Marche à suivre (E. Prost et F. Balthazar). — L'appareil à employer (fig. 27) se compose d'un matras de 250 à 300 centimètres cubes de capacité, muni d'un bouchon à trois trous dont l'un porte un entonnoir à

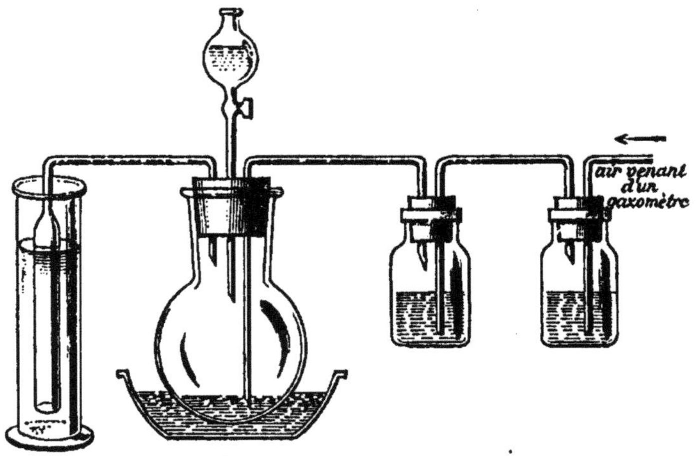

Fig. 27.

robinet; dans le second est fixé un tube par lequel on peut faire arriver un courant d'air desséché par son passage dans des flacons laveurs chargés d'acide sulfurique concentré; enfin le bouchon porte encore un tube de dégagement à double courbure soudé à un tube plus large (12 à 16 millimètres de diamètre intérieur) plongeant dans une éprouvette contenant environ 50 centimètres cubes d'eau. La partie inférieure du matras est plongée dans un bain d'huile qui, pendant toute la durée de l'opération, est maintenu à la température de 160°-170°.

On opère, suivant la teneur présumée en fluor, sur 5 à 10 grammes du minerai qui doit être non seulement fine-

ment pulvérisé, mais bluté à travers un tissu très serré;
on mélange intimement à cette prise d'essai du quartz
calciné et soigneusement bluté : le poids de quartz à
employer dépend évidemment de la teneur en fluor et
aussi de la proportion plus ou moins grande de silice
existant dans le minerai; on peut, d'une manière générale, en employer une quantité égale à la moitié du
poids de la prise d'essai.

Le mélange est introduit dans le matras absolument
sec ; on fait arriver par l'entonnoir à robinet 50 centimètres cubes d'acide sulfurique densité 1,841 [1], puis, le
tube de dégagement plongeant dans l'eau de l'éprouvette,
on fait passer dans l'appareil un courant lent d'air sec,
et on élève la température du bain d'huile à 160°-170°.
Sous l'action combinée de l'acide sulfurique et de la
silice, la fluorine du minerai est décomposée, avec formation de fluorure de silicium qui se dégage et réagit
avec l'eau de l'éprouvette d'après l'équation :

$$3SiFl^4 + 4H^2O = 2H^2SiFl^6 + Si(OH)^4$$

Il se forme donc dans l'éprouvette un précipité de silice gélatineuse, et c'est là la raison pour laquelle le
tube de dégagement doit être large dans la partie en
contact avec l'eau, afin d'éviter les obstructions. On
laisse l'opération se continuer dans les conditions indiquées, pendant trois heures, temps pendant lequel on
agite le contenu du matras une dizaine de fois, afin
d'éviter la formation de grumeaux. Après trois heures
de chauffe, on ajoute 25 centimètres cubes d'acide sulfurique (densité 1,841) et on continue encore l'opération

[1] Cet acide s'obtient aisément en chauffant pendant une heure environ, dans une capsule en platine, l'acide concentré des laboratoires, de
façon qu'il y ait dégagement abondant de vapeurs blanches.

pendant une heure; ensuite, on filtre le contenu de l'éprouvette afin de séparer de la silice la solution d'acide fluosilicique; le lavage du précipité doit être fait avec un minimum d'eau; l'ensemble du filtrat et des eaux de lavage doit atteindre à peine 100 centimètres cubes: on ajoute du chlorure potassique en quantité suffisante pour transformer H^2SiFl^6 en K^2SiFl^6; en pratique 0,6 gr. à 0,8 gr. suffisent dans la plupart des cas. Enfin, après avoir additionné le liquide de son volume d'alcool, on laisse reposer du jour au lendemain le précipité de fluosilicate qui est alors recueilli sur un filtre (équilibré à l'aide d'un filtre de même poids), lavé avec un mélange : parties égales d'eau et d'alcool et desséché à 100° jusqu'à poids constant. Du poids du précipité, on conclut à la quantité de fluor.

L'opération, telle qu'elle vient d'être décrite, suppose la transformation intégrale du fluor du minerai en fluorure de silicium. En fait, dans la plupart des cas, une très faible quantité de fluor se dégage à l'état d'acide fluorhydrique et se retrouve, par conséquent, dans le filtrat du fluosilicate. Pour la doser, on neutralise par un hydrate alcalin le filtrat acide du fluosilicate, puis on concentre dans une capsule de platine jusqu'au volume de 100 centimètres cubes environ. On traite ensuite par du chlorure calcique qui précipite à l'état de fluorure calcique le fluor contenu dans le liquide, et précipite en même temps à l'état de carbonate calcique le peu de carbonate alcalin qui s'est formé pendant l'évaporation, aux dépens du léger excès d'hydrate ajouté pour neutraliser le liquide.

Le précipité est recueilli, lavé, calciné très modérément, puis traité par l'acide acétique; ce dissolvant laisse un résidu non dissous ; après évaporation à siccité, on re-

prend par l'eau et on filtre pour séparer le résidu insoluble formé de fluorure calcique qui est calciné et pesé ;
le poids du fluor correspondant est évidemment ajouté
à celui qu'on a obtenu à l'état de fluosilicate potassique.

Remarque. — Pour des essais courants, le dosage du
fluor dans le filtrat du fluosilicate peut être négligé sans
qu'il en résulte une erreur importante. Des essais spéciaux m'ont permis de constater que, généralement, la
quantité de fluor obtenue dans ce dosage, ne modifie
que de quelques centièmes pour cent le résultat obtenu
dans la première phase de l'opération.

DOSAGE DE LA PERTE A LA CALCINATION DES CALAMINES. —
On chauffe au rouge vif dans un creuset de platine 1 à
2 grammes de minerai pulvérisé et séché à 100°. On
s'assurera qu'une seconde calcination n'occasionne plus
de perte de poids.

Remarque. — Les calamines calcinées, telles qu'elles
arrivent aux usines, contiennent toujours une certaine
proportion d'anhydride carbonique due à la présence
de calcaire non décomposé.

DOSAGE DE LA PERTE AU GRILLAGE DES BLENDES. — Pour
déterminer cette perte, qui est généralement de 10 à
20 p. 100, on chauffe dans un four à moufle, sur un têt
en terre réfractaire taré, 5 grammes du minerai pulvérisé et séché. La température est élevée progressivement au rouge vif. Pendant l'opération, qui est continuée jusqu'à ce qu'on ne perçoive plus l'odeur de
l'anhydride sulfureux, on doit brasser à plusieurs reprises la masse, afin de renouveler les surfaces pour
faciliter l'oxydation.

On s'assurera qu'une seconde calcination de quelques minutes, n'occasionne pas de nouvelle diminution de poids.

B. Crasses et oxydes de zinc

On désigne sous ce nom des déchets qui sont retraités comme minerais de zinc et qui proviennent de la galvanisation, de la refonte du zinc préalable au laminage, etc. Ces déchets renferment souvent du chlore (provenant du décapage des tôles à galvaniser) et, parfois, de l'étain (provenant de soudure existant dans les zincs de refonte). La constatation de la présence de l'étain est très importante, parce que des oxydes contenant de l'étain, même en très faible quantité, donnent un zinc qui ne peut être laminé.

EXEMPLES DE COMPOSITION

Zn	52,85	68,35	77,00	82,70
Cl	1,80	4,80	2,00	1,20
Zn. utile [1] . .	51,05	63,55	75 00	81,50

Dosage du zinc. — On pèse une prise d'essai moyenne de 2,5 gr.[2], on ajoute environ 25 centimètres cubes d'eau, puis, petit à petit, 20 centimètres cubes d'acide chlorhydrique concentré et 5 centimètres cubes d'acide nitrique, densité 1,4. Lorsque l'attaque, d'abord assez violente, s'est ralentie, on chauffe quelque temps à l'ébullition, puis on évapore à siccité. La suite du dosage se fait exactement comme dans le cas des minerais (V. p. 177).

---

[1] On calcule le « zinc utile » en soustrayant de la teneur « zinc total » la teneur en chlore.

[2] V. p. 1. *Préparation des prises d'eau.*

Dosage du chlore. — On ajoute à une prise moyenne de 5 grammes, 40 centimètres cubes d'eau, puis on traite petit à petit par l'acide nitrique, densité 1,2 ; le liquide ne doit pas s'échauffer notablement, sinon il pourrait y avoir réaction entre l'acide nitrique et les chlorures, d'où perte de chlore. Lorsque l'action de l'acide nitrique paraît épuisée, on en ajoute encore environ 10 centimètres cubes ; on laisse encore en contact pendant une couple d'heures, puis on filtre, et dans le liquide on dose le chlore au moyen du nitrate d'argent, soit par titrimétrie, soit par pesée.

En présence d'étain, il se forme un composé d'oxyde d'étain et d'oxyde d'argent, ce qui fausse le résultat. Dans ce cas, avant de filtrer la solution nitrique résultant de l'attaque, on la sursature d'ammoniaque jusqu'à redissolution de l'hydrate zincique d'abord formé ; on dilue au volume de 250 centimètres cubes dans un matras jaugé, puis on filtre sur filtre sec ; on prélève 100 centimètres cubes du liquide, on acidule par l'acide nitrique et on dose le chlore par le nitrate d'argent.

Recherche et dosage de l'étain. — On fond, dans un creuset de porcelaine couvert, 2 grammes de matière avec un mélange de 5 grammes de carbonate sodique et 5 grammes de soufre en fleur (V. pour les détails p. 10). L'étain passe, dans ces conditions, à l'état de sulfo-stannate de sodium Na^2SnS^3 soluble dans l'eau. Après refroidissement, on épuise par l'eau chaude, on filtre, et dans le filtrat contenant le sulfo-stannate, on reprécipite l'étain à l'état de sulfure stannique par l'acide sulfurique dilué. Le précipité est recueilli sur un filtre, lavé avec une solution d'acétate ammonique à 1 p. 100, afin d'éviter qu'il passe à l'état colloïdal et séché. On l'enlève ensuite du filtre aussi complètement que possible, on incinère le filtre dans un creuset de porcelaine taré et on traite les cendres par deux gouttes d'acide nitrique afin de réoxyder l'étain réduit par le charbon. On réunit alors le précipité aux cendres du filtre et on calcine d'abord très doucement, jusqu'à ce qu'on ne perçoive plus l'odeur de l'anhydride sulfureux, puis au rouge vif. Après refroidissement partiel, on ajoute une pincée de carbonate ammonique en poudre et on calcine de nouveau. L'étain se trouve alors entièrement à l'état d'oxyde SnO^2 qu'on pèse.

C. Blanc de zinc (oxyde de zinc pur)

Ce produit, d'une extrême blancheur lorsqu'il est pur, s'emploie comme couleur au même titre que la céruse. Il a sur celle-ci l'avantage de ne pas noircir sous l'action de l'acide sulfhydrique, le sulfure de zinc étant blanc. L'analyse se résume dans la recherche des matières ajoutées frauduleusement, notamment les sulfate et carbonate de calcium, le sulfate de zinc, le sulfate barytique, la céruse, etc.; on y recherche aussi l'arsenic.

On dissout 10 grammes dans l'acide chlorhydrique dilué; s'il reste un résidu, il y a lieu d'y rechercher le baryum et le calcium; la solution acide est traitée par l'acide sulfhydrique à chaud; l'arsenic se précipite à l'état de sulfure jaune (As^2S^3) qu'on peut peser comme tel sur filtre taré, ou bien qu'on peut transformer en arséniate ammoniaco-magnésique NH^4MgAsO^4 (V. p. 196).

Si l'acide sulfhydrique donne un précipité noir, il y a lieu de rechercher le plomb en même temps que l'arsenic. Pour cela, on traite le précipité par une solution chaude de sulfure sodique à 10 p. 100 qui dissout l'arsenic à l'état de sulfo-sel et laisse le sulfure de plomb indissous. Après filtration, on recherche l'arsenic dans la solution sulfo-alcaline; le précipité restant est redissous dans l'acide nitrique dilué et chaud, et la solution est évaporée en présence d'acide sulfurique afin de transformer le plomb à l'état de sulfate, insoluble dans l'eau.

Le filtrat du précipité de sulfures, est chauffé à l'ébullition pour éliminer l'acide sulfhydrique en excès; on sursature ensuite par l'ammoniaque et on recherche le calcium par l'oxalate ammonique (précipité blanc d'oxalate calcique CaC^2O^4).

Pour rechercher les sulfates (le sulfate barytique et le sulfate de plomb exceptés), on traite 2 ou 3 grammes de matière par l'eau chaude; on filtre, et dans la solution, on précipite les sulfates par le chlorure barytique.

COMPOSÉS DU NICKEL ET DU COBALT

Le nickel se rencontre dans la nature à l'état d'arséniure $NiAs$, de sulfo-arséniure $NiS^2, NiAs^2$, de sulfure, etc. Son principal minerai est actuellement la Garnierite qui est essentiellement du silicate de nickel associé à des silicates de fer, calcium et magnésium.

Le cobalt se trouve surtout à l'état d'arséniure et de sulfo-arséniure $CoAs^2$ et $CoS^2, CoAs^2$.

En fait, la plupart des minerais de nickel contiennent plus ou moins de cobalt et inversement. Il n'y a donc pas lieu de séparer l'étude des composés des deux métaux au point de vue analytique.

Il convient de faire remarquer qu'une grande partie du nickel et du cobalt du commerce provient du traitement de sous-produits métallurgiques, parmi lesquels il y a surtout lieu de citer les mattes et les speiss, obtenus au cours de la fabrication du plomb.

L'analyse des minerais sulfurés et arsénicaux pourra se faire d'après les indications données plus loin pour l'analyse des speiss et des mattes. (V. p. 220 et suivantes). Nous considérerons spécialement ici l'analyse de la garniérite.

EXEMPLES DE COMPOSITION (d'après L. Campredon)

SiO²	50,00	40,50
CuO	0,20	0,39
Fe²O³	9,00	5,00
Al²O³	2,00	1.03
NiO	10,16	22,22
CoO	Traces	Traces
CaO	1,00	1,49
MgO	12,00	9,00
Eau combinée	15,60	20,32

La garniérite en poudre très fine est attaquable par
l'eau régale. On dissout, d'après L. Campredon, 1 gramme
dans 20 centimètres cubes d'eau régale et on évapore
à siccité. Le résidu est repris par quelques centimètres
cubes d'acide chlorhydrique et de l'eau [1]. On filtre pour
séparer le résidu insoluble, et, dans le filtrat acide, on
précipite le cuivre par l'acide sulfhydrique à l'état de
sulfure. Le précipité peut, après dessiccation, être calciné directement, la quantité de cuivre étant faible. On
obtient un mélange de $Cu²S + CuO$, c'est-à-dire de deux
composés dans lesquels la proportion de cuivre est la
même. Le filtrat du sulfure de cuivre est chauffé à l'ébullition pour éliminer l'acide sulfhydrique ; on réoxyde le
fer par quelques gouttes d'acide nitrique, puis après avoir
laissé refroidir, on basifie par le carbonate sodique et
on précipite le fer et l'alumine par l'acétate sodique [2].

[1] Si l'aspect du résidu fait craindre une attaque incomplète, on fondra
ce résidu avec du carbonate sodico-potassique (V. mise en solution des
matières minérales, p. 5). Ou bien on pèsera une nouvelle prise
d'essai qu'on désagrégera directement par les carbonates alcalins. La
masse fondue sera reprise par l'acide chlorhydrique et l'eau, et la silice
sera ensuite séparée. (V. *Analyse des argiles*, p. 121).

[2] Il est prudent, si la proportion de fer paraît élevée, de redissoudre,
après lavage, le précipité ferrique et aluminique et de répéter une
seconde fois la précipitation, ceci afin d'éviter que le nickel soit retenu
par le fer.

(V. pour les détails, *analyse d'un minerai de fer manganésifère*, p. 160).

Le filtrat acétique est chauffé jusqu'à ébullition et traité par l'acide sulfhydrique qui précipite les sulfures de nickel et de cobalt. Les sulfures sont recueillis, lavés et redissous dans l'eau régale. La solution des chlorures est évaporée à siccité en présence d'acide chlorhydrique en excès. Le résidu de l'évaporation est humecté par quelques gouttes d'acide chlorhydrique et repris par l'eau. On ajoute de l'ammoniaque dans la proportion de 60 centimètres cubes par 250 centimètres cubes de liquide, puis on électrolyse avec un courant de 1 ampère. (V. p. **224** : dosage électrolytique du nickel). Le nickel et le cobalt se déposent à l'état métallique sur la cathode. Lorsqu'un essai qualitatif ne permet plus de constater la moindre trace de ces métaux dans le liquide, on interrompt le courant, on lave avec précaution le dépôt métallique, d'abord avec de l'eau distillée, puis avec de l'alcool, et finalement avec de l'éther, et on pèse après dessiccation à basse température.

On dose ensuite le cobalt et on connaît ainsi par différence la teneur en nickel. Pour cela, on redissout le dépôt métallique dans quelques gouttes d'acide nitrique, on neutralise par l'hydrate potassique jusqu'à précipitation des hydroxydes de nickel et de cobalt, puis on redissout le précipité par l'acide acétique.

Dans la solution, qui doit être assez concentrée, on précipite le cobalt à l'état de nitrite cobaltico-potassique, au moyen d'une solution concentrée de nitrite potassique ajoutée en excès.

$$10KNO^2 + 4HNO^2 + 2Co(NO^3)^2 = K^6Co^2(NO^2)^{12}$$
$$+ 4KNO^3 + 2NO + 2HO^2$$

Après avoir laissé en repos du jour au lendemain, on s'assure qu'une nouvelle addition de nitrite ne donne plus de précipité. On filtre et lave avec une solution d'acétate potassique à 10 p. 100, à laquelle on ajoute un peu de nitrite ; ensuite on redissout le précipité dans l'acide chlorhydrique ; on évapore à siccité ; on reprend le résidu par 5 centimètres cubes d'acide chlorhydrique concentré et de l'eau, on ajoute de l'ammoniaque dans la proportion de 60 centimètres cubes par 250 centimètres cubes de liquide et on électrolyse en opérant exactement comme pour la précipitation des deux métaux faite précédemment.

Le filtrat acétique séparé des sulfures de nickel et de cobalt est chauffé à l'ébullition pour éliminer l'acide sulfhydrique et concentré s'il y a lieu ; on précipite ensuite la chaux par l'oxalate ammonique à l'état d'oxalate calcique (V. pour le dosage de la chaux dans l'oxalate p. 78).

Le filtrat séparé de l'oxalate calcique est concentré, puis additionné d'ammoniaque et traité par le phosphate ammonique, qui précipite la magnésie à l'état de phosphate ammonico-magnésique NH^4MgPO^4, qu'on dosera d'après les indications données, p. 80.

Remarque. — La séparation du nickel et du cobalt par le nitrite potassique est recommandable lorsque, comme dans le cas dont il vient d'être question, il y a peu de cobalt en présence de beaucoup de nickel. Dans le cas d'un produit riche en cobalt, on séparera le nickel en le précipitant par le brome et l'hydrate potassique en présence de cyanure potassique (V. plus loin, *analyse de l'oxyde de cobalt*).

ANALYSE DES SPEISS

Les métaux qui entrent en ligne de compte dans l'analyse de ces produits sont : Arsenic, antimoine, plomb, cuivre, argent, nickel, cobalt.

La composition des speiss et, notamment, leur richesse en nickel et cobalt est très variable comme le montrent les exemples d'analyses suivants :

As	24,31	26,43	25,31	26,11	18,65	12,15
Sb	—	—	—	—	10,82	9,00
Pb	6,09	10,24	1,04	2,30	6,60	12,14
Cu	2,52	25,34	2,64	1,16	17,18	19,85
Ag	287 g. par t.	586	92	123		
Ni	1,82	18,40	1,97	} 1,05	25,13	} 26,27
Co	0,47	—	0,84		10,70	
Fe	—	—	—	—	8,41	15.82
S	—	—	—	—	2,16	4,10

D'après A. Van de Casteele, l'analyse de ces produits sera faite le mieux de la manière suivante :

Dosage de l'arsenic. — *Principe :* transformer l'arsenic en acide arsénique, qu'on précipite directement par la liqueur magnésique à l'état d'arséniate ammoniacomagnésique en présence de tartrate alcalin destiné à maintenir les autres métaux en solution [1].

---

[1] Cette méthode très rapide est appliquée avec succès par A. van de Casteele, non seulement pour les speiss et les mattes, mais aussi pour le dosage de l'arsenic dans ses minerais. Elle est d'une exécution beaucoup plus facile que celle qui consiste à fondre la matière avec du carbonate sodique et du soufre et à séparer ensuite l'arsenic des divers métaux qui l'accompagnent. De nombreux essais que j'ai faits en collaboration avec M. E. von Winiwarter, m'ont prouvé que le dosage direct de l'arsenic donne des résultats exacts, quels que soient les métaux existant dans la matière analysée ; il est applicable même dans le cas de minerais ferrugineux contenant 60 p. 100 de fer.

Mode opératoire. — On traite 1 gramme de speiss pulvérisé par 15 centimètres cubes d'acide nitrique fumant ; on évapore la majeure partie de l'acide, puis on ajoute 7 à 8 centimètres cubes d'acide sulfurique conc. et on continue l'évaporation jusqu'à élimination complète de l'acide nitrique, autrement dit, jusqu'à formation de vapeurs blanches d'acide sulfurique. On laisse refroidir, puis on reprend par 50 centimètres cubes d'eau environ. Lorsque tout est dissous, à l'exception du sulfate de plomb, on filtre, on ajoute au filtrat 4 grammes d'acide tartrique dissous dans un peu d'eau, puis on neutralise par l'ammoniaque et on précipite par 15 à 30 centimètres cubes (suivant la teneur présumée en arsenic) de liqueur magnésique[1], qu'on ajoute petit à petit et en agitant. On additionne ensuite le liquide du 1/4 au moins de son volume d'ammoniaque concentrée, puis on laisse en repos du jour au lendemain. L'arsenic se précipite dans ces conditions à l'état d'arséniate ammoniaco-magnésique, parfaitement blanc et très cristallin[2].

On filtre après 12 heures de repos et on lave le précipité avec un mélange de 3 volumes d'eau et 1 volume d'ammoniaque concentrée ; on emploiera le moins possible de liquide de lavage (V. note 2). Le précipité est ensuite séché, puis transformé en pyroarséniate $Mg^2As^2O^7$ par calcination. Cette opération demande certaines précautions, afin d'éviter la réduction d'une partie de la matière et par suite des pertes d'arsenic par vola-

[1] Pour la préparation de ce réactif. (V. p. 103, note 2).

[2] Il ne faut pas perdre de vue que l'arséniate ammoniaco-magnésique est légèrement soluble, même dans l'eau ammoniacale. On doit donc en règle générale, opérer sa précipitation en solution aussi concentrée qu'il est pratiquement possible. Dans le cas qui nous occupe, le volume total, ammoniaque comprise, ne devra pas dépasser 200 à 250 centimètres cubes.

tilisation. On détache autant que possible le précipité du filtre. En fait, le précipité étant formé de cristaux, s'enlève avec la plus grande facilité à quelques milligrammes près. Le filtre est replacé dans l'entonnoir et humecté d'acide nitrique dilué (densité 1,2) et chaud, qui dissout très aisément le peu d'arseniate adhérant au papier; on lave à deux reprises avec très peu d'eau chaude et on reçoit le liquide dans un creuset taré; on évapore à siccité au bain-marie, puis on ajoute la masse du précipité et on calcine progressivement.

Le creuset muni de son couvercle est placé d'abord à 20 centimètres au moins d'une petite flamme et chauffé assez longtemps dans ces conditions; on augmente ensuite graduellement la température. Lorsque le fond du creuset est sur le point d'être porté au rouge, on enlève le couvercle et on achève la calcination au rouge vif. Si le précipité est abondant, il est avantageux, pour hâter la transformation en pyroarséniate, de le brasser une ou deux fois avec un fil de platine. On s'assurera par une seconde calcination que la transformation est complète.

Dosage de l'antimoine. — On peut utiliser pour ce dosage le filtrat du précipité arsenical. On évapore pour chasser l'ammoniaque, puis on neutralise par l'acide chlorhydrique et on précipite l'antimoine à l'état de sulfure par l'acide sulfhydrique. Le précipité est, après lavage, redissous dans le sulfure sodique et la solution, introduite dans une capsule de platine, est électrolysée à chaud avec un courant de deux ampères environ[1]. Le

---

[1] Pour un volume de liquide de 250 centimètres cubes environ, on emploiera 50 centimètres cubes Na²S, densité 1.2, l'électrolyse se faisant le mieux dans ces conditions.

dépôt d'antimoine, très blanc et très cohérent est lavé à courant interrompu à l'eau, à l'alcool et à l'éther et séché sur l'acide sulfurique (V. plus loin le dispositif et la manipulation; *Dosage électrolytique du cuivre*).

Dosage du cuivre. — On traite 1 à **2,5** gr. de matière par l'acide nitrique; on ajoute quelques centimètres cubes d'acide chlorhydrique, puis on évapore à siccité. Le résidu est humecté avec le moins possible d'acide chlorhydrique; on dilue ensuite avec de l'eau, puis on filtre. Dans le filtrat, on précipite directement le cuivre par l'hyposulfite sodique à l'état de sulfure cuivreux Cu^2S. Pour cela, on chauffe le liquide à l'ébullition et on ajoute ensuite de l'hyposulfite en léger excès. Il se forme d'abord un trouble brun qui, sous l'action de la chaleur, s'agrège rapidement en un précipité noir (Cu^2S). Ce précipité est recueilli, lavé, traité par du sulfure sodique pour enlever, le cas échéant, un peu de sulfure d'antimoine (V. alinéa suivant), puis redissous dans l'acide nitrique (densité **1,2**) à chaud. La solution est ensuite électrolysée (V. p. 254).

Dosage du plomb (de l'antimoine), du nickel et du cobalt. — On prépare une solution chlorhydrique de 1 à 5 grammes de speiss (suivant composition présumée), exactement comme dans le cas du dosage du cuivre (V. plus haut). La solution étant traitée par l'acide sulfhydrique, on obtient un précipité qui contient arsenic, antimoine, plomb, cuivre. Ce précipité est séparé et traité après lavage par le sulfure sodique afin d'enlever à l'état de sulfo-sels l'arsenic et l'antimoine. L'entonnoir étant retourné la douille en haut, au-dessus d'un gobelet de verre, on fait tomber le précipité à l'aide du jet de la pissette, et en employant le moins d'eau possible; on ajoute 15 centimètres cubes d'une solution de sulfure sodique à 10 p. 100 et on chauffe au bain-marie jusqu'à ce que les sulfures de cuivre et de plomb, insolubles dans le réactif, se séparent bien complètement du liquide surnageant. On filtre à travers le filtre qui contenait le précipité, et l'on redissout, après lavage, les sulfures de cuivre et de plomb dans l'acide nitrique dilué (densité 1,2) et chaud; dans la solution, on dose le plomb à l'état de sulfate (V. pour les détails, p. 193).

Le filtrat séparé du précipité des sulfures d'arsenic, antimoine, plomb et cuivre sert au dosage du nickel et du cobalt. On le fait bouillir pour chasser l'acide sulfhydrique; on ajoute 5 centimètres cubes d'acide nitrique pour réoxyder le fer, puis on évapore à siccité en présence d'acide chlorhydrique; le résidu est repris par l'acide chlorhydrique; une nouvelle évaporation à sec assure l'élimination complète de l'acide nitrique en excès. Le résidu de la nouvelle évaporation est entièrement formé de chlorures; on le reprend par de l'acide chlorhydrique de densité 1,105 et on le traite par l'éther afin d'enlever le fer. (Pour la théorie du procédé et le détail du mode opératoire, v. p. 153). La solution chlorhydrique, exempte de fer, est neutralisée par l'ammoniaque; le cas échéant, on filtre pour séparer quelques flocons d'hydrate ferrique, provenant d'une trace de fer non enlevée par l'éther, puis on ajoute 60 centimètres cubes d'ammoniaque pour un volume d'environ 250 centimètres cubes et on électrolyse avec un courant de 1 ampère. Le nickel et le cobalt se déposent au pôle négatif. Lorsque l'opération est achevée, c'est-à-dire lorsqu'un essai qualitatif ne permet plus de constater la présence du nickel ou du cobalt, on interrompt le courant, on lave le dépôt jusqu'à élimination de tout sel métallique, on déplace l'eau par l'alcool et l'alcool par l'éther, et on pèse après dessiccation à basse température. La séparation des deux métaux peut se faire d'après les indications données p. 218.

Dosage de l'argent. — (V. p. 263), le chapitre du dosage de l'argent).

ANALYSE DES MATTES

Les mattes sont, comme les speiss, des sous-produits de la métallurgie du plomb qui peuvent contenir à l'état de sulfures, sensiblement les mêmes métaux que les speiss.

EXEMPLES DE COMPOSITION

Sb	—	0,75
As	—	0,51
Cu.	25,91	21,60
Pb.	0,01	31,59
Ni + Co	—	1,13
Zn.	—	3,85
Ag	6416 gr. par t.	580 gr. par t.

À part quelques détails, l'analyse se fait comme dans le cas des speiss (V. p. 220).

Dosage de l'arsenic et de l'antimoine. — Comme dans les speiss, sauf que la prise d'essai sera de 5 grammes. Pour doser l'antimoine dans le filtrat de l'arséniate ammoniaco-magnésique acidulé par l'acide chlorhydrique, on précipitera d'abord le cuivre par l'hyposulfite (V. p. 223), puis l'antimoine par l'acide sulfhydrique. Le sulfure d'antimoine sera redissous dans le sulfure sodique et la solution soumise à l'électrolyse (V. p. 254).

Dosage du plomb. — On traite 1 gramme de matte par 10 centimètres cubes d'acide nitrique; après avoir laissé agir un certain temps, on ajoute 10 centimètres cubes d'acide chlorhydrique ; on évapore à peu près à sec, puis on ajoute 10 centimètres cubes d'acide sulfurique concentré, et on continue l'évaporation jusqu'à dégagement de fumées blanches d'acide sulfurique ; on laisse refroidir, on dilue, et l'on a un résidu qui contient, notamment, tout le plomb à l'état de sulfate. Ce résidu est, après lavage, mis en digestion dans le tartrate ammonique ammoniacal[1] à chaud, afin de dissoudre le sulfate de plomb. On filtre, lave le résidu avec du tartrate dilué et chaud et, dans le liquide, on reprécipite le sulfate de plomb par l'acide sulfurique en excès. Le dosage du plomb s'achève par la méthode ordinaire (V. p. 198).

Dosage du cuivre. — Comme dans les speiss (V. p. 223).

Dosage du nickel et du cobalt. — Comme dans les speiss (V. p. 223).

Dosage de l'argent. — (V. p. 263, le chapitre du dosage de l'argent.)

DOSAGE DU NICKEL DANS L'OXYDE DE COBALT COMMERCIAL

EXEMPLES DE COMPOSITION

Co.	37,43	31,74	33,40
Ni	5,70	8.09	6.11

A. van de Casteele opère cette opération délicate de la façon suivante : on dissout une prise d'essai de 1 gramme dans un mélange de 10 centimètres cubes

---

[1] Pour la préparation de ce réactif. voir p. 194. Note 1.

d'acide chlorhydrique concentré et de 2 centimètres cubes d'acide nitrique concentré. Après avoir évaporé à siccité, on reprend par 5 centimètres cubes d'acide chlorhydrique concentré, puis par l'eau, sans dépasser le volume de 100 centimètres cubes et on traite par l'acide sulfhydrique pour éliminer les métaux des groupes de l'arsenic et du cuivre. On filtre, fait bouillir pour éliminer l'acide sulfhydrique, évapore à peu près à sec et réoxyde le fer par quelques cristaux de chlorate potassique. Ensuite on dilue avec de l'eau et on neutralise aussi exactement que possible au moyen d'hydrate potassique, en employant vers la fin une solution très diluée, de manière à ne pas précipiter le fer.

On ajoute ensuite 3 à 4 grammes de cyanure potassique dissous dans un peu d'eau, puis on rend alcalin par la potasse. On fait bouillir, filtre pour séparer ce qu'il peut y avoir de fer précipité et lave à l'eau chaude. Le filtrat est reçu dans un matras de 1 litre qu'on tient immergé dans de l'eau très froide, afin de refroidir fortement le liquide. On ajoute ensuite par petites portions du brome, en ayant soin de maintenir le liquide alcalin, par des additions de potasse en solution concentrée. A un moment donné le précipité d'hydrate nickelique se forme et tout le contenu du matras devient noir.

$$9Br^2 + 6KOH + \underset{4KCN,2Ni(CN)^2}{K^4Ni^2(CN)^8} = Ni^2(OH)^6 + 10\,KBr + 8\,BrCN$$

On fait une dernière addition de brome et de potasse pour assurer la précipitation complète du nickel.

Pendant toute l'opération qui vient d'être décrite, le contenu du matras doit être vigoureusement agité et maintenu aussi froid que possible. En général, 5 centimètres cubes de brome suffisent pour précipiter tout le nickel. On ajoute ensuite de l'eau bouillante jusqu'à ce que le volume total du liquide soit d'environ 800 centimètres cubes; puis, on chauffe au bain de sable jusqu'à dépôt complet du précipité. Celui-ci est ensuite lavé à l'eau chaude, puis redissous dans l'acide chlorhydrique. La solution est neutralisée par l'ammoniaque et électrolysée (V. p. 224); on connaît ainsi la teneur en nickel.

Le dosage du Cobalt se fait généralement par différence. Pour cela, on dose en bloc le nickel et le cobalt dans une prise d'essai spéciale. L'oxyde de cobalt du commerce contenant bien souvent assez de fer, on sépare d'abord par l'ammoniaque la majeure partie du cobalt et du nickel d'avec le fer. Le précipité ferrique qui a retenu une certaine quantité des deux métaux, est redissous dans l'acide chlorhydrique ; la solution est évaporée et le résidu est repris par l'acide chlorhydrique, densité 1,105 ; puis le fer est enlevé par l'éther (V. p. 153). La solution aqueuse séparée de la solution éthérée de chlorure ferrique est réunie à la solution principale de cobalt et de nickel, et dans l'ensemble, on dose les deux métaux par électrolyse (V. p. 224).

Il est plus commode d'opérer comme il vient d'être dit, que de séparer le fer du cobalt et du nickel, par une série de précipitations par l'ammoniaque.

COMPOSÉS DU PLOMB

Le minerai de plomb le plus important est le sulfure de plomb, ou galène, PbS qui, à l'état pur, contient près de 87 p. 100 de métal. En pratique, la galène est presque toujours argentifère ; la proportion d'argent varie de moins de 100 grammes à plusieurs kilogrammes par tonne. Outre l'argent, on rencontre dans la galène, en quantités variables, les divers éléments qui ont été signalés comme étant aussi associés au sulfure de zinc, c'est-à-dire l'arsenic, l'antimoine, le cuivre, le cadmium, le fer, le zinc, le nickel, le cobalt, etc.

Parfois, la proportion de zinc est très élevée ; on a alors ce qu'on appelle des minerais mixtes participant à la fois de la galène et de la blende.

Voici quelques exemples de composition :

Pb	49,28	79,70	65,56	72,20	59,24
Zn	5,93	0,22	0,20	4,70	13,15
Ag	0,08	0,0'5	0,07	0,04	0,68
As	—	—	—	Tr.	Tr.
Sb	0,11	0,16	0,31	0,19	0,72
Cu	0,04	0,20	0,34	0,12	0,15
Cd	0,02	0,02	—	—	0,17
Fe	11,50	0,38	6,30	1,31	2,33
Al^2O^3 . . .	0,68	0,45	0,80	0,10	0,45
CaO	0,20	0,50	0,50	0,13	0,74

MgO	0,20	Tr.	0,36	0,15	0,20
Mn	—	Tr.	Tr.	—	—
S	24,10	12,12	13.50	14,78	18.53
Gangue si-liceuse .	7,04	3,00	4,59	4,67	2,51

A côté de la galène, on peut citer comme minerais de plomb, notamment, la cérusite $PbCO^3$, l'anglésite, $PbSO^4$, et la pyromorphite $3\ Pb^3\ (PO^4)^2,\ PbCl^2$.

Les cendres plombeuses des fours à zinc, dans lesquelles est concentré le plomb existant dans les minerais de zinc traités, servent aussi à alimenter l'industrie du plomb, et peuvent, pour cette raison, être considérées jusqu'à un certain point comme minerai. Ces cendres, telles qu'elles sortent des fours, ne contiennent qu'une faible proportion de plomb; elles sont, en général, notablement enrichies par la préparation mécanique.

Voici quelques indications au sujet de leur composition :

Cendres brutes

Environ   4 à 9 p. 100 de plomb.
Environ 150 à 350 grammes d'argent par tonne.

Cendres lavées

Teneurs extrêmes constatées dans 12 échantillons de provenances différentes (V. Hassreidter).

Zn.	2,88 à 13,22 p. 100
Pb.	22,21 à 52,10
Ag.	200 à 600 grammes par tonne.
As.	Traces à 1,83
Cu	0,00 à 1,66
Fe	14,43 à 27,20
Al^2O^3.	2,31 à 9,80
CaO.	3,40 à 10,00
MgO	0,00 à 2,10
S.	1,12 à 7,37
SiO^2	11,28 à 33,00

Je citerai encore comme matières plombeuses achetées par les usines à plomb, le sulfate de plomb, généralement argentifère, (boues de chambres de plomb) provenant des chambres de plomb servant à la fabrication de l'acide sulfurique.

Ce produit est livré à différents états de dessiccation. Il forme parfois une bouillie épaisse contenant, à côté du sulfate de plomb, de l'eau, de l'acide sulfurique et des sulfates de zinc, fer, etc.

EXEMPLES DE COMPOSITION

Plomb	Argent par tonne de plomb.
35,16 p. 100	257 grammes
38,92 —	286 —
44,31 —	216 —
47,70 —	300 —

ANALYSE DES MINERAIS DE PLOMB

Le dosage des principaux métaux qui accompagnent le plomb dans ses minerais peut se faire d'après les indications données à propos de l'analyse des minerais de zinc, (p. 193) des speiss (p. 220) et des mattes. (p. 225).

DOSAGE DU PLOMB PAR VOIE SÈCHE

Le plomb est généralement dosé par voie sèche. En principe, l'opération est la même que celle qui a été décrite à propos du dosage du plomb dans les blendes (Voir p. 186). Le minerai est fondu, le mieux dans un creuset de fer, en mélange avec un fondant alcalin réducteur composé de carbonate sodique, de borax et de tartre. Le plomb réduit englobe tout l'argent (et l'or), que peut contenir le minerai. Si le minerai est cuivreux, une certaine quantité de cuivre se dissout dans le plomb; s'il contient de l'antimoine, la majeure partie de cet élément passe dans le métal réduit.

Mode opératoire. — Le mélange à fondre se fera dans les proportions suivantes :

1° Matière riche en plomb (galène proprement dite)

Minerai finement pulvérisé . .	20 grammes
Carbonate sodique sec	40 —
Borax anhydre	20 —
Tartre	4 —

2° Matière pauvre en plomb

Minerai.	20 grammes
Carbonate sodique sec	50 —
Borax	25 —
Tartre.	4 —

Le mélange est introduit dans un creuset de fer forgé d'environ 250 centimètres cubes de capacité, puis on le recouvre d'une couche de 10 grammes de carbonate sodique, et on place le creuset, soit dans un four à vent chauffé au coke et muni d'un registre permettant de régler le tirage, soit dans un four à gaz. L'opération doit être conduite de façon que la fusion se fasse progressivement, afin d'éviter les bouillonnements et les projections qui en résultent. Lorsque la masse est en fusion à peu près tranquille, on nettoie, au moyen d'une tige de fer effilée, les parois du creuset afin d'en détacher les globules de plomb qui peuvent y adhérer; on recouvre alors le creuset d'un couvercle en terre réfractaire et on laisse l'opération s'achever complètement; pendant cette dernière phase, on diminue autant que possible le tirage. La température doit être suffisante pour volatiliser le zinc; cette volatilisation doit, toutefois, se faire lentement, afin d'éviter, dans la mesure du possible, les pertes de plomb par entraînement. On observe de temps à autre la marche de l'opération en soulevant le couvercle du creuset. Lorsque la masse est en fusion absolument tranquille, et qu'on ne remarque plus le moindre dégagement de gaz, la fusion peut être considérée comme terminée. On supprime alors complètement le tirage, on nettoie de nouveau les parois du creuset, puis on retire ce dernier du fourneau; on le saisit en son milieu à l'aide d'une pince à branches courbes, et l'on décante le plus possible la scorie qui surnage le plomb. On coule ensuite celui-ci dans une lingotière plate. Avec un peu d'habileté, on arrive à ne pas laisser trace de plomb dans le creuset, et à obtenir d'emblée un culot absolument exempt de scorie et qui peut être pesé directement. En multipliant par 5 le poids de ce culot, on a la teneur centésimale en plomb du minerai.

Nous avons vu que le plomb obtenu par voie sèche peut contenir, outre l'argent (et l'or), de l'antimoine, du cuivre et du bismuth. Si la quantité de ces métaux est notable, il est nécessaire de tenir compte de leur présence dans le plomb. Dans ce cas, on dissout une partie du culot obtenu, réduit préalablement en lame mince, par un mélange d'acide tartrique et d'acide nitrique (dilué d'environ trois fois son volume d'eau). La solution, additionnée de quelques centimètres cubes d'acide sulfurique dilué, est évaporée jusqu'à élimination de tout l'acide nitrique; le sulfate de plomb est finalement recueilli et dosé. (On se conformera aux indications données à propos du dosage du plomb dans le plomb dur, voir plus loin : Deuxième partie).

Dans des mains exercées, le dosage du plomb par voie sèche donne des résultats très satisfaisants au point de vue industriel; dans nombre de cas, les causes d'erreur dont il est entaché, perte par volatilisation, dissolution de petites quantités de cuivre, etc., dans le plomb, se compensent.

DOSAGE DU PLOMB PAR VOIE HUMIDE

Dans le cas de minerais dans lesquels les teneurs en cuivre, antimoine, etc., se chiffrent par plusieurs p. 100, le plomb devra être dosé par voie humide. On procédera d'après les indications données au sujet du dosage du plomb dans les mattes. (V. p. 225.)

Dosage de l'argent (et de l'or). — (V. le chapitre du dosage de l'argent p. 263).)

ANALYSE DES CENDRES PLOMBEUSES DES FOURS A ZINC

a. *Cendres brutes* (telles qu'elles sont retirées des creusets). La valeur de ces sous-produits s'établit d'après la teneur en plomb et en argent.

Dosage du plomb. — On pèse 3 grammes d'un échantillon moyen aussi finement pulvérisé que possible et on attaque par 10 centimètres cubes d'acide nitrique concentré (densité 1, 4). On chauffe jusqu'à cessation de dégagement de vapeurs rutilantes, puis on ajoute 25 centimètres cubes d'acide chlorhydrique concentré et on évapore à siccité. Le résidu de l'évaporation est repris par 5 centimètres cubes d'acide chlorhydrique, puis additionné de 50 centimètres cubes d'eau. On fait bouillir, on décante sur un filtre et on renouvelle le lavage par décantation à l'eau chaude, jusqu'à ce que tout le chlorure de plomb soit enlevé. L'ensemble des liquides est traité par l'acide sulfhydrique, jusqu'à précipitation complète du plomb et des autres métaux des groupes de l'arsenic et du cuivre qui l'accompagnent; le précipité est recueilli, lavé et traité à la température du bain-marie, par une solution de sulfure sodique à 10 p. 100. afin d'enlever les sulfures d'arsenic et d'antimoine. Le résidu est traité à chaud, par l'acide nitrique, densité 1,2, qui dissout le plomb à l'état de nitrate; la solution est évaporée après addition de 5 centimètres cubes d'acide sulfurique concentré, jusqu'à formation de vapeurs blanches. Tout l'acide nitrique est alors éliminé et le plomb se trouve entièrement à l'état de sulfate. On reprend par l'eau et on dose le sulfate de plomb, d'après les indications données p. 198.

Dosage de l'argent. — (V. plus loin : *Dosage de l'argent dans les cendres plombeuses*, au chapitre consacré au dosage de l'argent p. 271).

b. *Cendres plombeuses lavées.* — La connaissance de la composition de ces produits est nécessaire parce-qu'elle entre en ligne de compte pour établir la composition des charges des fours à plomb dans lesquels les cendres sont traitées. Outre le plomb et l'argent, on dosera les éléments suivants : charbon, silice, arsenic, antimoine, cuivre, zinc, fer, alumine, chaux, magnésie. soufre.

Dosage du plomb et de l'argent. — On dose ces métaux par voie sèche exactement comme dans les minerais de plomb, (V. p. 231 et 234). Il arrive, à cause de la grande quantité de fer que contiennent les cendres (parfois

30 p. 100), qu'il reste dans le creuset un résidu pâteux pouvant retenir des globules de plomb. Dans ce cas, on ajoute au résidu 30 grammes environ de fondant (carbonate sodique et borax), et on soumet de nouveau à la fusion de façon à rassembler au fond du creuset les globules de plomb disséminés dans la masse.

Dosage du carbone, de la silice et des métaux autres que le plomb et l'argent. — On traite 3 grammes de cendres pulvérisées par 10 centimètres cubes d'acide nitrique concentré et 30 centimètres cubes d'acide chlorhydrique concentré et on évapore à siccité. Le résidu est repris par 10 centimètres cubes d'acide chlorhydrique, puis par de l'eau chaude; on filtre à chaud sur deux filtres de même poids, emboîtés l'un dans l'autre, et on lave à l'eau chaude jusqu'à élimination de tout le chlorure de plomb. Le résidu restant sur les filtres est formé de charbon et de silice ; on sèche à 100°, puis on déboîte les deux filtres et on calcine dans un creuset fermé, entouré de fragments de coke afin d'éviter l'accès de l'air, le filtre chargé du résidu. Le poids P, constaté après calcination, se compose du poids de la silice, du charbon, des cendres et du charbon du filtre. On enlève ensuite le couvercle et on calcine au contact de l'air. Le nouveau poids P', observé à la suite de cette calcination, correspond aux matières siliceuses.

On a, d'autre part, calciné en creuset fermé, avec les mêmes précautions que ci-dessus, le second filtre, et pesé le carbone restant, dont le poids est le même que celui laissé par la carbonisation de l'autre filtre. Soit p ce poids. Le poids du charbon des cendres est donné par la relation : P — (P' + p).

La solution acide séparée du charbon et de la silice,

est traitée par l'acide sulfhydrique. Dans le précipité obtenu, on dose l'antimoine, l'arsenic et le cuivre, comme s'il s'agissait d'un minerai (V. p. 231). Le nouveau filtrat est chauffé à l'ébullition pour éliminer l'acide sulfhydrique, puis additionné de 5 centimètres cubes d'acide nitrique pour réoxyder le fer et évaporé à siccité. Le résidu est repris par 5 centimètres cubes d'acide chlorhydrique ; on évapore de nouveau pour assurer l'élimination complète de l'acide nitrique. Le nouveau résidu est repris par de l'acide chlorhydrique, de densité 1.105, et soumis à l'extraction par l'éther, afin d'éliminer le fer. (V. pour les détails, p. 153). Dans la solution aqueuse séparée de la solution éthérée de chlorure ferrique, on dose le zinc, l'aluminium, la chaux et la magnésie, d'après les indications données à propos de l'analyse des minerais de zinc ferrugineux. (V. p. 202).

Le dosage du fer pourra se faire dans le résidu d'évaporation d'une partie de la solution éthérée de chlorure ferrique.

Dosage du soufre. — On fond dans un creuset de porcelaine 1,5 grammes de cendres finement pulvérisées avec 10 grammes d'un mélange de 2 parties de nitrate potassique pour 3 parties de carbonate sodicopotassique. Le soufre est alors transformé en sulfate alcalin. La masse fondue est, après refroidissement, épuisée par l'eau chaude. Dans la solution obtenue, on fait passer un courant d'anhydride carbonique, afin de précipiter le plomb qui peut être passé en solution. On filtre, on lave le résidu avec de l'eau chaude, on acidule la solution par l'acide chlorhydrique et on précipite le soufre par le chlorure barytique, comme dans le cas du dosage correspondant dans la blende (V. p. 189).

ANALYSE DU SULFATE DE PLOMB (BOUES DE CHAMBRES DE PLOMB)

L'analyse comprend généralement les dosages du plomb et de l'argent. L'échantillon, qui forme souvent une bouillie plus ou moins épaisse, (V. p. 231) est d'abord brassé dans une capsule de porcelaine jusqu'à ce qu'on puisse admettre que la bouillie est bien homogène. On prélève à ce moment, sans laisser la matière se tasser de nouveau, une prise d'essai de 150 à 200 grammes, qu'on introduit dans une capsule de porcelaine tarée, puis on calcine avec précaution jusqu'à élimination aussi complète que possible de l'eau et de l'acide sulfurique.

Après avoir laissé refroidir sous l'exsiccateur, on pèse. La différence de poids correspond aux matières dégagées.

La matière sèche, formant une masse assez compacte, est détachée de la capsule, broyée et mélangée avec soin. On y dose ensuite le plomb sur des prises d'essai de 20 grammes, en opérant par voie sèche comme dans le cas des minerais de plomb riches (V. p. 231).

Le dosage de l'argent se fait en fondant des prises d'essai de 20 grammes additionnées de 15 grammes de litharge, exactement comme s'il s'agissait du dosage du plomb. Les culots obtenus sont ensuite coupellés.

Observation. — Si la matière ne contient que peu d'argent, ce qui est généralement le cas, on peut se borner à coupeller les culots provenant du dosage du plomb. Pour des analyses précises, il est recommandable, cependant, de faire en tout cas, un essai de contrôle avec litharge. Le cas échéant, on tiendra compte de l'argent contenu dans la litharge.

Les résultats de l'analyse sont rapportés à la matière humide pour le plomb, et à la tonne de plomb métallique pour l'argent.

DOSAGE DU PLOMB DANS LES SPEISS (V. p. 223).

DOSAGE DU PLOMB DANS LES MATTES (V. p. 225).

DOSAGE DU PLOMB DANS LE PLOMB DUR (V. plus loin : Deuxième partie, analyse du plomb dur).

MINIUM

La valeur commerciale du minium dépend de sa teneur en Pb^3O^4 et de la quantité d'impuretés qu'il contient. H. Forestier dose le Pb^3O^4 dans le minium par un procédé qui repose sur la réaction suivante :

$$Pb^3O^4 + 4C^2H^4O^2 = PbO^2 + 2Pb(C^2H^3O^2)^2 + 2H^2O$$

On traite 1 gramme de minium en poudre par 10 centimètres cubes d'acide acétique à 10° et 20 centimètres cubes d'eau distillée ; on chauffe pendant une demi-heure au bain-marie, puis on recueille le peroxyde PbO^2 sur filtre taré et on le pèse.

La recherche des impuretés se fait, d'après le même auteur, de la façon suivante : On ajoute à 10 grammes de minium 10 grammes de sucre en solution dans 50 à 60 centimètres cubes d'eau bouillante, puis 10 centimètres cubes d'acide nitrique, densité 1,33 ; on agite jusqu'à disparition de toute teinte rouge, puis on filtre le résidu insoluble sur un filtre taré et on le pèse.

Si la proportion d'impuretés est importante, il est préférable de chauffer le mélange pendant un quart d'heure.

CÉRUSE

La céruse pure présente, d'après G. Lunge, une composition exprimée par $2\,PbCO^3 + Pb\,(OH)^2$. Le pouvoir couvrant serait renforcé par l'accroissement de la teneur en hydrate de plomb; inversement, un excès de carbonate aurait pour effet de le diminuer.

D'après le même auteur, le produit commercial contiendrait de 1 à 2 1/2 p. 100 d'eau, 83 à 87 1/2 p. 100 d'oxyde de plomb, 11 à 16 p. 100 d'anhydride carbonique.

L'analyse comprendra, outre les dosages du plomb et de l'anhydride carbonique, la recherche des substances ajoutées dans un but frauduleux ; telles sont le sulfate et le carbonate de baryum, l'argile, le sulfate de calcium, la craie, etc. On opérera cette recherche en suivant les méthodes ordinaires de l'analyse qualitative.

COMPOSÉS DU MERCURE

Le mercure se rencontre parfois à l'état natif. Son principal minerai est le sulfure HgS ou cinabre. A l'état pur, le cinabre contient au delà de 86 p. 100 de mercure. En fait, le minerai de ce nom en renferme rarement au delà de 15 p. 100 ; très fréquemment, la teneur est beaucoup inférieure à ce chiffre ; on traite souvent des minerais ne contenant que 1 à 2 p. 100 de mercure. Le reste se compose de pyrites, d'oxydes métalliques, de composés d'antimoine et d'arsenic, de matières bitumineuses, etc.

Le mercure se rencontre encore sous quelques autres formes. Nous citerons notamment l'amalgame d'argent, le calomel natif, certains fahlerz mercurifères ; mais ces divers produits sont peu répandus ; le cinabre est, en fait, le seul véritable minerai de mercure.

Dans ce qui suit, nous considérerons exclusivement le dosage du mercure. Ce dosage se fait actuellement surtout par voie sèche et par voie électrolytique.

A. *Méthodes par voie sèche.* — α. Le procédé d'Eschka, encore très employé, consiste à chauffer dans un creuset un poids donné de minerai, de façon à volatiliser le mercure, qui est ensuite fixé par une lame d'or servant de couvercle.

Suivant la teneur présumée, on opérera sur une prise d'essai, variant de 10 grammes (pour les minerais à 1 p. 100 environ) à 1 gramme (pour les minerais très riches).

La prise d'essai est mélangée avec la moitié de son poids de limaille de fer; on introduit le mélange dans un creuset de porcelaine, on ajoute une légère couche de limaille, puis on applique sur le creuset un couvercle formé d'une feuille d'or tarée, façonnée, comme l'in-

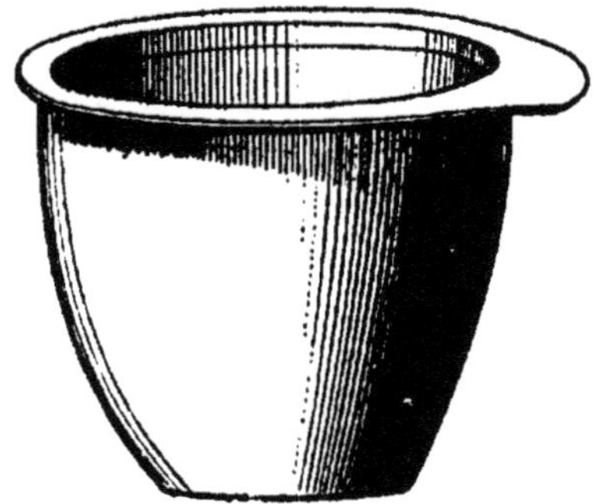

Fig. 28.

dique la figure 28, de façon qu'elle ferme hermétiquement le creuset. On verse un peu d'eau dans la cavité formée par le couvercle, puis, après avoir déposé le creuset dans un trou ménagé dans un carton d'asbeste, on chauffe modérément pendant dix minutes ; la pointe de la flamme doit seule atteindre le fond du creuset. Le mercure éliminé se condense sur la face interne du couvercle. Après refroidissement, on enlève le couvercle, on le lave à l'alcool et à l'éther, on sèche au bain-marie, le couvercle étant placé sur un verre de montre, puis on pèse. — L'augmentation de poids correspond au mercure absorbé.

Ensuite on chauffe pour volatiliser le mercure ; le couvercle est alors prêt pour une nouvelle opération.

Cette méthode, très rapide, donne des résultats très suffisamment exacts pour la pratique courante.

3. Un autre procédé par voie sèche consiste à décomposer le cinabre (ou autre composé du mercure) par la chaux, et à condenser dans l'eau les vapeurs de mercure dégagées.

Mode opératoire. — On charge un tube en verre dur de 60 centimètres environ de longueur et de 15 milli-

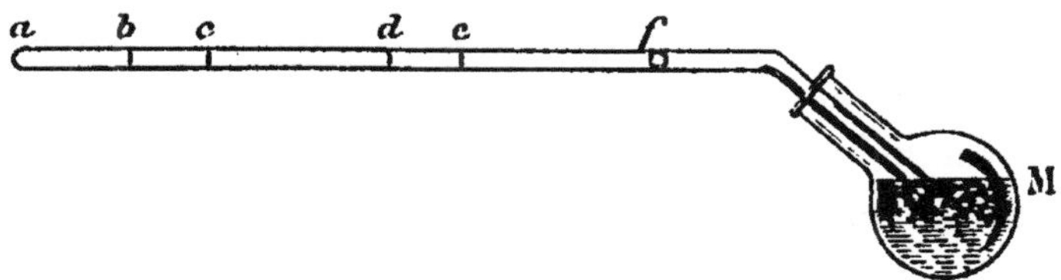

Fig. 29.

mètres de diamètre, scellé à une extrémité (fig. 29) de la façon suivante : entre *a* et *b*, couche de 5 centimètres environ de magnésite ; entre *b* et *c*, couche de chaux vive ; entre *c* et *d*, le mélange intime fait, dans un mortier, de la prise d'essai (de poids variable suivant la teneur présumée en mercure) et de chaux vive en excès ; entre *d* et *e*, la chaux ayant servi à rincer le mortier ; entre *e* et *f*, une couche de chaux vive ; en *f*, se trouve un tampon d'asbeste. Le tube étant ainsi chargé, on étire au chalumeau l'extrémité ouverte et on la recourbe comme l'indique la figure 29. Ensuite, après avoir heurté le tube à plat pour créer à la partie supérieure un canal destiné à livrer passage aux gaz, on le place sur la grille d'un fourneau à combustion, et l'on fait affleurer l'extrémité effilée à la surface de l'eau contenue dans le matras M. On chauffe ensuite le tube d'avant en arrière, de telle sorte que la couche antérieure de chaux soit portée au rouge avant que le minerai puisse se décomposer. On amène finalement au rouge vif l'extrémité postérieure contenant la magnésite; celle-ci, en se décomposant, dégage de l'anhydride carbonique qui entraîne avec lui les dernières traces de vapeur de mercure qui viennent se condenser dans les parties froides du tube et dans le matras. L'opération étant terminée, on coupe la partie antérieure du tube, on détache, en s'aidant du jet de la pissette, les globules de mercure qui peuvent y adhérer, et on les fait tomber dans le matras, au fond duquel se trouve déjà réunie la majeure partie du mercure. On rassemble le métal en un globule qu'on transvase dans un creuset de porcelaine taré ; on décante l'eau qui surnage le mercure, en s'aidant d'un morceau de papier à filtrer, pour enlever les dernières gouttes. Finalement, on dessèche sous un exsiccateur chargé d'acide sulfurique, puis on pèse.

B. *Méthode électrolytique.* — Plusieurs procédés ont été proposés; certains d'entre eux sont admis dans la pratique.

Procédé De Escosura. — A une prise d'esai de 0,5 gr., on ajoute un mélange de 25 centimètres cubes d'eau et de 15 centimètres cubes d'acide chlorhydrique ; on chauffe, et on introduit petit à petit 1 gramme de chlorate potassique. On dissout ainsi le mercure à l'état de chlorure. L'attaque étant achevée, on ajoute 50 centimètres cubes d'eau et l'on fait bouillir jusqu'à expulsion complète du chlore. On ajoute ensuite, (dans le but do précipiter éventuellement le selenium et le tellure) 20 centimètres cubes d'une solution saturée de sulfite ammonique, et l'on chauffe encore à l'ébullition pendant quelques minutes. On filtre après une demi-heure de repos et on lave le résidu insoluble. Le filtrat, dont le volume doit être d'environ 200 centimètres cubes, est électrolysé. On fait usage d'une feuille de platine comme anode: la cathode, sur laquelle se dépose le mercure, est formée d'une feuille d'or tarée. Les deux électrodes sont disposés verticalement dans la solution.

L'électrolyse dure environ vingt-quatre heures. La cathode est enlevée, lavée à l'alcool et posée après dessiccation. L'augmentation de poids correspond au mercure.

COMPOSÉS DU BISMUTH

Le bismuth se rencontre surtout à l'état natif ; on le trouve aussi à l'état de sulfure Bi^2S^3, et en combinaison avec le tellure $2 Bi^1 Te^3 + Bi^2 S^3$, ou avec l'oxygène Bi^2O^3.

EXEMPLES DE COMPOSITION (d'après DANA)

Bismuth natif			Sulfure de bismuth		
Bi. . . .	99,01	94,36	Bi. . . .	70,77	74,55
Te. . . .	0,04	5,09	S	10,12	10,46
Fe. . . .	Traces	—	Cu . . .	0,14	3,14
As. . . .	—	0,38	Fe. . . .	0,15	0,40
S	—	0,01	Te. . . .		
Au . . .	—	Traces	Pb. . . .		2,26
			Au. . . .		0,53

Nombre de minerais de plomb, d'argent, de nickel, de cobalt, etc., contiennent de petites quantités de bismuth.

Dosage du bismuth. — Dans les cas le plus compliqués, on rencontre, dans le minerai à analyser, outre le bismuth, les divers éléments suivants : arsenic, étain, antimoine, or, argent, plomb, cuivre, cobalt, nickel. zinc, tellure.

On peut, d'après Fresénius, opérer de la manière suivante : on traite au bain de sable, 2 à 5 grammes (suivant la teneur présumée) de matière finement pulvérisée et séchée à 100°, par 30 à 40 centimètres cubes d'acide nitrique, densité 1,3, et quelques grammes d'acide tartrique. Lorsque l'attaque est terminée, on dilue, puis on traite à froid par l'acide sulfhydrique, de façon à précipiter tous les éléments des groupes de l'arsenic et du cuivre. Le précipité est recueilli, lavé, puis, à l'aide du jet de la pissette, on le fait passer avec le moins d'eau possible dans un gobelet de verre ; on ajoute 20 centimètres cubes d'une solution de sulfure sodique à 10 p. 100, et on chauffe quelque temps vers 80-90° afin d'assurer la dissolution des sulfures des métaux du groupe de l'arsenic. Le résidu insoluble est formé par le sulfure de bismuth auquel peuvent être associés les sulfures de plomb et de cuivre. L'ensemble est dissous à chaud dans l'acide nitrique densité 1, 2. Dans la solution obtenue, on sépare d'abord le cuivre du plomb et du bismuth par le carbonate sodique et le cyanure potassique. Pour cela, on traite la solution nitrique par le carbonate sodique en léger excès ; on ajoute ensuite du cyanure potassique et l'on chauffe pendant quelque temps au bain-marie. Dans ces conditions, le bismuth et le plomb restent précipités à l'état de carbonates ; le cuivre passe en solution.

Le précipité est, après lavage, redissous dans l'acide nitrique dilué et chaud. La séparation du bismuth peut se faire de deux façons :

a. Méthode basée sur l'insolubilité du sulfate de plomb. — La solution nitrique est additionnée d'acide sulfurique concentré en assez grand excès (15 à 20 centimètres cubes), et évaporée jusqu'à formation de vapeurs blanches. Le plomb est alors transformé en sulfate.

Après refroidissement, on reprend par l'eau (60 à 80 centimètres cubes) et on laisse quelques heures en repos. Grâce à la présence d'acide libre en assez grande quantité, le sulfate de bismuth reste entièrement en solution. On filtre pour séparer le sulfate de plomb, on lave avec de l'acide sulfurique dilué au cinquième, et dans le filtrat, on précipite le bismuth à l'état d'hydrate, par l'ammoniaque en léger excès ; le précipité est recueilli, lavé et redissous dans l'acide nitrique dilué ; on répète ensuite la précipitation par l'ammoniaque en faible excès et on lave à fond. Cette double précipitation est nécessaire, à cause de la présence possible d'un peu de sulfate basique de bismuth dans le premier précipité. Le précipité d'hydrate de bismuth est, après dessiccation, détaché du filtre aussi complètement que possible ; le filtre est ensuite replacé dans l'entonnoir et humecté d'acide nitrique dilué et chaud, afin de dissoudre les traces d'hydrate qui y adhèrent encore. La solution nitrique et les quelques centimètres cubes d'eau nécessaires pour le lavage du filtre sont évaporés dans un creuset de porcelaine taré ; on réunit au résidu d'évaporation la masse du précipité et l'on calcine pour transformer l'hydrate en oxyde Bi^2O^3 qu'on pèse.

b. Méthode basée sur l'insolubilité du nitrate basique de bismuth. — La solution nitrique contenant le plomb et le bismuth est évaporée au bain-marie jusqu'à consistance sirupeuse ; on reprend par l'eau et on évapore de nouveau ; on répète cette manipulation trois ou quatre fois jusqu'à ce qu'on ne perçoive plus la moindre odeur d'acide nitrique. Tout le bismuth est alors transformé en nitrate basique insoluble. On ajoute environ 300 centimètres cubes d'une solution froide de nitrate ammonique contenant 2 grammes de ce sel par litre ; on laisse agir à froid pour assurer la redissolution du nitrate de plomb, puis on filtre pour séparer le résidu de nitrate basique de bismuth ; on lave avec la solution de nitrate ammonique à 2 p. 1000, puis on dessèche le précipité et on le transforme par calcination en oxyde Bi^2O^3 en opérant comme pour la calcination de l'hydrate (V. a.).

COMPOSÉS DU CADMIUM

Le cadmium existe à l'état de sulfure CdS (Greenoc-kite). Il accompagne généralement le zinc dans ses minerais ; le plus souvent, la proportion de cadmium dans les minerais de zinc est de quelques centièmes à quelques dixièmes pour cent (V. p. 176). Lors de la réduction des minerais par le charbon, le cadmium, en raison de la facilité avec laquelle il se volatilise, (Cd. bout à 860°), passe avec les premières portions de zinc et se retrouve dans le produit connu sous le nom de « poussières de zinc ». Les poussières contiennent parfois jusqu'à 30 p. 100 de cadmium. Le zinc du commerce renferme de façon régulière un peu de cadmium (V. plus loin, deuxième partie, *Analyse du zinc métallique*).

En raison de son prix élevé, le cadmium a des usages restreints. Le sulfure est employé en peinture à cause de sa belle couleur jaune.

Le métal entre dans la composition de quelques alliages industriels, à point de fusion très bas, tels que l'alliage de Lipowitz, fusible à 70° (4 Sn, 8 Pb, 15 Bi, 3 Cd) et qui s'emploie parfois comme soudure pour les objets en Britannia ou en étain. Tel encore l'alliage de Wood fusible à 70° (1 Cd, 2 Sn, 4 Pb, 7 Bi).

Dosage du cadmium dans les minerais de zinc. — (V. *Analyse complète des minerais de zinc*, p. 199).

Dosage du cadmium dans les poussières de zinc. — On dissout 20 grammes de poussières dans l'acide chlorhydrique en léger excès; de la solution, diluée à 1 litre, on prélève 100 centimètres cubes, (2 grammes) on dilue au volume d'environ 300 centimètres cubes, et l'on traite par l'acide sulfhydrique jusqu'à précipitation complète du sulfure de cadmium. Le précipité, qui peut renfermer un peu de sulfure de zinc est redissous après lavage dans l'acide chlorhydrique dilué et chaud; après dilution, on traite de nouveau par l'acide sulfhydrique afin d'obtenir du sulfure de cadmium pur. Celui-ci peut-être dosé comme tel sur filtre taré après dessiccation à 100°, ou bien être transformé en sulfate CdSO^4 (V. pour les détails, *Dosage du cadmium dans les minerais de zinc*, p. 199).

COMPOSÉS DU CUIVRE

Les minerais de cuivre peuvent être répartis en deux groupes ; dans le premier se rangent le cuivre natif et les minerais oxydés ; dans le second, les minerais sulfurés.

Les principaux minerais oxydés sont l'oxydule de cuivre (Cu^2O), l'azurite 2 ($CuCO^3$), $Cu (OH)^2$ et la malachite $CuCO^3, Cu (OH)^2$.

EXEMPLES DE COMPOSITION

Cuivre natif

Cu.	90,52	69.23
Ag.	0,30	5,15
Au.	0,08	—
Fe.	0,10	—
Gangue.	—	25,25

	Malachite (d'après Dana)		Azurite (d'après Dana)
CuO.	71,46	72,20	69,08
CO^2	19,00	18,50	25,46
H^2O	9,02	9,30	5,46
Fe^2O^3	0,12		

Les composés sulfurés ont beaucoup plus d'importance au point de vue industriel. Ce sont notamment : le cuivre sulfuré ou chalcosine Cu^2S, les fahlerz, dans lesquels le sulfure de cuivre est associé à d'autres sulfures métalliques, et la chalcopyrite ou pyrite cuivreuse, $CuFeS^2$ dans laquelle le cuivre à l'état de sulfure est en combinaison avec du sulfure de fer. La pyrite cuivreuse a une très grande importance pratique ; c'est elle qui fournit la majeure partie du cuivre du commerce. En fait, la chalcopyrite est associée à une forte proportion de sulfure de fer, de sorte que la teneur en cuivre du minerai est généralement peu élevée. Voici, à titre d'exemple, la composition de deux pyrites d'Espagne.

S.	40,00	47,50
Fe.	43,55	41,02
Cu.	3,20	4,21
As.	—	0,38
Pb.	0,03	1,52
Zn.	0,35	0,22
CaO.	0,30	—
SiO^2.	0,72	4,42

EXEMPLES DE COMPOSITION DE FAHLERZ

Cu.	20,37	44,20
Sb.	27,00	3,30
As.	—	11,06
Ag.	10,08	—
Fe.	3.02	10,03
Zn.	3,40	1,06
S.	24,00	20,12

Le cuivre se rencontre encore en petites quantités dans de nombreux minerais de zinc, plomb, nickel, etc. Le cuivre passe, lors du traitement métallurgique de ces minerais, dans les sous-produits de l'opération. Les mattes cuivreuses, les speiss provenant des fours à plomb, sont souvent riches en cuivre et sont travaillés pour l'extraction de ce métal. Nous avons eu déjà l'occasion de donner quelques indications sur la composition de ces matières (V. pp. 220 et 225).

Dans ce qui suit, nous considérerons d'abord le cas où il s'agit uniquement du dosage du cuivre ; ensuite nous donnerons la marche à suivre pour l'analyse complète d'un minerai.

DOSAGE DU CUIVRE

a. *Par électrolyse.* — Cette méthode, d'une exactitude parfaite, est aujourd'hui, d'application générale.

Principe. — Si l'on fait passer dans une solution cuivrique acide, (nitrique ou sulfurique) un courant électrique, le cuivre se dépose sur l'électrode négative, sous forme d'un enduit rouge cohérent. En général, l'électrolyse se fait en solution nitrique. Le courant est fourni soit par des piles (piles thermo-électriques, piles au bi-

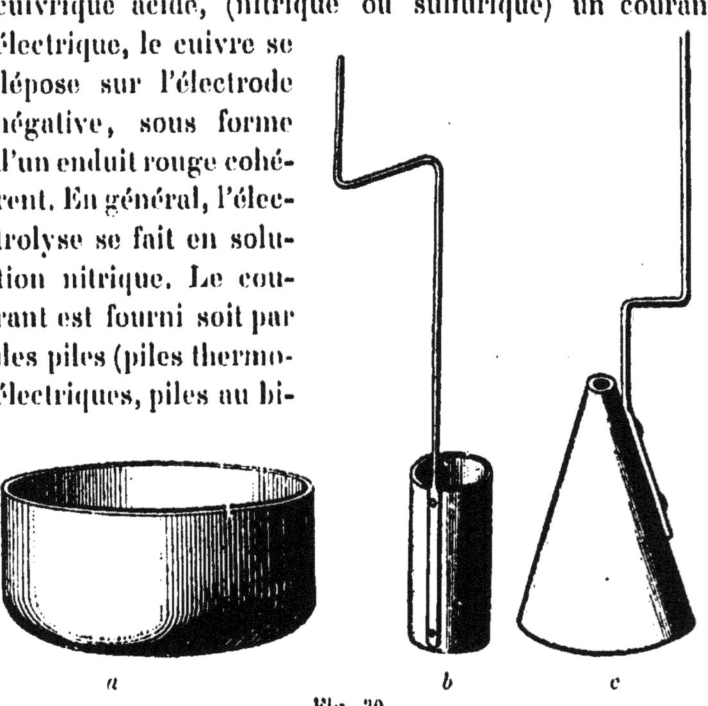

Fig. 30.

chromate de potassium, etc.), soit par des accumulateurs, etc.

Les électrodes sont en platine. L'électrode négative,

(cathode) qui doit recevoir le dépôt de cuivre, aura naturellement une assez grande surface. Elle consiste généralement en une capsule de 200 centimètres cubes environ de capacité (fig. 30 *a*), qui sert en même temps de récipient pour la solution à électrolyser; ou bien, en un cylindre ou un cône (fig. 30 *b* et *c*) formé d'une feuille de platine, ou de toile de platine ; la solution cuivrique est alors placée dans un gobelet de verre.

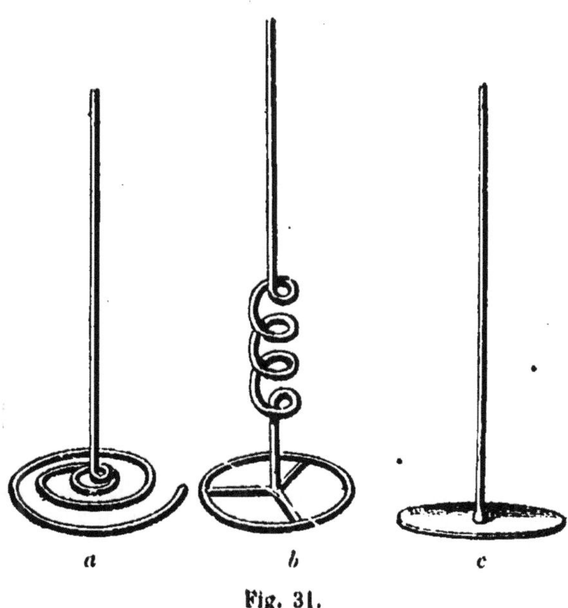

Fig. 31.

L'électrode positive (anode) peut être formée d'un gros fil de platine contourné en spirale (fig. 31, *a* et *b*), ou terminé, à la partie inférieure, par un disque, (fig. 31 *c*).

Les figures 32 et 33 montrent le dispositif à employer suivant que l'on fait usage de l'une ou l'autre cathode. Les électrodes sont écartées l'une de l'autre de quelques millimètres à 1 centimètre.

Mode opératoire. — On opère suivant la teneur présumée en cuivre, sur une prise d'essai de 1 à 5 grammes de minerai finement pulvérisé et séché à 100°. S'il s'agit de minerais oxydés, l'attaque peut, en général, se faire par l'acide chlorhydrique (15 à 25 centimètres cubes) et

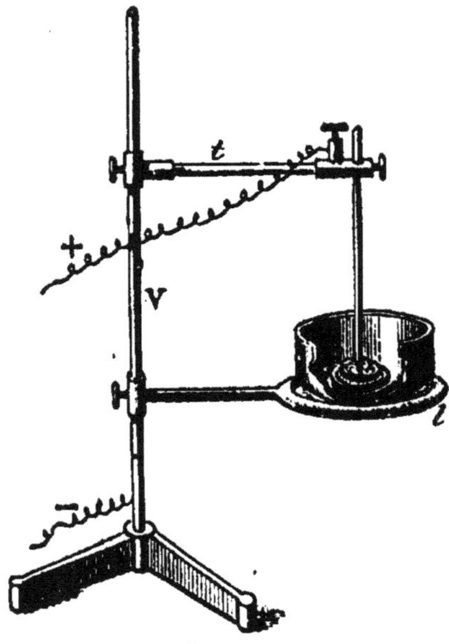
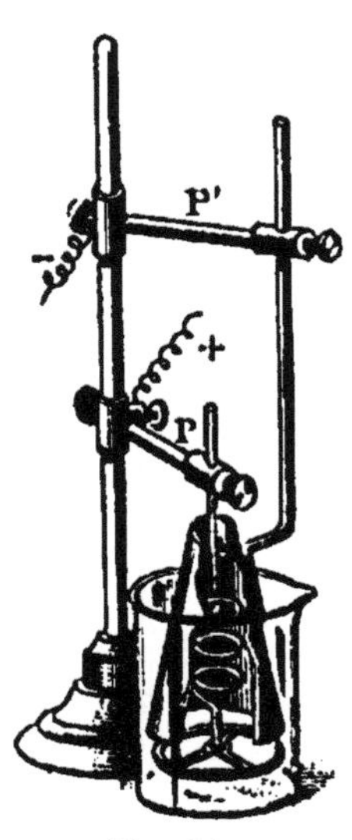

Fig. 32.

La capsule servant de cathode repose sur un anneau de laiton *l*, fixé à un support en verre V et communiquant avec le pôle négatif de la source électrique ; l'anode est en communication avec le pôle positif par l'intermédiaire de la tige *l* fixée au support V.

Fig. 33.

L'anode et la cathode sont fixées à des supports P et P', respectivement en communication avec le pôle positif et avec le pôle négatif de la source électrique.

quelques centimètres cubes d'acide nitrique ; on évapore à siccité au bain de sable.

Dans le cas de minerais sulfurés, on traite à froid par 10 à 15 centimètres cubes d'acide nitrique fumant, qu'on ajoute petit à petit afin d'éviter une attaque trop violente. La prise d'essai sera introduite dans un gobelet de trois quarts de litre, et celui-ci sera recouvert d'un obturateur afin d'éviter les pertes par projections.

Après avoir laissé agir l'acide pendant une couple d'heures, on chauffe jusqu'à élimination de la moitié environ de l'acide ; on laisse refroidir, on ajoute en plusieurs fois 15 centimètres cubes d'acide chlorhydrique concentré; on laisse agir quelque temps à froid, puis on évapore à siccité au bain de sable. Le soufre est ainsi entièrement oxydé et il ne reste pas de grumeaux pou-vant englober du minerai qui serait ainsi soustrait à l'action des acides.

Quel que soit le procédé employé pour la dissolution, le résidu, après évaporation à siccité, est humecté d'acide chlorhydrique ; on laisse agir quelques instants pour assurer la redissolution des sels basiques de fer, etc., qui auraient pu se produire pendant l'évaporation, puis on ajoute de l'eau ; on filtre pour séparer le résidu siliceux et, dans le filtrat, on précipite directement le cuivre à l'état de sulfure cuivreux Cu^2S par l'hyposulfite sodique. (Voir pour les détails p. 223).

Le précipité est, après lavage et traitement par le sulfure sodique, redissous dans l'acide nitrique. On enlève avec une spatule la majeure partie du précipité et on l'introduit dans un gobelet de verre d'assez grand diamètre. Le restant du précipité est ensuite amené dans le gobelet au moyen du jet de la pissette, l'entonnoir étant retourné la douille en haut. On fera en sorte de n'employer que très peu d'eau, afin de ne pas allonger inutilement l'évaporation ultérieure. Le filtre est incinéré et les cendres sont placées aussi dans le vase pour être traitées avec la masse du précipité. On ajoute ensuite 5 à 10 centimètres cubes d'acide nitrique concentré, et on chauffe au bain de sable jusqu'à ce que le précipité soit entièrement dissous et qu'il ne reste que des parcelles de soufre[1], bien jaune.

___

[1] V. au sujet de la présence éventuelle du bismuth, p. 260.

Lorsque ce résultat est atteint, on filtre directement dans la capsule de platine tarée, si l'on opère suivant le dispositif donné figure 32, ou dans un gobelet de verre (dispositif fig. 33), puis on dilue au volume de 150 à 200 centimètres cubes et on électrolyse avec un courant de 1 ampère.

L'électrolyse peut se faire, soit à froid, soit à la température de 30 à 40°. La proportion d'acide nitrique ne doit pas dépasser 2 à 3 p. 100 du volume du liquide. S'il restait trop d'acide libre, on en neutraliserait une partie à l'aide d'une solution de soude caustique.

Si la solution est dans les conditions voulues, le cuivre apparaît immédiatement sur la cathode sous forme d'un enduit rouge.

Lorsque le liquide semble être incolore, on en prélève, à l'aide d'une pipette, 5 centimètres cubes, on les évapore dans une capsule de porcelaine, et on ajoute au résidu une goutte d'ammoniaque ; s'il ne se produit pas trace de coloration bleue on peut conclure à l'absence de cuivre [1].

Le dépôt doit être lavé à courant fermé afin d'éviter la redissolution d'une partie du métal par l'acide nitrique. On se servira avantageusement pour le lavage d'un petit siphon, fait d'un tube de verre de faible diamètre. Le liquide est remplacé à mesure qu'il s'écoule du siphon, par de l'eau pure ajoutée avec précaution (afin de ne pas entraîner de cuivre) jusqu'à ce que l'on ne constate plus d'acidité au tournesol. On interrompt alors le courant, on détache la cathode ; on déplace l'eau qui y adhère par un ou deux lavages à l'alcool, et on termine par un lavage à l'éther. Si la cathode est un cône ou un cylindre, le plus simple est de la plonger dans des

---

[1] Cette recherche ne doit jamais être négligée. Le liquide peut, en effet, paraître incolore et contenir encore des quantités très appréciables de cuivre.

vases contenant respectivement de l'alcool et de l'éther ;
les mêmes liquides (alcool et éther) peuvent évidemment
servir pour un grand nombre d'opérations.

Finalement, on sèche à basse température (40 à 50°)
et on pèse.

Observation. — Il est prudent de s'assurer que l'eau,
l'alcool et l'éther de lavage n'ont entraîné aucune parcelle de cuivre.

b. *A l'état de sulfure cuivreux.* — La description de
cette méthode est détaillée dans le paragraphe suivant.

MARCHE A SUIVRE POUR L'ANALYSE COMPLÈTE D'UN MINERAI [1]

Nous considérerons le cas du minerai le plus important, la pyrite cuivreuse.

Eléments à rechercher et à doser : Matières siliceuses,
arsenic, antimoine, plomb, bismuth, cuivre, zinc, fer,
chaux, soufre, argent, or.

On traite une prise d'essai de **2 grammes** d'après les
indications données page **256**, d'abord par l'acide nitrique fumant, puis par l'acide chlorhydrique. On évapore
à siccité au bain-marie ; le résidu est repris par 5 centimètres cubes d'acide chlorhydrique et autant d'eau ; on
chauffe quelques instants, puis on ajoute environ
50 centimètres cubes d'eau chaude ; on laisse déposer
le résidu siliceux, puis on filtre et on dose la silice, après
s'être assuré qu'elle ne renferme pas de sulfate de
plomb. (V. au sujet de cette recherche, *Analyse des
minerais de zinc*, p. 194).

Le filtrat est additionné de quelques centimètres

---

[1] V. pour le dosage du cuivre dans les blendes p. 199 ; pour le dosage dans les speiss et les mattes, p. 223 et suivantes.

cubes d'acide sulfureux et chauffé à l'ébullition afin de réduire le fer et l'arsenic au minimum d'oxydation, et d'éliminer en même temps l'excès de réactif. On traite ensuite par l'acide sulfhydrique qui détermine la formation d'un précipité pouvant renfermer les sulfures d'arsenic, d'antimoine, de plomb et de cuivre. Le précipité est, après lavage, transvasé à l'aide du jet de la pissette, en employant le moins d'eau possible, dans un gobelet; on ajoute 15 centimètres cubes d'une solution de sulfure sodique à 10 p. 100 et on chauffe environ un quart-d'heure au bain-marie afin d'assurer la redissolution des sulfures d'arsenic et d'antimoine. On filtre à travers le filtre qui contenait le précipité total et, dans la solution, on dose l'arsenic et l'antimoine d'après les indications données page 195.

Le résidu insoluble est formé des sulfures de cuivre et de plomb. On le dissout, après lavage, dans de l'acide nitrique dilué et chaud, puis dans la solution, on dose le plomb à l'état de sulfate (V. *Dosage du plomb dans les minerais de zinc*, p. 198).

La solution cuivrique est, après dilution, neutralisée par l'ammoniaque, qui détermine éventuellement la précipitation du bismuth à l'état d'hydrate qui est recueilli et transformé par calcination en oxyde. Le nouveau filtrat est nettement acidulé par l'acide chlorhydrique, puis traité à la température de 60-70° par l'acide sulfhydrique, dont on prolonge l'action jusqu'à ce que le sulfure de cuivre formé soit complètement déposé. Le précipité est recueilli sur un filtre, lavé à l'eau chaude et séché. On le calcine ensuite au creuset de Rose[1]. On

---

[1] On peut évidemment aussi redissoudre le précipité humide de sulfure de cuivre dans l'acide nitrique et doser le cuivre par électrolyse V. p. 254).

désigne sous ce nom un creuset de 3 à 4 centimètres environ de hauteur et de 2,5 cm. environ de diamètre, muni d'un couvercle (consistant le mieux en une feuille de platine à bords repliés) perforé par lequel on peut

Fig. 34.

amener un gaz à l'intérieur du creuset (fig. 34). Dans le cas qui nous occupe, le sulfure de cuivre sera calciné en mélange avec 1 gramme environ de soufre en fleur pur (exempt de cendres) dans un courant d'hydrogène desséché. Dans ces conditions, le cuivre est entièrement transformé en sulfure cuivreux Cu^2S.

Précautions à observer pour cette calcination.— 1° Le filtre doit être complètement incinéré avant le passage du courant d'hydrogène et avant l'introduction du précipité dans le creuset.

2° Le courant doit être modéré et régulier ; s'il est trop rapide il peut y avoir réduction de cuivre à l'état métallique (taches rouges).

3° On doit, avant de chauffer le creuset, laisser passer le courant d'hydrogène assez longtemps pour être certain qu'il ne reste pas d'air dans le creuset; s'il en est autrement, il se produit, au moment où l'on commence à chauffer, une petite explosion qui peut occasionner des pertes.

4° On chauffera très progressivement afin de ne pas provoquer le départ brusque du soufre.

5° Après une première pesée, on répétera la calcination en présence d'un peu de soufre, afin de s'assurer qu'il n'y a pas de changement de poids.

Dosage des métaux des groupes du fer et du calcium. — Ces métaux sont contenus dans le filtrat acide séparé des sulfures des groupes de l'arsenic et du cuivre. On trouvera au chapitre de l'analyse complète des minerais de zinc et, spécialement, des minerais de zinc ferrugineux, des indications suffisantes pour leur dosage (V. p. 193 et p. 202).

Dosage du soufre. — Ce dosage se fera le mieux par voie sèche, exactement comme dans le cas des pyrites ordinaires (V. p. 165).

Dosage de l'argent et de l'or. — La marche à suivre est exposée en détail au chapitre : *Dosage de l'argent* (V. p. 263 et suivantes).

COMPOSÉS DE L'ARGENT ET DE L'OR

Les minerais d'argent proprement dits sont assez nombreux. Outre l'argent natif, le sulfure d'argent Ag^2S et l'antimoniure d'argent, il existe toute une série de minéraux dans lesquels le sulfure d'argent est associé en proportions variables à divers sulfures, notamment les sulfures de cuivre, de plomb, d'arsenic, d'antimoine. L'un des plus complexes est la polybasite dont la formule est : $9\,(CuAg)^2\,S\,(SbAs)^2\,S^3$.

A citer encore, l'amalgame d'argent et les composés de l'argent avec le chlore, le brome et l'iode.

L'argent se rencontre aussi, généralement en petites quantités, dans de très nombreux minerais de zinc, de plomb, de cuivre, d'arsenic, etc. Nous avons eu déjà l'occasion de signaler que dans les blendes la proportion s'élève, en moyenne, à quelques centaines de grammes par tonne, alors que dans les galènes, elle atteint souvent plusieurs kilogs. En fait, la quantité d'argent extraite des minerais de plomb, de zinc et de cuivre est considérable et supérieure à celle que fournissent les minerais proprement dits.

L'or se rencontre généralement à l'état natif, disséminé dans des roches, des sables, etc.

Parmi les composés naturels de l'or on peut citer

l'amalgame d'or, les alliages de l'or avec le palladium, le rhodium, le tellure ou le bismuth. Comme l'argent, l'or se rencontre dans de nombreux minerais métalliques de cuivre, d'arsenic, etc. ; les blendes et galènes en contiennent parfois de petites quantités.

La proportion de l'or dans les minerais métalliques est généralement faible ; dans un grand nombre de cas, elle se chiffre par quelques grammes à la tonne, voire même par des fractions de gramme ; par contre, dans certains cas, elle s'élève à des centaines de grammes.

Dans ce qui suit, nous considérerons plus spécialement le dosage de l'argent et de l'or dans les minerais métalliques et dans les produits et sous-produits métallurgiques, tels que plomb, cuivre, speiss, mattes, oxydes de zinc, etc. Dans ces diverses matières, les métaux qui nous occupent sont généralement dosés par voie sèche ; dans quelques cas, on recourt à un procédé mixte, combinaison de la voie sèche et de la voie humide.

I. Procédés par voie sèche.

a. *Méthode par fonte plombeuse et coupellation.* — Cette méthode consiste à fondre le minerai avec un fondant alcalin réducteur formé de carbonate sodique, de borax et de tartre et avec addition de litharge[1] si le minerai est exempt de plomb ou n'en contient qu'un faible pourcentage. Dans cette opération, qui se pratique

---

[1] La litharge du commerce contient généralement un peu d'argent, dont on doit tenir compte. On dose l'argent dans la litharge exactement comme dans un minerai de plomb riche.

le mieux dans un creuset de fer, tout le plomb du minerai et, éventuellement, celui de la litharge ajoutée, est ramené à l'état métallique et englobe tout l'argent et l'or. Ce plomb est séparé de la scorie qui s'est formée pendant la fusion (V. *Dosage du plomb dans les galènes*, p. 231), puis il est soumis à la coupellation, opération qui consiste à chauffer le plomb argentifère au contact de l'air, de façon à le transformer en oxyde, et à faire absorber cet oxyde à mesure qu'il se forme, par une matière poreuse consistant en un mélange de cendres d'os et de kaolin, façonné en petites cuvettes circulaires à fond très épais appelées coupelles (fig. 35).

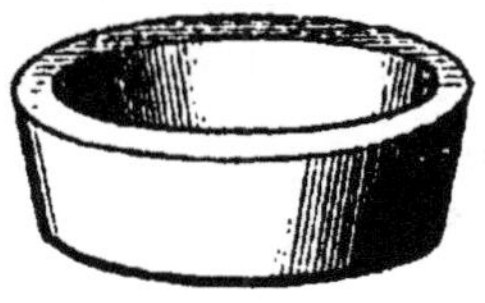

Fig. 35.

Lorsque tout le plomb oxydé a été absorbé, l'argent reste finalement sur la coupelle sous forme d'un bouton solide.

Mode opératoire. — On chauffe progressivement [1] *au rouge vif* la coupelle introduite dans un fourneau à moufle, chauffé au coke ou au gaz. On place alors le culot de plomb sur la coupelle à l'aide d'une pince spéciale. Si la coupelle est suffisamment chaude, non seulement le plomb fond rapidement, mais il en est de même de la pellicule d'oxyde qui s'est formée à sa surface; la masse apparaît alors brillante et l'oxydation se produit régulièrement. La porte du moufle doit être maintenue fermée jusqu'à ce que la pellicule d'oxyde ait disparu.

[1] Les coupelles, telles qu'on se les procure dans le commerce, doivent, avant d'être introduites dans le fourneau, être séchées à température modérée sinon elles se fendillent, ce qui peut être très préjudiciable à la réussite de l'essai.

Le réglage de la température du four pendant l'opération est important et ne s'acquiert que par la pratique. Si la température est trop basse, la couche d'oxyde qui se forme constamment à la surface du culot se solidifie et la coupellation s'arrête. L'essai est alors dit « gelé ». On peut parfois, lorsque cet accident se produit, obtenir la fusion de la couche d'oxyde en plaçant au-devant ou même sur la coupelle, un morceau de coke incandescent et en fermant la porte du moufle. Mais, en général, il est préférable de considérer l'essai comme perdu.

Si la température est trop élevée, les pertes d'argent, notamment par absorption par la coupelle, augmentent[1]. En général on considère que l'on travaille dans de bonnes conditions, lorsqu'il se forme sur le pourtour de la coupelle une cristallisation de litharge en aiguilles.

L'absence de cristaux et l'aspect incandescent de la coupelle dénotent une température trop élevée.

Par contre, si les bords de la coupelle deviennent

---

[1] Le dosage de l'argent, exécuté même dans les meilleures conditions, donne toujours lieu à une certaine perte. Il reste un peu d'argent dans la scorie lors de la fonte plombeuse. Une autre partie passe dans la coupelle lors de la coupellation. Il faudrait donc, pour opérer exactement, retravailler la scorie et la coupelle comme de véritables minerais. En pratique, on s'en tient, en général, à l'opération telle que nous la décrivons. Du reste, tant que la teneur ne dépasse pas quelques centaines de grammes par tonne (ce qui est le cas pour la grande majorité des minerais argentifères, les pertes résultant des causes qui viennent d'être indiquées sont peu importantes. Par contre, elles peuvent s'élever à 100 grammes par tonne et davantage, lorsqu'on a affaire à des minerais, tels que les galènes riches, contenant plusieurs milliers de grammes d'argent par tonne. (V. E. Prost ; *Bull. de l'Assoc. belge des chimistes*, 1900).

On peut annuler les causes de pertes à la coupellation en coupellant, en même temps que le culot obtenu au cours de l'analyse, un culot de plomb pur de même poids auquel on ajoute autant d'argent fin qu'il y en a dans l'essai ; on doit évidemment se renseigner sur la teneur en argent par un essai spécial.

On peut faire entrer alors en ligne de compte, pour le calcul du résultat, la perte en argent constatée dans l'essai témoin.

sombres, c'est que le four est trop froid ; on doit alors reculer la coupelle vers le fond (plus chaud) du moufle et fermer la porte afin de permettre à la température de remonter, sinon on s'expose à voir l'essai « geler ».

A la fin de l'opération, l'auréole lumineuse due à la combustion du plomb disparaît, et le bouton d'argent apparaît nettement ; le phénomène porte le nom d' « éclair ». Lorsqu'il s'est produit, on retire graduellement la coupelle vers l'ouverture du moufle, afin de refroidir lentement le bouton d'argent et d'éviter le rochage, c'est-à-dire le dégagement violent de l'oxygène absorbé par l'argent. On enlève finalement la coupelle du four, on la laisse refroidir partiellement, puis, à l'aide d'une petite pince spéciale dont les mâchoires portent de fines rainures, on détache le bouton d'argent ; on nettoie à l'aide d'une brosse raide la face du bouton qui adhérait à la coupelle, puis on aplatit le bouton sur une petite enclume en acier poli, et on pèse la lamelle obtenue, sur une balance permettant une approximation d'au moins 1/30 de milligramme. On déduit l'argent contenu dans la litharge employée, et on rapporte le résultat trouvé à la tonne de 1000 kilog. de minerai sec. S'il y a lieu, on dosera l'or dans l'argent par la méthode indiquée plus loin (V. *Dosage de l'or*, p. 278).

Remarques. — 1° En fait, une partie en poids de coupelle peut absorber l'oxyde provenant de **2** parties de plomb. Cependant, en pratique, on fera usage de coupelles de poids sensiblement égal à celui du culot de plomb à coupeller.

2° Les métaux étrangers associés au plomb, dans le cas de minerais antimonieux, cuprifères, etc., peuvent exercer une certaine influence sur la coupellation. Une faible proportion d'arsenic n'a pas d'action nuisible ; si la quantité dépasse certaines limites, la coupelle se fend et il se dépose sur les bords une scorie arsenicale. L'antimoine, même dans la proportion de 4 à 5 p. 100 n'entrave pas la coupellation. Au delà, il se forme une scorie qui retient de l'argent.

Le cuivre, lorsqu'il se trouve en présence d'un excès suffisant de plomb, s'oxyde, et l'oxyde formé se dissout dans la litharge et passe dans la coupelle. Le cuivre n'a donc pas dans ce cas d'action nuisible.

Le procédé par fonte plombeuse et coupellation est applicable à tous les minerais et sous-produits métallurgiques qui ne contiennent que de petites quantités de métaux tels que le cuivre, l'antimoine, l'arsenic, etc., pouvant s'allier au plomb. Lorsque la proportion de ces métaux est quelque peu importante, le plomb rassemblé au fond du creuset à la fin de la fonte plombeuse est, en réalité, un véritable alliage dont la coulée est parfois très difficile. De plus, la coupellation d'un plomb aussi impur est pratiquement impossible. Dans ces conditions, on doit opérer d'après la méthode par scorification (V. b.) En pratique, le procédé par fonte plombeuse et coupellation est applicable à peu près sans exception aux blendes et calamines, galènes, cendres plombeuses des fours à zinc.

b. *Méthode par scorification.* — Elle consiste à fondre le minerai avec du plomb métallique au rouge vif et au contact de l'air, dans un scorificatoire, sorte de têt en terre réfractaire à fond très épais (fig. 36). Pendant l'opération, qui se fait dans un four à moufle, une partie du plomb s'oxyde et la litharge produite s'unit aux oxydes de fer, de cuivre et autres contenus dans le minerai ainsi qu'à la silice pour former un laitier très fusible. Le restant du plomb, qui a échappé à l'oxydation, dissout l'argent et l'or et se rassemble au fond du scorificatoire; on le sépare de la scorie et on le coupelle.

La scorification est d'exécution plus délicate et plus lente que la fonte plombeuse; elle a, en outre, l'inconvénient de ne permettre d'opérer que sur des prises d'essai de 5 grammes, à cause de la forte proportion de plomb qu'il y a lieu d'employer et qui dépasse parfois quinze fois le poids du minerai traité. Par contre elle donne, engénéral,

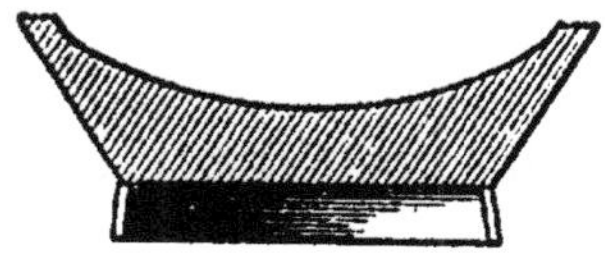

Fig. 36.

même avec les minerais purs, des résultats supérieurs à ceux que fournit le procédé par fonte plombeuse, comme j'ai eu l'occasion de m'en assurer par des essais spéciaux. (E. Prost et R. Boveroulle, *Bull. de l'Assoc. belge des chimistes*, 1900).

La scorification devra être pratiquée dans le cas des minerais riches en cuivre, des speiss, des mattes, et d'une manière générale, de tout produit contenant des métaux de nature à entraver l'exécution du procédé par fonte plombeuse et coupellation.

II. Procédé mixte (Combinaison de la voie humide et de la voie sèche).

Dans certains cas où l'on a affaire à des matières très riches en cuivre, en zinc, etc., on recourt avantageusement à une méthode mixte, dans laquelle on se débarrasse par l'action d'un acide (sulfurique ou nitrique, suivant les cas), de la majeure partie du métal qui entrave le dosage de l'argent. Ce dernier est alors dosé par une des méthodes par voie sèche, dans le résidu insoluble.

C'est par ce procédé mixte que se fait, notamment, le dosage de l'argent dans le cuivre métallique, dans les oxydes de zinc, etc.; on peut appliquer aussi la méthode au dosage de l'argent dans les mattes cuivreuses et autres matières riches en cuivre; l'argent est dosé par fonte plombeuse et coupellation dans le résidu du traitement par l'acide nitrique.

Les indications qui viennent d'être données sur les diverses méthodes de dosage de l'argent permettront de saisir aisément la raison du mode opératoire que nous allons décrire à propos des divers produits argentifères que le chimiste métallurgiste rencontre le plus fréquemment.

Nous considérerons successivement les minerais, produits et sous-produits métallurgiques suivants :

Minerais de zinc (blendes, calamines, minerais mixtes).

Minerais de plomb (galènes, etc.).

Cendres des fours à zinc.

Speiss.

Mattes.

Minerais cuivreux (pyrites, etc.).

Minerais arsenicaux (orpiment, mispickel).

Oxydes de zinc.

Plomb métallique.

Plomb dur.

Cuivre métallique.

Bismuth métallique.

a. *Minerais de zinc*. (V. composition, p. 176). — *Dosage par fonte plombeuse et coupellation*. — On fond au creuset de fer 20 grammes de minerai en mélange avec 50 grammes de carbonate sodique, 25 grammes de borax anhydre et 4 grammes de tartre, exactement comme s'il s'agissait du dosage du plomb. Les minerais de zinc étant généralement pauvres en plomb, on ajoutera au mélange une quantité de litharge, correspondant, suivant les cas, à 50 ou 100 p. 100 de poids du minerai traité. Le plomb obtenu est coupellé (V. pour les détails, la description donnée, p. 264).

b. *Minerais de plomb*. (V. composition, p. 229). — On soumet 20 grammes de minerai à la fonte plombeuse, exactement comme s'il s'agissait du dosage du plomb (V. p. 231). Le culot de plomb obtenu est coupellé (V. p. 264).

Dans le cas des minerais riches (environ 60 à environ 80 p. 100 de plomb), l'addition de litharge n'est pas nécessaire, à moins que la teneur en argent soit élevée. Si l'on a affaire à des minerais contenant des milliers de grammes d'argent par tonne, il sera prudent de faire un essai avec litharge (50 à 100 p. 100 du poids du minerai), quelle que soit la teneur en plomb.

Remarque. — En général, on se borne pour les minerais de plomb à l'emploi du procédé par fonte plombeuse et coupellation. Il convient cependant de rappeler que dans le cas de minerais riches, surtout, la scorification donne des résultats notablement supérieurs.

c. *Cendres des fours à zinc*. — (V. Composition, p. 230).

z. *Cendres brutes*. — On introduit 25 grammes de cendres dans un creuset de fer servant au dosage du plomb par voie sèche ; on place le creuset dans un four à vent ou à gaz, on l'incline de façon à faciliter l'accès de l'air et on chauffe modérément afin de brûler le charbon, dont la présence entraverait la fusion ultérieure de la matière. Lorsque la combustion du charbon est complète, on retire le creuset du four, on verse les cendres grillées, après refroidissement, sur une feuille de papier glacé, on y ajoute 15 grammes de litharge, puis on opère par fonte plombeuse et coupellation, exactement comme dans le cas d'un minerai de zinc (V. p. 186).

3. *Cendres lavées.* — On y dose l'argent par fonte plombeuse et coupellation, exactement comme dans un minerai de zinc. (V. p. 235 ce qui a été dit de la complication qui peut se produire, par suite de la présence du fer en grande quantité dans les cendres.)

d. *Speiss* (*Composition*, p. 220). On opère par scorification. 5 grammes de speiss en poudre fine sont mélangés à 30 grammes de plomb granulé, exempt d'argent (spécialement fabriqué pour ce genre d'essais). Le mélange, introduit dans un scorificatoire, est recouvert de 30 grammes de plomb granulé ; on ajoute environ 0 gr. 5 de borax anhydre, et l'on place le scorificatoire au fond du moufle d'un four à coupellation, porté au rouge vif. On chauffe à porte fermée pendant quinze à vingt minutes, puis, la surface de la masse en fusion étant complètement dégarnie de parties non fondues, on ouvre la porte pour donner accès à l'air. La scorification commence ; on la laisse se continuer pendant une demi-heure environ. Le plomb, dont il ne doit guère rester que 20 grammes à l'état métallique, est, à ce moment, complètement recouvert de scories. Après avoir ajouté quelques décigrammes de borax, on donne un coup de feu pour rendre la scorie tout à fait fluide, puis on retire le scorificatoire, on décante la scorie et on coule le plomb dans une lingotière. On fera usage d'une pince spéciale (V. fig. 37). Le culot de plomb résultant de cette première scorification, est encore trop impur

Fig. 37.

pour pouvoir être coupellé. On le place dans un scorificatoire, on ajoute 20 grammes de plomb granulé et on scorifie jusqu'à ce que le poids initial du plomb soit à peu près réduit de moitié. Le nouveau culot obtenu est alors assez pur et peut être coupellé.

Remarque. — Au lieu d'opérer directement par scorification, on peut, d'après A. Van de Casteele, fondre 5 grammes de speiss avec addition des fondants habituels et de 60 grammes de litharge. Le culot de plomb impur obtenu est scorifié jusqu'à ce que son poids soit réduit à 20 grammes environ; le plomb est alors suffisamment pur pour pouvoir être coupellé.

e. *Mattes (Composition, p. 225).* On opérera le mieux par scorification, (V. *speiss*) sur des prises d'essai de 2,5 grammes en présence de 50 grammes de plomb granulé. On peut aussi recourir au procédé mixte (V. p 269).

f. *Minerais arsenicaux* (orpiment, mispickel). — En pratique, ces minerais contiennent souvent une forte proportion d'arsenic (30 p. 100 ou même davantage). On en pèse 150 grammes après dessiccation, et on étale cette prise d'essai en couche mince dans un têt rectangulaire à bords peu élevés (15 à 20 centimètres de long sur 8 à 10 de large). Le têt est introduit dans le moufle d'un fourneau de coupellation, dont on élève progressivement la température au rouge sombre; sous l'action de l'air, l'arsenic et le soufre s'oxydent et disparaissent à l'état de As^2O^3 et SO^2. On renouvelle de temps à autre les surfaces à l'aide d'une tige en fer, afin de faciliter l'oxydation. Lorsqu'on n'observe plus de dégagement d'anhydride arsénieux, on retire le têt, on laisse refroidir et on repèse le minerai grillé afin de connaître la perte au grillage et de pouvoir, par conséquent, en tenir compte dans le calcul du résultat de l'analyse. Le minerai grillé est ensuite broyé de nouveau, afin de diviser les grumeaux qui auraient pu se former pendant le grillage; après avoir mélangé soigneusement, on soumet à la fonte plombeuse des mélanges de 20 grammes de minerai grillé, 50 grammes de carbonate sodique, 25 à 30 grammes de borax anhydre, (si le produit est riche en fer, comme c'est le cas pour le mispickel grillé, il y a avantage à forcer la proportion de borax pour obtenir une scorie bien fluide), 3 à 4 grammes de tartre et 20 grammes de litharge de teneur connue en argent (V. pour les détails, *Dosage du plomb dans les minerais de zinc et de plomb*). Les culots de plomb obtenus sont directement soumis à la coupellation (V. p. 264).

g. *Minerais et sous-produits métallurgiques (mattes, etc.) riches en cuivre*. — On opérera par voie mixte (V. p. 269), consistant à enlever la majeure partie du cuivre par l'acide nitrique et à doser l'argent dans le résidu insoluble par fonte plombeuse et coupellation.

V. Hassreidter opère sur deux prises d'essai de 25 grammes chacune ; l'une sert à doser approximativement l'argent ; la seconde est utilisée pour un dosage exact. On attaque la matière par de l'acide nitrique ; s'il s'agit de matières contenant le cuivre à l'état d'oxyde (minerais oxydés), on emploiera de l'acide dilué, densité 1.2 : dans le cas de produits sulfurés, de l'acide concentré, densité 1,4.

L'acide est ajouté par portions de 10 à 20 centimètres cubes ; on doit s'efforcer de l'employer en aussi léger excès que possible. On chauffe afin de faciliter l'attaque. Lorsque celle-ci paraît terminée, on ajoute quatre à cinq fois autant d'eau qu'on a employé d'acide, puis 0,1 gramme de chlorure potassique, quelques gouttes d'acide sulfurique dilué et environ 1 gramme d'acétate de plomb en solution. Le chlorure potassique précipite à l'état de chlorure d'argent les traces d'argent qui auraient pu se dissoudre ; l'acétate de plomb forme, au contact de l'acide sulfurique, un précipité de sulfate de plomb qui englobe le chlorure d'argent et en assure le dépôt complet.

L'addition d'acide sulfurique n'est évidemment pas nécessaire si l'on a affaire à des mattes ou autres matières sulfurées.

Après avoir laissé déposer du jour au lendemain, de façon à obtenir une clarification parfaite du liquide, on filtre sur un double filtre et on enlève par lavage la majeure partie du cuivre. Un lavage à fond est inutile et pourrait même être plutôt nuisible. On s'assure que le chlorure potassique ne produit plus de trouble dans le filtrat, même au bout de douze heures.

Les filtres et leur contenu sont séchés ; on mélange ensuite avec 40 grammes de carbonate sodique, 20 grammes de borax anhydre, 3 à 4 grammes de tartre et 10 à 25 grammes de litharge, suivant l'importance du résidu. On fond ensuite comme s'il s'agissait du dosage du plomb (V. p. 231) et on soumet le culot obtenu à la coupellation.

Pour le second essai, on n'emploiera, autant que possible, que la quantité d'acide nitrique nécessaire et une quantité de chlorure potassique légèrement supérieure à celle qui est théoriquement nécessaire, d'après le résultat obtenu dans le premier essai. La solution nitrique, séparée comme dans l'essai précédent du résidu insoluble, est évaporée afin d'éliminer tout excès d'acide nitrique ; s'il se forme un léger précipité pendant l'évaporation, on le laisse complétement déposer, puis on le recueille sur un double filtre et on le réunit pour la fusion plombeuse au résidu principal. Le reste de l'opération s'achève comme pour la première prise d'essai.

h. *Oxydes de zinc.* — Exemples de composition :

Zinc..	67,54	76,91
Argent par t.	643 grammes	940 grammes
Or par t.	17 —	—

A. van de Casteele opère par voie mixte de la façon suivante :

On dissout 50 grammes de matière dans l'acide sulfurique au cinquième ; lorsque l'attaque est terminée, on ajoute 1 centimètre cube d'une solution de chlorure sodique à 20 p. 100 et 10 grammes d'acétate de plomb en solution ; on laisse déposer complètement, puis on sépare le résidu par filtration ; on le lave, on le sèche, et on le soumet à la fonte plombeuse après l'avoir mélangé avec les fondants habituels et avec 20 grammes de litharge.

Le culot de plomb obtenu est coupellé.

Remarque. — On peut aussi, d'après A. van de Casteele, doser l'argent par fusion directe de l'oxyde de zinc avec de la litharge et des fondants alcalins; mais la fusion est très lente, surtout lorsque l'oxyde contient une forte proportion de zinc métallique. Pour 20 grammes d'oxyde on emploiera au moins 30 grammes de litharge [1].

i. *Plomb métallique* (V. *Composition* : Deuxième partie). — On dosera l'argent en coupellant directement 20 à 30 grammes de plomb.

k. *Pomb dur* (V. *Composition* : Deuxième partie). — Ce plomb étant très riche en antimoine, ne peut être soumis directement à la coupellation; on en scorifie 20 grammes avec 30 grammes de plomb granulé (V. p. 268), jusqu'à ce que le poids de plomb total soit à peu près réduit de moitié. Le plomb restant est alors suffisamment pur pour pouvoir être coupellé.

l. *Cuivre métallique* (Cuivre noir et cuivre raffiné).

α. *Par voie mixte.*

V. Hassreidter enlève le cuivre en traitant par un mélange d'acide nitrique et d'acide sulfurique en proportions telles qu'on n'obtienne que du sulfate de cuivre en solution.

Pour 25 grammes de matière, on prendra un mélange de 200 centimètres cubes d'eau, 100 centimètres

---

[1] Résultats comparatifs obtenus par A. van de Casteele :

	I	II
Fusion directe.	643	940
Elimination préalable du zinc .	621	902

cubes d'acide sulfurique concentré pur et 45 centimètres cubes d'acide nitrique densité 1,21, et on chauffera légèrement.

$$3Cu + 2HNO^3 + 3H^2SO^4 = 3CuSO^4 + 4H^2O + 2NO$$

Le reste de l'opération s'achève comme dans le cas du dosage de l'argent dans les matières cuivreuses, par voie mixte (V. p. 274 g).

β. *Par scorification.* — A. van de Casteele scorifie 8 prises d'essai de 2,5 gr. avec, pour chacune, 50 grammes de plomb granulé (V. p. 268). Les culots de plomb finalement obtenus sont réunis deux par deux et scorifiés de nouveau avec addition de 50 grammes de plomb granulé. Les culots résultant de ces scorifications sont coupellés.

m. *Bismuth métallique.* — Comme dans le plomb (V. *i*).

Observation générale. — Nombre de matières argentifères, minerais, produits et sous-produits métallurgiques contiennent, en même temps que l'argent, une quantité plus ou moins importante d'or. Le cas échéant, on dosera l'or dans le bouton d'argent obtenu et on déduira le poids trouvé du poids total du bouton. On trouvera dans le paragraphe suivant les indications nécessaires pour le dosage de l'or.

DOSAGE DE L'OR

Les indications qui viennent d'être données au sujet du dosage de l'argent nous dispensent d'entrer dans de grands détails au sujet du dosage de l'or. Les procédés à l'aide desquels l'or est concentré finalement dans un culot de plomb, sont les mêmes que ceux dont il vient d'être question pour l'argent et, spécialement, la fonte plombeuse et la scorification. De même que pour l'argent, on emploie la fonte plombeuse chaque fois que l'on a affaire à un minerai ou autre matière suffisamment exempte de métaux tels que le cuivre, l'arsenic, l'antimoine, pouvant entraver ultérieurement la coupellation. Inversement, dans le cas des mattes, speiss, cuivre, etc., on devra recourir à la scorification [1].

Très fréquemment, les matières aurifères sont en même temps argentifères, de sorte que le bouton qu'on obtient à la coupellation finale est le plus souvent un alliage d'or et d'argent.

L'or étant beaucoup moins répandu que l'argent, on est souvent obligé de multiplier les prises d'essais afin d'obtenir plusieurs boutons or-argent destinés à être traités ensemble afin d'avoir une quantité d'or suffisante pour être exactement pesée.

Dans le cas où l'on recourt à la fonte plombeuse, les scories seront refondues avec du carbonate sodique, du borax et 10 grammes de litharge, afin de concentrer dans un culot de plomb qui est ensuite coupellé, les traces d'or qu'elles peuvent avoir retenues.

Les matières fortement sulfurées ou arsénicales (nickel, pyrites, etc.,) seront préalablement grillées. (V. p. 273).

La séparation de l'or d'avec l'argent se fait au moyen de l'acide nitrique [2]. Cet acide dissout l'argent et laisse

---

[1] Le procédé mixte ne devra être employé qu'avec grande circonspection. D'après A. van de Casteele, il expose à des pertes en or.

[2] Le commerce fournit pour cette séparation un acide absolument pur, ne contenant pas la moindre trace de chlore pouvant donner lieu à la formation d'eau régale qui dissoudrait de l'or.

l'or inattaqué. Seulement, pour que les choses se passent de la sorte, il faut que l'alliage à traiter contienne au moins trois fois autant d'argent que d'or, sinon l'attaque ne se fait pas.

En pratique, on réalise cette condition, en ajoutant, éventuellement, la quantité voulue d'argent fin à la charge à fondre au creuset de fer, ou au culot de plomb destiné à la coupellation finale.

Le bouton or-argent étant obtenu, on le détache de la coupelle à l'aide d'une petite pince dentelée; on brosse la face qui adhérait à la coupelle, puis on aplatit le bouton à l'aide d'un marteau et d'une petite enclume en acier. On obtient ainsi une lamelle qu'on traite par l'acide nitrique dans les conditions suivantes. On se sert pour cette dissolution (qui porte le nom de « départ ») de petits matras allongés de 50 centimètres cubes environ de capacité se prolongeant en un long col (fig. 38). On introduit dans le matras l'or ou les lamelles à traiter, on ajoute environ 15 centimètres cubes d'acide nitrique densité 1,18 et on chauffe à l'ébullition au bain de sable pendant dix

Fig. 38.

minutes; on laisse déposer, puis on décante le liquide clair, afin de voir aisément toute parcelle d'or qui aurait été entraînée, dans un gobelet de verre placé sur un fond blanc; on introduit ensuite dans le matras 15 centimètres cubes d'acide nitrique, densité 1,3, et une petite balle de charbon [1], destinée à éviter les soubresauts, et l'on chauffe de nouveau à l'ébullition pendant dix minutes.

Après dépôt, on décante le liquide dans le gobelet,

[1] Ces ballettes de charbon se vendent dans le commerce.

sans entraîner le charbon, et on renouvelle une seconde fois dans les mêmes conditions le traitement par l'acide de densité 1,3. On décante de nouveau le liquide et on élimine en même temps le charbon. On s'assure qu'aucune parcelle d'or n'est passée dans le gobelet avec l'acide décanté à la suite des traitements successifs, puis on remplit d'eau distillée le matras jusqu'à l'orifice du col. On retourne ensuite un creuset sur le col (fig. 39 *a*.) puis, maintenant le creuset en place, on redresse verticalement le matras. Une petite quantité d'eau s'écoule dans le creuset, formant une fermeture hydraulique. En même temps, l'or descend à travers la colonne liquide et vient se rassembler au fond du creuset. Celui-ci est ensuite rempli d'eau, puis on relève graduellement le matras, jusqu'au bord du creuset, on le fait glisser latéralement, et dès qu'il ne touche plus le bord, on le

Fig. 39.

redresse vivement, le col en haut. On décante ensuite l'eau qui surnage l'or, on sèche à l'étuve pour éliminer les dernières traces d'eau, puis on calcine graduellement au rouge. Les parcelles d'or sont alors amenées sur le plateau d'une balance permettant de peser à 1/100 de milligramme près. — On s'assurera, évidemment, au préalable, que la balance est en équilibre à vide.

COMPOSÉS DE L'ARSENIC

Les composés d'arsenic naturels sont assez nombreux. Nous citerons, notamment, l'orpiment ($As^2 S^3$), le réalgar ($As^2 S^2$), l'arséniure de nickel, $Ni As$, le sulfo-arséniure de cobalt, $CoS As$.

Au point de vue pratique, le plus important des minerais d'arsenic est le mispickel $FeSAs$, qui, à l'état pur, contient 46 p. 100 d'arsenic. Cette teneur n'est généralement pas atteinte en fait, le mispickel étant presque toujours associé à de la pyrite, de la blende, de la galène, du sulfure de cuivre, etc. Très souvent, le mispickel est argentifère et aurifère. On l'utilise en grandes quantités pour la fabrication de l'anhydride arsénieux.

EXEMPLES DE COMPOSITION

Mispickel

SiO^2.	15,08	18,10
As	24,08	30,07
Sb.	23	—
Cu.	0,30	0,70
Fe	34,60	30,17
$Al^2 O^3$.	11,06	—
Cao	1,08	0,93
MgO	0,04	0,16
S.	13,19	—
Ag	30 gr. par tonne	28 gr. par tonne
Au	36 —	22,4

Pyrite arsénicale

SiO²	36,20
As	15,50
Cu	0,28
Fe	25,75
S	19,60
Ag	32 gr. par tonne
Au	2 gr. par tonne

L'arsenic se rencontre aussi en petites quantités dans de très nombreux minerais de zinc, de plomb, de cuivre, de nickel, etc., et se retrouve, au moins en partie, dans les sous-produits du traitement de ces minerais, mattes, speiss, cendres plombeuses des fours à zinc, etc.

Les minerais d'arsenic proprement dits, et spécialement le mispickel, ayant, en somme, une composition élémentaire analogue à celle de ces produits, et spécialement des speiss et mattes, nous pourrons nous borner ici à quelques indications sommaires.

Dosage de l'arsenic. — a. On opérera exactement comme pour le dosage du même élément dans les speiss. (V. p. 220).

b. On fond, dans un creuset de porcelaine, 1 gramme de matière en poudre fine avec du carbonate de sodium et du soufre. — La théorie du procédé et le mode opératoire à suivre ont été donnés p. 10 à propos de la mise en solution des matières minérales.

Ayant obtenu la solution des sulfo-sels d'arsenic et d'antimoine, on reprécipite les sulfures des deux métaux par l'acide sulfurique dilué, on transforme le sulfure d'arsenic en acide arsénique, puis en arséniate-ammo-

niaco-magnésique. (Pour les détails du mode opératoire.
V. *Dosage de l'arsenic dans les blendes*, p. 195). [1]

Dosage de l'antimoine. — On dosera l'antimoine dans
le filtrat ammoniacal séparé du précipité d'arséniate
ammoniaco-magnésique obtenu lors du dosage de l'arsenic. (V. pour les détails, *Dosage de l'antimoine dans les
blendes,* p. 195).

Dosage du plomb. — On opérera comme dans le cas
d'une matte. (V. p. 225).

Dosage du cuivre. — Comme dans les speiss. (V.
p. 223).

Dosage du soufre. — On dosera le soufre, le mieux par
voie sèche, en opérant exactement comme dans le cas
des pyrites. (V. p. 165).

Dosage de l'argent et de l'or. — Les détails de cette
opération ont été donnés p. 273 f (dosage de l'argent
dans les produits arsénicaux) et p. 278 (dosage de l'or
dans les boutons d'argent aurifères obtenus à la coupellation.

[1] Voir au sujet du dosage de l'arsenic, suivant *a* et *b*, la note 1 p. 196.

COMPOSÉS DE L'ANTIMOINE

L'antimoine se rencontre dans la nature principalement à l'état de stibine (trisulfure Sb^2S^3) ; on le trouve aussi à l'état oxydé, notamment, dans la Sénarmontite (Sb^2O^3). De même que l'arsenic, l'antimoine existe en petites quantités dans de très nombreux minerais métalliques.

Il a déjà été question, à plusieurs reprises, du dosage de l'antimoine, à propos des minerais de zinc, plomb, cuivre, etc. et de divers sous-produits métallurgiques. Nous ne considérerons ici que l'analyse des minerais proprement dits.

Dosage de l'antimoine. — La désagrégation de la stibine peut se faire par les acides ou par fusion avec le carbonate sodique et le soufre. Ce dernier procédé est aussi applicable aux minerais oxydés, qui sont généralement difficilement attaquables par les acides.

a. On fond dans un creuset de porcelaine, dans les conditions détaillées, p. 16, un mélange intime de 1 gramme de minerai en poudre fine, séché à 100°, 3 grammes de soufre en fleur, et 3 grammes de carbonate sodique sec. La masse fondue qui contient l'antimoine (et éventuellement l'arsenic) à l'état de sulfo-sel, est épuisée par l'eau. On filtre, pour isoler le liquide contenant l'antimoine et l'arsenic, et on précipite ces métaux à l'état de sulfures par l'acide sulfurique dilué. Les sulfures d'antimoine et d'arsenic sont recueillis sur un filtre et lavés. Le précipité est ensuite transvasé à l'aide du jet de la pissette dans un gobelet de verre ; on ajoute 10 centimètres cubes d'une solution de sulfure sodique à 20 p. 100 : on chauffe au bain-marie jusqu'à redissolution des sulfures et on filtre pour séparer le soufre en se servant du filtre qui contenait le précipité. Le liquide et les eaux de lavage sont recueillis dans une capsule en platine tarée, et électrolysés après addition de sulfure sodique, dans les conditions indiquées à propos du dosage de l'antimoine dans les speiss. (V. p. 222).

b. On dissout 1 gramme de minerai finement pulvérisé et séché, dans l'acide chlorhydrique, et l'on ajoute par portions successives quelques décigrammes de chlorate potassique en poudre. La solution est chauffée au bain-marie jusqu'à élimination du chlore en excès ; on ajoute 2 à 3 grammes d'acide tartrique pour maintenir l'antimoine en solution ; puis on traite par l'acide sulfhydrique jusqu'à précipitation complète des métaux des groupes de l'arsenic et du cuivre. Le précipité est, après filtration et lavage, traité par le sulfure sodique (V. *a*) afin de redissoudre les sulfures d'antimoine et d'arsenic ; on dose ensuite l'antimoine par électrolyse comme en *a*.

COMPOSÉS DE L'ÉTAIN

La majeure partie de l'étain du commerce provient du traitement de la cassitérite SnO^2. L'étain peut être associé dans ce minerai à de l'arsenic, à du fer (pyrite), de l'aluminium, du manganèse, du plomb, plus rarement à de l'argent et à des composés de tantale et de tungstène.

Un autre minerai, beaucoup moins important que le précédent est la stannine, sulfure d'étain, contenant des quantités variables de sulfure de cuivre, fer et zinc.

D'après Fresénius, le dosage de l'étain dans ses minerais peut se faire de la façon suivante.

a. *Cassitérite.* — On désagrège une prise d'essai de 1 gramme par le carbonate sodique et le soufre (V. pour les détails du mode opératoire, p. 10). La masse fondue étant reprise par l'eau, on obtient une solution qui contient l'étain à l'état de sulfo-sel et un résidu formé des sulfures des métaux des groupes du cuivre et du fer, et de gangue siliceuse. Ces sulfures sont redissous dans l'acide nitrique, densité 1,2 à chaud.

Dans la solution on dose les métaux : plomb, fer, manganèse, aluminium, etc. (V. notamment *Analyse complète des minerais de zinc*, p. 193). Si l'acide nitrique laisse un résidu paraissant être formé en partie de minerai inattaqué, on devra refondre ce résidu avec du foie de soufre comme précédemment. Si, à la suite de cette seconde fusion, il reste encore des substances insolubles dans l'acide nitrique, ces substances peuvent être formées de silice associée à de l'acide tantalique.

La solution sulfo-alcaline contenant l'étain à l'état de sulfo-stannate est décomposée par l'acide chlorhydrique, afin de reprécipiter le sulfure d'étain qui est recueilli, lavé, puis redissous dans l'acide chlorhydrique bromé. La solution est neutralisée par l'ammoniaque sans aller jusqu'à formation d'un précipité permanent, puis on ajoute du nitrate ammonique en excès et on chauffe quelque temps au bain-marie. L'étain se précipite à l'état de $Sn(OH)^4$.

Après dépôt du précipité, on s'assure que le liquide surnageant ne se trouble plus par une nouvelle addition de nitrate ammonique, puis on filtre, on lave le précipité avec une solution diluée de nitrate ammonique, afin d'éviter que le liquide passe trouble; on le sèche, et on le transforme par calcination en SnO^2. Pour cela, on détache le précipité du filtre, on incinère celui-ci, on traite les cendres par quelques gouttes d'acide nitrique pour réoxyder les traces d'étain réduit par le charbon du filtre, et on évapore à siccité; puis on introduit le précipité dans le creuset et on calcine à haute température.

Remarque. — Le cas échéant, on recherchera l'acide tungstique dans le précipité en chauffant celui-ci à plusieurs reprises, en mélange avec du chlorure ammonique; l'étain finit par se volatiliser à l'état de chlorure; l'acide tungstique reste en résidu.

b. *Dosage de l'étain dans la stannine.* — On traite 1 gramme de matière en poudre fine par de l'acide chlorhydrique concentré, puis on ajoute petit à petit du chlorate potassique jusqu'à dissolution complète.

Ensuite on dilue, on chauffe pour éliminer l'excès de chlore, puis on filtre pour séparer la gangue. Le filtrat est traité à chaud par l'acide sulfhydrique, afin de précipiter l'étain et en même temps les métaux du groupe du cuivre. Le précipité de sulfures est, après lavage, traité par du sulfure de potassium qui dissout l'étain à l'état de sulfo-sel. De cette solution, on reprécipite par un acide l'étain à l'état de sulfure, ce qui ramène au cas précédent.

COMPOSÉS DU PLATINE

Le platine se rencontre à l'état natif en mélange ou en alliage avec les métaux dits du groupe du platine qui sont : l'iridium, le palladium, le rhodium, l'osmium, le ruthenium. Le fer, le cuivre, l'or sont fréquemment aussi associés au platine.

EXEMPLES DE COMPOSITION

	(Oural)		(Australie)
Pt	80,87	71,20	39,04
Ir.	0,06	2,40	1,01
Os.	Traces	0,05	1,03
Pd.	1,30	1,95	0,89
Rh.	4,44	1,50	0,44
Fe.	10,82	13,40	3,77
Cu.	2,30	6,70	0,33
Au.	—	—	0,97
Iridosmine [1] . .	0,11	2,65	40,67
Sable, etc.. . . .	—	—	2,84

Nous ne croyons pas devoir entrer dans le détail de l'analyse du minerai de platine ; cette opération, très délicate et tout à fait spéciale, est absolument en dehors de la pratique courante.

[1] L'iridosmine, substance insoluble dans l'eau régale, est une sorte d'alliage d'iridium et d'osmium toujours associé à Rh. Ru, etc.

DEUXIÈME PARTIE

Métaux.

FONTES, FERS ET ACIERS

Les produits sidérurgiques contiennent régulièrement, outre le fer, un certain nombre d'éléments dont la proportion influence souvent d'une façon très considérable leurs propriétés. Ces éléments sont: le carbone, le silicium, le manganèse, le soufre et le phosphore.

Dans les fontes grises, le carbone se trouve en très grande partie à l'état libre; dans les fontes blanches, il est, au contraire, surtout en combinaison avec le fer. A ces différences correspondent, comme on le sait, une texture et des propriétés particulières.

Dans les aciers, la teneur en carbone exerce une influence capitale sur la dureté, et, par suite, sur la résistance à la traction, à la compression, etc. Plus un acier est carburé, plus il est dur et résistant aux efforts de traction. Inversement, un acier doux ne supportera sans se rompre qu'une charge relativement faible, mais son coefficient d'allongement sera beaucoup plus élevé que celui des aciers durs. Il conviendra, par exemple, pour la fabrication de pièces embouties, tandis que les autres conviendront pour rails, outils, projectiles, etc.

Le phosphore ne se rencontre en quantité importante que dans les fontes phosphoreuses (fontes Thomas) préparées spécialement en vue de la fabrication de l'acier par les procédés basiques.

Le phosphore rendant le fer cassant, n'existe dans les aciers qu'en proportion très faible.

Le soufre agit d'une manière analogue; aussi ne se trouve-t-il qu'en proportion très peu élevée dans les produits sidérurgiques.

Le manganèse est surtout abondant dans les fontes dites Spiegel, employées en aciérie.

Voici une série d'exemples qui permettent de se faire une idée de la composition des principaux produits de l'industrie du fer.

FONTES (d'après A. Ledebur).

A. *Fontes grises.*

	Si.	C. total	Graphite.	Mn.	P.	S.
Fonte noire	2,25	4,15	3,25	1,25	0,05	0,02
—	2,77	3,78	3,33	1,31	0,80	0,02
Fonte grise	1,95	3,58	2,55	1,05	0,05	0,04
—	1,75	3,47	1,95	0,95	0,05	0,06
Fonte gris-clair . . .	1,55	3,23	1,15	0,65	0,04	0,07
Fonte Bessemer(noire)	3,31	4,76	4,00	3,41	0,07	0,05
— (grise)	2,52	3,76	3,10	3,90	0,07	0,03
Fonte de Lorraine (phosphoreuse) . .	2,71	3,82	3,30	0,61	1,93	—
Fonte de moulage . .	2,20	3,50	2,97	0,41	0,51	0,07
Fonte très siliceuse .	5,32	2,46	2.25	2,52	0,48	0,01
Ferro-silicium. . . .	10,31	0,80	0,80	1,22	0,18	—
—	11,20	1,59	1,59	2,08	0,08	0,02

B. *Fontes blanches.*

	Si.	C. total	Mn.	P.	S.
Fonte blanche ordinaire.	0,28	3,03	0,16	0,02	0,10
— .	0,75	2,50	1,25	0,07	0,05
Fonte blanche rayonnée.	0,12	3,72	0,69	0,07	0,02
Fonte Spiegel (petites facettes).	0,37	3,83	4,28	0,08	tr.
Fonte Spiegel. . . .	0,30	5,30	11,30	0,16	0,01
Fonte Spiegel très manganésée. . . .	0,23	6,00	27,41	0,06	0,01
Ferro manganèse . .	0,06	5,53	35,43	tr.	tr.
— . .	2,52	5,31	55,06	0,38	tr.
— . .	0,02	6,94	76,93	0,24	—

C. *Fontes truitées.*

Si.	C. total	Graphite.	Mn.	P.	S.
1,45	3,02	0,85	0,58	0,05	0,05
0,70	3,21	1,63	0,14	0,56	0,14
1,03	3,67	2,46	2,74	0,09	0,05

D. *Fontes dites « malléables ».*

Si.	C.	Mn.	P.	S.
0,02	0,38	0,21	0,07	0,05
0,69	0,35	0,16	0,05	0,30
0,41	0,25	0,15	—	—

FERS ET ACIERS

Les aciers sont généralement pauvres en silicium et ne doivent contenir que de très faibles quantités de phosphore et de soufre (d'ordinaire des centièmes ou même des millièmes p. 100).

La dureté augmente avec la teneur en carbone ; plus un acier est dur et mieux il résiste aux efforts de rupture; par contre, son allongement au moment de la rupture est d'autant plus grand qu'il est plus doux, c'est-à-dire moins carburé; la contraction [1] au point de rupture est d'autant plus forte que l'acier est plus doux.

La classification suivante, en vigueur en ces dernières années à la Société John Cockerill, permet de se faire une idée des variations des propriétés des aciers en fonction de leur teneur en carbone.

	C. p. 100	Coefficient de rupture par mm².	Allongement pour des épaisseurs au-dessus de 8 mm.	Contraction $\dfrac{S - s}{S}$
		kil.	p. 100	p. 100
I. Aciers extra-doux exceptionnels (fers homogènes). . . .	0,10	34 à 38	Env. 30	60 —
II. Aciers extra-doux	0,10 à 0,14	38 à 42	30 à 25	60 à 50
III. Aciers très-doux.	0,14 à 0,20	42 à 50	25 à 20	50 à 40
IV. Aciers doux. . .	0,20 à 0,35	50 à 60	20 à 15	40 à 30
V. Aciers durs . . .	0,35 à 0,50	60 à 70	15 à 10	30 à 20
VI. Aciers très durs.	0,50 à 0,65	70 à 80	10 à 5	20 à 15
VII. Aciers extra-durs [2].	0,65 et plus	+ 80	—	—

Les aciers de la classe n° I ne prennent pas la trempe : ceux des classes nᵒˢ II et III prennent légèrement la trempe; les aciers rentrant dans les classes IV, V et VI prennent d'autant plus fortement la trempe qu'ils contiennent plus de carbone.

Indépendamment des éléments qui nous ont occupé jusqu'ici, on peut encore rencontrer dans les produits de la métallurgie du fer, en très petite quantité, de nom-

---

[1] Le coefficient de contraction se calcule par la relation $\dfrac{S - s}{S}$ dans laquelle S est la section de la barre soumise aux essais, et s la section minima après rupture.

[2] Aciers spéciaux dont les propriétés sont souvent dues à des additions de métaux tels que le chrome, le nickel, le tungstène, destinés à renforcer la dureté.

breux métaux et métalloïdes, dont la plupart ont été indiqués à propos des minerais (v. p. 132). Ce sont notamment : arsenic, antimoine, cuivre, étain, or, argent, tungstène, molybdène, titane, vanadium, aluminium, chrome, nickel, cobalt, calcium, magnésium, métaux alcalins, azote, oxygène.

La recherche et le dosage de ces éléments ne se font que dans des cas spéciaux, et nous ne nous occuperons que d'une partie d'entre eux.

En dehors des fontes fers et aciers de fabrication courante, la sidérurgie prépare aussi un certain nombre de produits réservés pour divers usages particuliers; ce sont surtout des aciers dont la dureté a été renforcée par l'incorporation de métaux tels que le nickel, le chrome, le tungstène, etc., et qui sont destinés à résister à des efforts considérables de pénétration (tôles de coffres-forts, projectiles, plaques de blindage de navires, etc.).

Pour la fabrication de ces aciers, on se sert souvent de fontes spéciales contenant, à côté d'une certaine teneur en fer, une proportion généralement très élevée du métal à incorporer. On a ainsi les fontes connues sous les noms de : ferro-chromes, ferro-tungstènes, ferro-manganèses, etc.

Nous examinerons dans la suite l'analyse de ces produits.

EXEMPLES DE COMPOSITION D'ACIERS AU CHROME, AU NICKEL, AU TUNGSTÈNE, AU MANGANÈSE (D'après A. Ledebur.)

Aciers chromés.

Si.	C.	Cr.	Mn.
0,08	0,12	0,84	0,18
0,14	0,21	1,51	0,12
0,18	0,41	3.17	1,28
0,31	0,86	6,80	0 29

Aciers au nickel.

C.	Ni.	Mn.
0,35	3,00	0,57
0,50	5,00	0,34
0,30	6,75	—

Aciers au tungstène.

Si.	C.	W.	Mn.
0,19	1,13	1,94	0,44
0,42	1,36	2,58	0,25
0,21	1,20	6,45	0,34

Aciers au mangınèse.

C.	Si.	Mn.
0,40	0,09	3,89
0,47	0,44	7,22
0,85	0,28	14,01

1. DOSAGE DU CARBONE

A. *Dans les fontes.* — Le carbone existe dans les fontes sous différents états : 1° à l'état libre, sous forme de lamelles cristallines (graphite) et à l'état amorphe (carbone de cémentation); 2° à l'état combiné. On distingue ici le carbone combiné à l'état de carbure de fer et le carbone de trempe.

En général, le dosage du carbone comprend :

a. Le dosage du carbone total.

b. Le dosage du graphite.

c. Le dosage du carbone combiné.

a. DOSAGE DU CARBONE TOTAL. — *α. Procédé d'après lequel on ne dose le carbone qu'après avoir éliminé le fer.*

Principe du dosage. — 1° concentrer le carbone de la fonte dans un résidu à peu près exempt de fer, obtenu en traitant la fonte par le chlorure de cuivre et d'ammonium.

$$Fe + CuCl^2 = FeCl^2 + Cu$$
$$Cu + CuCl^2 := 2CuCl.$$

Le chlorure cuivreux formé reste dissous grâce à la présence du chlorure ammonique.

2° Brûler le carbone (contenu dans le résidu obtenu en 1°) dans un courant d'oxygène et recueillir l'anhydride carbonique formé, dans des tubes d'absorption tarés.

Mode opératoire. — On traite dans un matras, 1 gramme de fonte finement divisée par 100 centimètres cubes d'une solution de chlorure cuprico-ammonique à 30 p. 100.

On agite d'abord pendant quelque temps à froid, puis on chauffe au bain-marie à une température ne dépassant pas 70°.

On peut avantageusement faire usage d'un agitateur mécanique analogue à celui qu'on emploie dans l'analyse des phosphates.

L'opération étant finie, on ajoute quelques centimètres cubes d'acide chlorhydrique afin de redissoudre les sels basiques. Lorsque tout le fer est dissous, on filtre en faisant usage d'un petit entonnoir ou d'un creuset de Gooch dont le fond est garni d'un tampon d'asbeste calciné [1]. On rince le vase avec de l'eau acidulée d'acide chlorhydrique, puis on lave le résidu insoluble à l'eau chaude.

---

[1] Ce tampon doit être fait avec grand soin ; s'il est trop compact, la filtration, même en s'aidant de la trompe, est extrêmement lente ; s'il est trop lâche, des parcelles charbonneuses peuvent le traverser.

On sèche à basse température; on détache de l'entonnoir le tampon d'asbeste chargé du résidu et on l'étale dans une nacelle de platine ou de porcelaine de 8 à 10 centimètres de longueur. La nacelle est introduite avec son contenu dans un tube en verre dur de 15 millimètres de diamètre intérieur et de longueur telle qu'il dépasse de 7 centimètres environ les extrémités d'un fourneau à combustion de 15 ou de 20 becs. La suite de l'opération se fait exactement comme dans le cas du dosage du carbone dans les houilles (V. p 31).

β. *Procédé dans lequel on dose directement le carbone sans élimination préalable du fer.*

Ce procédé est, en quelque sorte, une combinaison de la concentration du carbone et de sa combustion ultérieure à l'état d'anhydride carbonique. En voici la description détaillée d'après les recherches d'une commission de spécialistes allemands.

Les équations suivantes rendent compte des deux phases de l'opération :

$$2\,CuSO^4 + Fe^2 = 2\,FeSO^4 + 2\,Cu.$$
$$4CrO^3 + 6H^2SO^4 + 3C = 3CO^2 + 2Cr^2(SO^4)^3 + 6H^2O.$$

RÉACTIFS NÉCESSAIRES. — 1° *Acide chromique.* — On emploie une solution d'acide chromique dit purifié.

Cet acide contient un peu d'acide sulfurique; il est plus pur que l'acide dit chimiquement pur du commerce qui, souvent, renferme des matières organiques.

2° *Solution de sulfate de cuivre.* — On emploie une solution de 200 grammes de ce sel pur par litre.

3° *Acide sulfurique concentré.*

4° *Anhydride phosphorique.*

5° *Chaux sodée.*

6° *Oxyde cuivrique en grains.*

L'appareil (fig. 40) se compose :

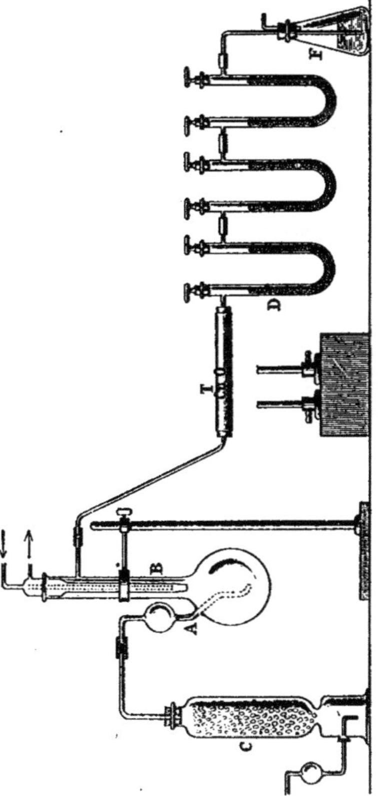

1° D'une colonne C en verre destinée à purifier l'air qui sert à balayer l'appareil à la fin de l'opération. La partie inférieure est chargée d'une solution de potasse caustique, la colonne proprement dite contient de la

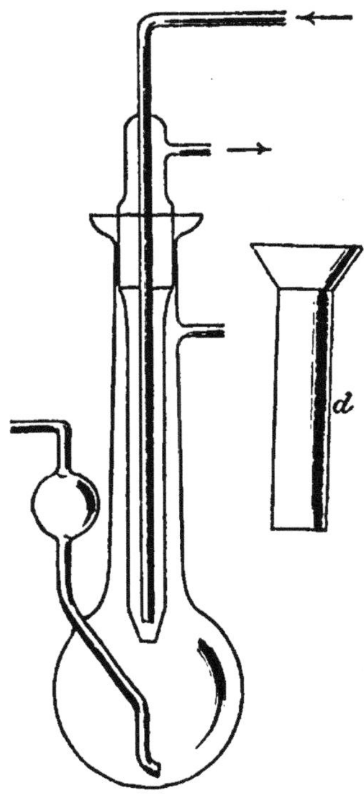

Fig. 41.

chaux sodée. A cet appareil est relié un ballon B dans lequel s'effectue l'attaque du métal et l'oxydation du carbone. Ce ballon (fig. 41) contient un réfrigérant intérieur rodé dans le col et servant en même temps de bouchon. Il est relié à la colonne à chaux sodée par le tube A qui porte un renflement en forme de boule destinée à empêcher éventuellement le liquide du ballon d'arriver jusque dans la colonne.

Par sa tubulure latérale, le ballon est relié à un petit tube en verre dur T (tube à combustion) chargé d'oxyde de cuivre ou d'asbeste platiné et destiné à brûler les hydrocarbures qui pourraient échapper à la transformation dans le ballon. Ce tube est chauffé au moyen de 2 becs Bunsen. Vient ensuite un tube dessiccateur D chargé d'anhydride phosphorique; puis deux tubes en U chargés aux trois quarts de chaux sodée et pour le dernier quart d'anhydride phosphorique; ils sont destinés à absorber l'anhydride carbonique, et doivent, évidemment, être tarés. Les trois tubes sont fermés par des bouchons rodés.

Un petit flacon laveur F termine l'appareil. Il est chargé d'acide sulfurique concentré et a pour but de permettre de contrôler la vitesse du courant d'air dans l'appareil.

Mode opératoire. — On introduit dans le ballon 25 centimètres cubes de la solution chromique, 150 centimètres cubes de la solution de sulfate de cuivre et 200 centimètres cubes d'acide sulfurique.

On met le réfrigérant en place et on chauffe le tube à oxyde de cuivre. Le mélange acide est alors porté à l'ébullition pendant dix minutes. On raccorde ensuite le ballon avec la colonne à chaux sodée et on fait passer à travers le ballon un courant d'air modéré pendant dix minutes. Le ballon est ensuite raccordé avec le tube à oxyde de cuivre et celui-ci avec les autres tubes en U; on continue ensuite à faire passer l'air pendant cinq minutes. Les tubes en U sont alors fermés, enlevés de l'appareil et pesés après dix minutes de séjour dans la cage de la balance.

Les tubes tarés sont remis en place, puis on introduit la prise d'essai dans le ballon au moyen d'un entonnoir à large douille (*d*) (fig. 41).

On ajoute un peu d'eau et on chauffe.

La prise d'essai est, suivant la teneur en carbone, de 1 à 5 grammes.

Pendant l'opération, on fait constamment passer à travers l'appareil un courant d'air très lent. La chauffe doit être réglée de telle façon que le liquide n'entre en ébullition qu'au bout de quinze à vingt minutes.

L'ébullition est ensuite entretenue pendant une à deux heures suivant la nature du métal; ensuite on retire la flamme et on fait encore passer dans l'appareil environ 2 litres d'air.

Les tubes à chaux sodée sont ensuite fermés et pesés après refroidissement.

De nombreux essais ont démontré que la quantité de carbone qui s'échappe du ballon à l'état d'hydrocarbures est assez constante et correspond en moyenne à 2 p. 100 de la teneur totale.

Aussi, pour des essais n'exigeant pas la dernière rigueur, peut-on se dispenser d'employer le tube à oxyde de cuivre; on se borne à corriger la teneur trouvée dans la proportion indiquée.

b. DOSAGE DU GRAPHITE (ET DU CARBONE DE CÉMENTATION, C'EST-A-DIRE DE L'ENSEMBLE DU CARBONE NON COMBINÉ)

α. On traite 1 à 3 grammes de fonte (suivant la teneur présumée) par 25 à 50 centimètres cubes d'acide nitrique, densité 1,2. L'attaque étant vive, surtout au début, il y a lieu d'opérer avec beaucoup de précautions. On chauffe ensuite pendant assez longtemps au bain de sable, à une température voisine de l'ébullition, mais sans laisser le liquide s'évaporer notablement.

Ensuite on filtre sur filtre d'asbeste (Voir dosage du carbone total p. 297), le résidu insoluble, qui contient, notamment, le carbone libre et, après lavage (à l'eau, puis à l'eau acidulée d'acide chlorhydrique, puis à l'eau pure) continué jusqu'à élimination complète du fer, on y dose le carbone, soit par combustion, (voir p. 296), soit par voie humide au moyen du mélange oxydant d'acides sulfurique et chromique (voir p. 298).

β. Si l'on veut éviter la combustion du graphite, opération assez compliquée lorsqu'il s'agit d'essais courants, on peut procéder de la manière suivante :

On traite 2 grammes de fonte par 50 centimètres cubes d'acide nitrique, densité 1,2. La dissolution terminée, on dilue le liquide au volume de 150 centimètres cubes, on laisse déposer, on filtre sur filtre taré, on lave à l'eau chaude, additionnée de 5 p. 100 d'acide nitrique, densité 1,2, jusqu'à ce que les eaux de lavage ne contiennent plus trace de fer, puis on lave encore deux fois à l'eau pure; on dessèche à 100° et on pèse. On connaît ainsi le poids du graphite augmenté de celui de la silice qui s'est précipitée pendant la dissolution.

On calcine ensuite dans un creuset de platine taré; le graphite brûle et la silice reste à l'état pur. Le poids trouvé est divisé par 0,94; ce coefficient se rapporte à la quantité d'eau retenue par la silice lors de la dessiccation à 100°, du précipité mixte de silice et de graphite. Le nouveau résultat est soustrait du poids de ce dernier précipité; la différence correspond au graphite.

On remarquera que dans ce procédé la solution du métal n'est pas évaporée à siccité; aussi, une minime partie de la silice reste-t-elle seule mélangée au graphite;

la correction porte donc sur un poids très faible; et l'exactitude du dosage du graphite est augmentée d'autant.

Lorsque la teneur en silice est élevée et celle du graphite faible, il est recommandable de traiter le précipité mixte de silice et de graphite par une solution bouillante de carbonate sodique à 15 ou 20 p. 100, afin d'enlever la majeure partie de la silice avant de dessécher le précipité.

c. Dosage du carbone combiné

En général, on se borne à déterminer l'ensemble du carbone combiné sans tenir compte de la proportion qui peut se trouver à l'état de carbure et à l'état de carbone de trempe. On peut déduire la teneur en carbone combiné de la connaissance des teneurs en carbone total et en graphite; ou bien, on peut la déterminer directement par la méthode colorimétrique d'Eggertz (v. plus loin).

B. *Dans les fers et aciers*. — Le dosage du carbone total dans les fers et aciers peut se faire exactement comme dans les fontes; seulement, ces produits étant beaucoup plus pauvres en carbone que les fontes, la prise d'essai devra être élevée: 5 grammes, ou davantage.

Dosage colorimétrique du carbone dans les aciers

Principe. — Si l'on traite un acier par de l'acide nitrique, les carbures de fer sont décomposés : il se forme d'abord des flocons brunâtres de substances carbonées, hydrogénées et oxygénées. Si l'on chauffe, ces flocons se dissolvent dans l'acide qui prend une teinte jaune brunâtre d'autant plus accentuée que la teneur en carbone est plus élevée. On compare cette teinte à celles de témoins obtenus en traitant, dans les mêmes conditions que la prise d'essai, des aciers à teneurs en carbone connues.

Mode opératoire. — On introduit dans un tube en cristal gradué, construit spécialement pour ce dosage, 0,2 gr. d'acier; on ajoute petit à petit, l'attaque étant assez vive, 10 centimètres cubes d'acide nitrique, densité 1,2, puis on chauffe au bain-marie jusqu'à dissolution complète des flocons d'abord formés, ce qui nécessite généralement une à deux heures; on traite, dans les mêmes conditions, des prises d'essai d'aciers types à teneurs inférieures et supérieures à celle que l'on présume exister dans l'acier. En général, en admettant même qu'on n'ait aucune indication sur la teneur de l'acier analysé, on aura dans des types 0,12, 0,25, 0,30 et 0,45 p. 100 de carbone, des éléments de comparaison suffisants.

Après refroidissement, on observe les teintes par réflexion, les tubes étant disposés contre un fond blanc et bien en lumière. On établit par des additions d'eau, faites avec précaution, l'égalité de teinte entre le contenu du tube renfermant la prise d'essai et le type qui s'en rapproche le plus; une simple proportion donne ensuite la teneur cherchée.

Exemple :

Volume du liquide pour un acier type à 0,30 p. 100, 11 centimètres cubes.

Volume du liquide pour l'acier analysé, 11,8 centimètres cubes.

La teneur x cherchée est donnée par la proportion :

$$11 : 0,31 = 11,8 : x.$$

$$x = \frac{11,8 \times 0,31}{11} = 0,33.$$

Observation. — La méthode d'Eggertz ne peut s'appliquer au dosage du carbone dans les aciers au chrome et au nickel, ces aciers donnant des solutions colorées.

2. Dosage du silicium.

En principe, le dosage du silicium dans les produits sidérurgiques, quels qu'ils soient, consiste à transformer le silicium en silice qu'on insolubilise par évaporation en présence d'acides déshydratants. Le mode d'attaque varie dans certaines limites, suivant la nature des matières à analyser.

a. *Fontes grises* (forte proportion de graphite). — On ajoute à une prise d'essai de 2 grammes, 5 centimètres cubes d'eau, 1 gramme de chlorate potassique, puis 30 centimètres cubes d'acide chlorhydrique concentré; on évapore à siccité au bain de sable. Le résidu est repris par 10 centimètres cubes d'acide chlorhydrique additionnés de 10 à 20 centimètres cubes d'eau; on laisse agir jusqu'à ce que les sels basiques formés pendant l'évaporation soient redissous, puis on dilue plus fortement; ensuite on filtre, on lave le résidu contenant la silice, d'abord avec de l'eau acidulée d'acide chlorhydrique (afin d'éliminer tout le fer), puis avec de l'eau pure, on dessèche et calcine au contact de l'air afin de brûler complètement le carbone, puis on pèse.

b. *Fontes blanches, fontes manganésées (spiegel) et aciers.* — On fait usage pour l'attaque d'un mélange formé de : 1 volume d'acide sulfurique concentré; 2 volumes d'acide nitrique concentré, et 2 volumes d'eau.

On pèse 2 grammes de fonte blanche ou de spiegel ; on attaque dans une capsule en porcelaine couverte, par 40 à 50 centimètres cubes du mélange d'acides, et l'on évapore au bain de sable, jusqu'à ce que, l'eau étant tout à fait éliminée, il se forme d'abondantes vapeurs blanches d'acide sulfurique ; on a alors la certitude que la silice est complètement déshydratée et, par conséquent, insolubilisée ; on reprend, après refroidissement, par 50 centimètres cubes d'acide chlorhydrique au 1/5, on laisse redissoudre complètement à chaud les sels de fer, puis on filtre et on continue le dosage comme dans le cas précédent.

S'il s'agit d'acier, on opère sur une prise d'essai de 10 grammes, et on emploie pour l'attaque 150 centimètres cubes du mélange des acides nitrique et sulfurique, qu'on ajoute petit à petit, afin d'éviter une effervescence trop considérable.

c. *Ferro-manganèse et ferro-silicium.* — La mise en solution de ces produits est plus difficile que celle des fontes et aciers ordinaires.

On traite 1 gramme de matière pulvérisée par 30 à 40 centimètres cubes d'acide chlorhydrique bromé (20 grammes de brome pour 1 litre d'acide chlorhydrique concentré); on chauffe progressivement au bain de sable jusqu'à dissolution du fer, puis on ajoute 10 centimètres cubes d'acide sulfurique (1 volume d'acide concentré et 1 volume d'eau) et on chauffe jusqu'à dégagement abondant de vapeurs blanches d'acide sulfurique; on continue ensuite comme il a été dit pour les fontes et aciers.

Remarque. — Si l'on veut s'assurer de la pureté de la silice obtenue par les procédés qui viennent d'être indiqués, on la traite par l'acide fluorhydrique (V. p. 9) qui doit la volatiliser entièrement à l'état de $SiFl^4$.

3. Dosage du manganèse

Les produits sidérurgiques contiennent très fréquemment du manganèse; toutefois, le pourcentage de cet élément varie considérablement suivant la nature des produits.

Les fontes blanches ou grises peuvent en contenir de moins de 1 p. 100 à 3 p. 100 et même au delà; les fontes spiegel jusqu'à 25 ou 30 p. 100; les fers, généralement moins de 0,3 p. 100; les aciers, de quelques 1/10 à 1 p. 100 et au delà. Dans les aciers au manganèse, la teneur dépasse souvent 10 p. 100; enfin, dans les alliages spéciaux, dits ferro-manganèses, elle s'élève parfois à plus de 80 p. 100.

Quelle que soit la nature du produit, le dosage du manganèse peut se faire par voie volumétrique, à l'aide du permanganate potassique exactement comme dans le cas des minerais (V. p. 142).

Dans le cas des fontes et aciers ordinaires, on attaque 1 à 2 grammes par 20 centimètres cubes d'acide nitrique, densité 1,2, et 10 centimètres cubes d'acide chlorhydrique concentré. On évapore à siccité, on reprend par 15 à 20 centimètres cubes d'acide chlorhydrique concentré et quelques grains de chlorate potassique, afin d'avoir la certitude que tout le fer est à l'état ferrique;

on fait bouillir quelque temps, pour que tout le manganèse soit ramené à l'état manganeux, puis on transvase dans un matras d'Erlenmeyer de 1 litre et on achève le dosage comme dans le cas d'un minerai.

Si l'on a affaire à une fonte spiegel ou à un ferromanganèse, c'est-à-dire à des produits riches en manganèse, la prise d'essai ne sera que 0,2 à 0,5 gr. suivant la teneur présumée.

La solution de permanganate sera faite à une concentration double (8 grammes par litre) de celle qu'on utilise pour le dosage dans les produits moins riches.

Observation. — On peut, évidemment, si l'on veut multiplier les essais, ce qui est souvent nécessaire, attaquer des prises d'essai plus fortes que celles qui sont indiquées ci-dessus, diluer la solution à un volume déterminé, et n'opérer que sur une partie du liquide.

Il est recommandable de faire un essai à blanc comme dans le cas du dosage du fer par le permanganate.

4. Dosage du soufre

On peut doser le soufre en transformant cet élément en acide sulfurique, qu'on précipite ensuite à l'état de sulfate barytique. L'oxydation peut se faire en présence du fer, ou après élimination préalable de ce métal.

a. *Dosage direct* (sans élimination du fer). — On traite dans un vase à bec de 3/4 de litre, 5 grammes de limailles par 25 centimètres cubes d'acide nitrique fumant; on laisse agir d'abord quelque temps à froid, puis on évapore à température modérée, en ajoutant de temps en temps avec précaution de petites quantités d'acide chlorhydrique. Le résidu de l'évaporation est repris par 10 centimètres cubes d'acide chlorhydrique qui sont évaporés à leur tour, afin d'assurer la transformation complète des nitrates en chlorures. Le nouveau résidu est repris par 3 à 4 centimètres cubes d'acide chlorhydrique et très peu d'eau; on laisse agir jusqu'à redissolution des sels basiques, puis on dilue à 150 centimètres cubes environ, on filtre, et on précipite à l'ébullition par le chlorure barytique le sulfate formé. Après avoir laissé reposer une couple d'heures, on filtre, on lave le précipité à l'eau bouillante, d'abord par décantation, puis sur le filtre, puis on humecte une ou deux fois le filtre et son contenu d'acide chlorhydrique très dilué et froid, (quelques gouttes d'acide par 100 centimètres cubes d'eau) afin d'éliminer du précipité toute trace de fer. On déplace ensuite l'acide chlorhydrique par l'eau, puis on dessèche et calcine le précipité de sulfate barytique.

b. *Dosage après élimination du fer* (Méthode Meinecke). — Dans ce procédé, on élimine le fer à l'aide du chlorure cuprico-ammonique, comme dans l'opération correspondante faite en vue du dosage du carbone (V. p. 297). Le résidu de ce traitement contient, outre le carbone, la totalité du soufre; c'est ce résidu qui est oxydé pour transformer le soufre en acide sulfurique.

On pèse 5 grammes de la matière à analyser, finement divisée; on ajoute 50 grammes de chlorure cuprico-ammonique en solution dans 250 centimètres cubes d'eau chaude; on entretient une température assez élevée pendant 1/4 d'heure environ, pendant lequel on agite fréquemment pour faciliter l'action du réactif. On ajoute ensuite quelques centimètres cubes d'acide chlorhydrique et on maintient à peu près à l'ébullition jusqu'à redissolution du cuivre. Le résidu, qui contient tout le soufre, est filtré sur asbeste, lavé à l'eau acidulée d'acide chlorhydrique, puis, le filtre et son contenu sont traités dans un gobelet de verre par un mélange de 10 centimètres cubes d'acide chlorhydrique concentré, 5 centimètres cubes d'acide nitrique concentré et environ 1 gramme de chlorate potassique (le chlorate a pour but d'introduire une base qui puisse fixer l'acide sulfurique formé par l'oxydation du soufre). On laisse agir quelque temps à froid, puis on évapore à siccité. Le résidu est repris par 2 centimètres cubes d'acide chlorhydrique et un peu d'eau; on filtre pour séparer la silice, et dans le filtrat, on précipite à l'ébullition le sulfate par le chlorure barytique bouillant (V. p. 48).

5. Dosage du phosphore

Si l'on excepte les fontes Thomas, destinées à la fabrication de l'acier par le procédé basique, et qui contiennent jusqu'à 3 p. 100 de phosphore, les produits sidérurgiques ne renferment que de faibles quantités de ce métalloïde; les fers et aciers, dont les propriétés sont altérées, dès que la teneur en phosphore est quelque peu élevée, n'en contiennent généralement que quelques 1/1000 ou 1/100 p. 100.

Principe du dosage. — Transformer par oxydation le phosphore en acide phosphorique et précipiter ce dernier à l'état de phospho-molybdate ammonique.

Mode opératoire. — L'importance de la prise d'essai varie avec la teneur présumée en phosphore; s'il s'agit de fontes à plus de 1,50 p. 100, on opère sur 0,2 à

0,3 gr. Dans le cas de produits pauvres (fontes Besse-
mer, fers, aciers), la prise d'essai sera de 5 grammes.

On traite par 30 à 40 centimètres cubes d'acide
nitrique, on évapore une partie de l'acide, puis on
ajoute, avec précaution, 15 à 20 centimètres cubes
d'acide chlorhydrique concentré et on évapore à siccité.
L'évaporation se fera sur un bain de sable permettant
d'atteindre une température élevée; le résidu doit, en
effet, être fortement chauffé, afin de détruire les composés organiques qui nuiraient à la précipitation ultérieure du phosphore. On reprend ensuite par 20 centimètres cubes d'acide chlorhydrique et l'on continue
comme dans le cas du dosage de phosphore dans un
minerai (V. p. 147).

Au lieu de detruire les composés organiques par l'action de la chaleur, on peut faire usage d'un oxydant tel
que le permanganate potassique ou l'acide chromique.
La méthode suivante, due à Carnot, utilise ce réactif.

La prise d'essai (0,5 à 5 grammes suivant teneur) est
dissoute dans l'acide nitrique, densité 1,2 (40 centimètres cubes pour 5 grammes de matière). L'attaque
étant terminée, on ajoute de l'acide sulfurique concentré
dans la proportion de 2 centimètres cubes par gramme
de métal, puis on évapore de façon à éliminer l'excès
d'acide nitrique et à insolubiliser la silice. On reprend
par 50 centimètres cubes d'eau, on filtre, on lave, et,
pour détruire les matières organiques en solution qui
nuiraient à la précipitation du phosphore, on ajoute
1 gramme d'acide chromique et on fait bouillir pendant
une demi-heure environ. Au liquide concentré au volume
de 40 centimètres cubes environ, on ajoute 4 grammes de
sulfate ammonique et 50 centimètres cubes de liqueur molybdique (V. pour la préparation de ce réactif, p. 103,

note 1) et on chauffe pendant une heure. Après refroidissement, on filtre, on lave le précipité de phospho-molybdate par décantation, puis on le dissout à chaud dans quelques centimètres cubes d'ammoniaque diluée de son volume d'eau. On acidifie ensuite par l'acide nitrique, afin de reprécipiter le phospho-molybdate qu'on laisse reposer deux heures à la température de 40° avant de le filtrer. Le précipité répond à la formule P^2O^5, $24MoO^3$, $3(NH^4)^2O$, $3H^2O$. Après dessiccation à 100°, il contient 1,628 p. 100 de phosphore (Voir sur la façon de recueillir et de peser le précipité, le dosage du phosphore dans les minerais, p. 147).

6. Dosage du chrome

Les ferro-chromes destinés à la fabrication des aciers chromés contiennent parfois plus de 50 p. 100 de chrome. Les aciers chromés en renferment de 0,5 à 3 p. 100 environ.

a. *Dosage dans les ferrochromes.* — Ces produits ne peuvent être mis convenablement en solution par l'action des acides ; on doit les désagréger par fusion avec des fondants alcalins. On peut faire avantageusement usage ici du peroxyde de sodium.

Principe. — Fondre le ferrochrome avec le peroxyde sodique qui transforme le chrome en chromate alcalin qu'on réduit ensuite à l'état de sel chromique.

Mode opératoire. — On mélange 0,5 gr. du ferrochrome en poudre extrèmement fine avec 6 grammes de peroxyde sodique, et on chauffe le mélange dans un creuset d'argent, d'abord à basse température, puis, graduellement, jusqu'au rouge sombre; on agite de temps à autre, de manière à favoriser le contact de la matière traitée avec le réactif. Après avoir maintenu en fusion pendant un quart d'heure environ, on laisse la masse se solidifier, puis on ajoute quelques grammes de peroxyde sodique, on fond de nouveau et on continue à chauffer pendant environ 10 minutes. Après avoir laissé refroidir, on traite par l'eau froide qui dissout le chrome transformé en chromate alcalin pendant la fusion. Eventuellement, le manganèse sera transformé en manganate et passera aussi en solution. Le fer reste à l'état d'oxyde insoluble. Le cas échéant, on réduit le manganate à l'état de peroxyde de manganèse par addition de quelques gouttes d'alcool, puis on filtre; on évapore à siccité en présence d'acide chlorhydrique, afin de réduire le chromate à l'état de sel chromique; on reprend par quelques gouttes l'acide chlorhydrique et de l'eau; on filtre, s'il y a lieu, pour éliminer un résidu de silice, puis on précipite le chrome à l'état d'hydrate $Cr^2(OH)^6$ par l'ammoniaque (V. aussi analyse de la chromite, p. 128).

Observation. — Bien que le peroxyde sodique attaque énergiquement le ferro-chrome, il est prudent de s'assurer que l'oxyde de fer resté en résidu à la reprise de la masse fondue par l'eau, ne contient pas de ferro-chrome inattaqué. Le cas échéant, on devra soumettre le résidu à une nouvelle fusion avec le peroxyde sodique.

b. *Dans les aciers chromés* (Exemples de composition p. 295). — Les aciers chromés étant solubles dans les acides, on en attaque 2 grammes (ou davantage si la teneur présumée est faible) par l'acide chlorhydrique concentré; on ajoute. après dissolution, 10 centimètres cubes d'acide sulfurique (1 volume H^2SO^4 concentré, 1 volume d'eau) et l'on évapore au bain de sable jusqu'à élimination de l'acide sulfurique en excès. Le résidu est ensuite enlevé du récipient dans lequel s'est faite l'évaporation, et fondu au creuset d'argent en mélange avec du peroxyde de sodium dans les mêmes conditions que s'il s'agissait d'un ferro-chrome (V. a.).

7. Dosage du nickel dans l'acier au nickel
(*Exemples de composition*, p. 296).

On peut doser cet élément en appliquant le procédé Rothe qui permet l'élimination de la presque totalité du fer à l'état de chlorure ferrique au moyen de l'éther (V. p. 153).

D'après Carnot, on opérera de la manière suivante : on dissout 5 grammes d'acier dans 40 à 50 centimètres cubes d'acide chlorhydrique concentré ; après avoir évaporé à siccité pour insolubiliser la silice, on reprend par un mélange de 40 centimètres cubes d'acide chlorhydrique concentré avec autant d'eau, on filtre pour éliminer la silice et le graphite, puis on fait bouillir et on peroxyde le fer, qui est à l'état de chlorure ferreux, par le moins possible d'acide nitrique. On évapore ensuite à peu près à siccité et on reprend par de l'acide chlorhydrique de densité 1,105. On procède ensuite à l'extraction du chlorure ferrique par l'éther au moyen de l'appareil représenté par la figure 42. Cet appareil se compose d'une partie cylindrique C de 200 centimètres cubes de capacité, portant aux deux extrémités un robinet. La partie supérieure se prolonge en un réservoir R portant deux traits de jauge, correspondant à des capacités de 60 et de 100 centimètres cubes.

Mode opératoire. — On introduit en C quelques gouttes d'éther, puis on verse le liquide dans la boule R et on rince le récipient avec de l'acide chlorhydrique de densité 1,105; l'ensemble du liquide et de l'acide ne doit pas dépasser le trait 60. On ouvre ensuite le robinet r pour faire passer le liquide en C; puis on remplit R d'éther jusqu'au trait 100, et, ouvrant de nouveau r, on fait arriver les 100 centimètres cubes d'éther en C. On agite doucement de façon à mélanger les deux liquides, les deux robinets étant bien fermés; on peut, s'il y a lieu, combattre toute élévation de température en plongeant le tube dans un bain d'eau froide.

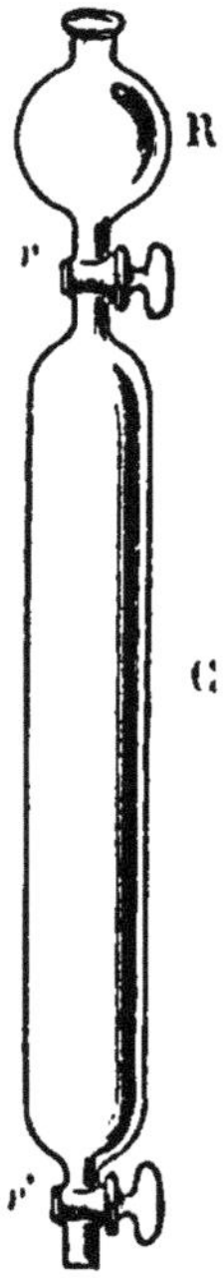

Par le repos, le liquide se sépare en deux couches; la couche éthérée supérieure contient le chlorure ferrique; la couche inférieure renferme les métaux associés au fer et, notamment, le nickel. La séparation étant effectuée, on ouvre le robinet r, puis à l'aide du robinet r' on recueille la solution aqueuse contenant le nickel. Cette solution est évaporée; elle renferme, outre le nickel (et un peu de fer non enlevé par l'éther), les autres métaux qui peuvent être associés au fer, c'est-à-dire le manganèse, le cuivre, etc. On peut y doser le nickel comme suit : on chauffe pour éliminer toute trace d'éther, puis on dilue et on traite par l'acide sulfhydrique pour éliminer le cuivre et les autres métaux des groupes du cuivre et de l'arsenic qui pourraient être présents. Après filtration, on expulse l'acide sulfhydrique par ébullition, puis on réoxyde le fer par quelques gouttes d'acide nitrique, on élimine le fer et le manganèse par l'acétate sodique (V. pour les

Fig. 42.

détails, p. 160), et, dans le filtrat acétique, on précipite le nickel par l'acide sulfhydrique à l'état de sulfure NiS. Le nickel peut être dosé ensuite par électrolyse (V. *Analyse des speiss*, p. 220).

8. DOSAGE DU TUNGSTÈNE

On peut avoir à doser cet élément dans les ferro-tungstènes qui contiennent souvent au delà de 30 p. 100 de tungstène et dans les aciers dits au tungstène fabriqués au moyen des alliages riches.

a. *Dosage dans les ferro-tungstènes :* Principe : Transformer le tungstène en acide tungstique WO^3 qu'on pèse.

Mode opératoire. — D'après Campredon, on calcine à l'air, dans une capsule de platine, 1 gramme de ferro-tungstène réduit en poudre fine, de façon à oxyder le métal à doser ; on mélange ensuite avec quelques grammes de carbonate sodique et on fond à la lampe (V. p. 5) ; la masse est maintenue en fusion pendant environ un quart d'heure ; on laisse refroidir, on reprend par l'eau, on filtre, on fait bouillir le liquide filtré et on acidifie par l'acide chlorhydrique. Le tungstate formé est décomposé avec formation d'acide tungstique qui se précipite ; on évapore à siccité ; on reprend le résidu par l'acide chlorhydrique dilué ; on filtre pour recueillir l'acide tungstique qui est lavé, calciné et pesé. Le cas échéant, on recherchera si le liquide filtré ne contient plus de tungstène en y ajoutant un peu de zinc qui, en présence d'acide tungstique, produira une coloration bleue due à la formation d'un composé d'acide tungstique WO^3 et de bioxyde de tungstène WO^2.

b. *Dosage dans les aciers au tungstène* (Exemples de composition, p. 296). — Les aciers au tungstène sont attaquables par les acides. On en traite 2 grammes (ou davantage si la teneur est faible) par 30 centimètres cubes environ d'acide nitrique, densité 1,2; après dissolution, on ajoute de l'acide sulfurique dilué et on évapore jusqu'à ce qu'il se dégage des fumées blanches d'acide sulfurique. Après refroidissement, on reprend par l'eau, et, après avoir laissé le sulfate de fer se redissoudre complètement, on filtre pour séparer le résidu insoluble qui, outre l'acide tungstique, contient de la silice, et, de façon constante, quelques centièmes pour cent de fer.

On peut se débarrasser de la silice en traitant le précipité par quelques gouttes d'acide fluorhydrique (formation de SiFl) et calcinant de nouveau.

On peut aussi, si l'on veut être certain d'avoir de l'acide tungstique tout à fait pur, fondre le précipité impur avec du carbonate sodique, de façon à obtenir du tungstate de sodium qu'on décompose ensuite. (Voir a, *Dosage dans les ferro-tungstènes*).

9. Dosage du cuivre

Le cuivre existe fréquemment en très petite quantité comme impureté dans les produits sidérurgiques; il est parfois ajouté volontairement au fer dans le but de produire des fontes et aciers spéciaux.

Principe du dosage. — Séparer le cuivre à l'état de sulfure, en faisant agir l'acide sulfhydrique sur la solution acide du métal à analyser.

On dissout une prise d'essai de 1 à 10 grammes dans l'acide chlorhydrique, densité 1,19 : pour 10 grammes on emploiera 100 centimètres cubes d'acide ; on oxyde le fer au moyen de quelques centimètres cubes d'acide nitrique, et on évapore jusqu'à élimination de la majeure partie de l'acide libre ; on dilue légèrement et on réduit à chaud le chlorure ferrique à l'état ferreux au moyen de 5 grammes d'hypophosphite de sodium ; cette réduction a pour but d'éviter la formation d'un précipité de soufre, lors du traitement ultérieur par l'acide sulfhydrique qui précipite le cuivre à l'état de sulfure. On filtre pour séparer le sulfure de cuivre qui est mélangé à de la silice ; on lave jusqu'à élimination du fer, puis on traite le précipité par l'une ou l'autre méthode suivante :

α. S'il y a peu de sulfure, on redissout le précipité dans l'eau régale, on évapore à siccité pour insolubiliser la silice, on reprend par l'eau acidulée d'acide chlorhydrique, on filtre et on précipite de nouveau le cuivre à l'état de sulfure ; le précipité est finalement calciné et pesé, ou redissous en vue du dosage colorimétrique (V. *Dosage du cuivre dans les blendes*, p. 200).

β) Si le précipité est assez abondant, on le redissout dans l'acide nitrique, densité 1,2, et on dose le cuivre par électrolyse (Voir pour les détails, *Analyse des minerais de cuivre*, p. 254).

10. Dosage de l'aluminium

On se sert parfois en sidérurgie de fontes contenant plusieurs pour cent de cet élément.

L'aluminium se rencontre aussi, mais en très petites quantités, dans les fontes et aciers pour l'affinage desquels on a utilisé des lingots de ce métal.

La séparation de l'aluminium peut se faire facilement

à l'aide du procédé Rothe dont il a été question déjà à plusieurs reprises et, notamment, à propos du dosage du nickel dans les aciers. (V. p. 315).

L'opération s'effectue comme dans ce dernier cas. On dissout 2 à 10 grammes de matière dans l'acide chlorhydrique, on évapore à siccité pour insolubiliser la silice ; on reprend par l'acide chlorhydrique et on filtre pour séparer la silice. La suite de l'opération jusques et y compris l'extraction par l'éther se fait exactement d'après les indications données au sujet du dosage du nickel (V. p. 315).

De la solution aqueuse qui contient, notamment, tout l'aluminium, on peut isoler cet élément en versant le liquide chaud dans une solution bouillante de soude caustique (exempte d'aluminium) qui précipitera éventuellement le cuivre, le fer et le manganèse. — L'aluminium est dosé finalement à l'état de phosphate.

11. Dosage du titane

Cet élément étant assez répandu dans les minerais de fer, se retrouve fréquemment en petite quantité dans les produits de la sidérurgie.

On peut, d'après Ledebur, appliquer au dosage du titane le procédé Rothe (V. notamment *Dosage du nickel*, p. 315).

On dissout 10 grammes du métal à analyser dans l'acide nitrique, on évapore à siccité, et on reprend par l'acide chlorhydrique et l'eau ; on sépare par filtration le résidu qui contient notamment la silice, et l'on traite la solution qui renferme le titane de la façon qui a été détaillée à propos du dosage du nickel. Dans la solution contenant le titane et débarrassée de fer, on dose le titane à l'état d'acide titanique (V. *Analyse de la bauxite*, p. 112).

Remarque. — Il est prudent de s'assurer si la silice n'a pas retenu de titane (V. à ce sujet. *Analyse de la bauxite*, p. 112).

12. Dosage du molybdène

Le molybdène a été proposé en aciérie pour augmenter la dureté des aciers. — On peut, d'après Carnot, doser cet élément dans un acier de la façon suivante :

On dissout 10 grammes d'acier dans l'acide chlorhydrique, autant que possible à l'abri de l'air ; après avoir laissé déposer les matières insolubles, on décante la solution ferreuse, puis on redissout le résidu insoluble dans un peu d'eau régale ; on évapore à siccité ; on reprend par l'acide chlorhydrique dilué et on filtre pour séparer la silice.

Le filtrat est réuni au liquide décanté ; on ajoute de l'acide sulfureux et on fait bouillir pour réduire à l'état ferreux la petite partie du fer qui se trouve à l'état ferrique. L'excès d'acide sulfureux étant éliminé, on traite par l'acide sulfhydrique jusqu'à ce que le molybdène soit entièrement précipité à l'état de sulfure MoS^3. Le précipité est, après lavage et dessiccation, calciné au creuset de Rose dans un courant d'hydrogène, en mélange avec du soufre (V. *Dosage du cuivre*, p. 261), ce qui le transforme en MoS^2.

Remarque. — Si le métal analysé est cuivreux, le cuivre accompagne finalement le molybdène.

13. Dosage de l'arsenic

Principe. — Dissoudre la majeure partie du fer dans l'acide sulfurique dilué ; tout l'arsenic reste concentré dans le résidu insoluble, avec une certaine quantité de fer.

Mode opératoire. — On traite, dans un vase spacieux, 10 grammes du métal à analyser par un mélange de 20 centimètres cubes d'acide sulfurique concentré et 100 centimètres cubes d'eau ; on chauffe pendant dix à quinze minutes pour favoriser la dissolution du fer. On filtre pour séparer le résidu insoluble qui contient tout l'arsenic et on lave à l'eau chaude. Le résidu est beaucoup plus important s'il s'agit d'une fonte que s'il s'agit d'un fer ou d'un acier.

Dans le cas où le résidu provient d'un fer ou acier, on le dissout dans quelques centimètres cubes d'acide chlorhydrique bromé, on chauffe à température modérée jusqu'à élimination du brome en excès, puis, après avoir légèrement dilué, on réduit l'arsenic et le fer au minimum d'oxydation par l'acide sulfureux ; on fait ensuite passer dans le liquide un courant d'acide sulfhydrique qui précipite l'arsenic à l'état de sulfure arsénieux As^2S^3. Ce précipité est recueilli, lavé, redissous dans un minimum d'acide chlorhydrique bromé et l'arsenic est finalement précipité, après neutralisation par l'ammoniaque, par la liqueur magnésique, à l'état d'arséniate ammoniaco-magnésique NH^4MgAsO^4 (Voir *Dosage de l'arsenic dans les minerais de zinc*, p. 195).

Dans le cas où le résidu provient d'une fonte, on le redissout dans environ 30 centimètres cubes d'acide chlorhydrique (1 : 1) et 4 grammes de chlorate potassique en poudre ; on chauffe jusqu'à élimination du chlore en excès, puis on dilue légèrement et on filtre pour séparer la silice et le graphite. Dans le filtrat qui contient, notamment, l'arsenic au maximum d'oxydation, on réduit le fer par addition d'un gramme d'hypophosphite de sodium, puis on précipite par l'acide sulfhydrique afin d'obtenir l'arsenic à l'état de sulfure ; on achève ensuite le dosage comme dans le premier cas.

CUIVRE

Le cuivre du commerce est, en général, un métal assez pur. Dans leur ensemble, les éléments étrangers ne dépassent guère 0,5 p. 100, en moyenne. Souvent même, cette proportion est loin d'être atteinte ; le cuivre électrolytique, notamment, est pour ainsi dire chimiquement pur.

Les métaux et métalloïdes qu'on rencontre dans le cuivre, sont : arsenic, antimoine, étain, plomb, bismuth, or, argent, fer, nickel, cobalt, soufre, oxygène.

Des recherches, dues principalement à Hampe, ont montré que les propriétés du cuivre ne dépendent pas seulement de la nature et de la proportion des éléments étrangers, mais aussi, pour certains d'entre eux, tout au moins, arsenic, antimoine, bismuth, etc., de l'état de combinaison sous lequel ils se trouvent (V. *Ztf. fur Berg. und Salinenwesen*, t. 22 et 24).

D'après Hampe, l'oxygène (oxyde cuivreux) en faible proportion (0,05 p. 100) diminue la ténacité du cuivre sans influencer la malléabillité ; cette dernière propriété est notablement diminuée, si la teneur en oxygène est importante (0,25 p. 100).

Le soufre a pour effet de rendre le métal cassant à

froid ; la présence de ce métalloïde donne à la cassure une teinte grise déjà appréciable pour une teneur de 0,05 p. 100 et qui va s'accentuant à mesure que la teneur en soufre s'élève.

L'arsenic agit différemment suivant qu'il est à l'état élémentaire ou à l'état d'arseniate. Sous cette dernière forme, il agit comme le ferait un corps étranger agissant mécaniquement pour diminuer la cohésion des molécules ; il affecte donc la ténacité, à forte dose, et rend le cuivre plus cassant.

A l'état élémentaire, l'arsenic, même dans la proportion de quelques dixièmes pour cent, aurait pour effet d'augmenter la ténacité du cuivre, et agirait plutôt favorablement sur les propriétés mécaniques du métal.

Stahl a confirmé cette manière de voir ; il attribue l'action de l'arsenic au fait que ce métalloïde empêche le cuivre de devenir poreux.

D'après Hampe, la conductibilité électrique du cuivre est fortement altérée par la présence de l'arsenic.

L'antimoine, à l'état d'antimoniate cuivreux, serait moins nuisible que l'arsenic à l'état d'arseniate. En petite quantité, l'antimoine à l'état métallique, ne nuit pas à la malléabilité du cuivre et augmente sa résistance à la rupture.

L'antimoine, comme l'arsenic, diminue fortement la conductibilité électrique du cuivre.

D'une manière générale, le plomb influence défavorablement les propriétés mécaniques du métal.

Le bismuth, même en quantité très faible, agit dans le même sens.

D'après Égleston, le tellure, même en proportion très réduite, rendrait le métal cassant.

Dans la plupart des cas, l'analyse du cuivre, opération longue et délicate, se limite à la détermination de la proportion des divers éléments étrangers ; la recherche de la forme sous laquelle ces corps existent dans le cuivre ne se fait que dans des cas tout à fait spéciaux.

EXEMPLES DE COMPOSITION DE CUIVRES RAFFINÉS

Cu.	99,546	99,657	99,297
As.	0,032	0,010	0,031
Pb.	0,010	0,040	0,308
Ag.	0,021	0,031	0,017
Au.	—	—	—
Ni + Co	0,211	0,180	0,300
Fe	0,017	0,040	0,033
S	tr.	—	tr.

L'analyse peut se faire avec exactitude par la méthode de P. Jungfer.

Principe. — Précipiter le cuivre à l'état d'iodure cuivreux par l'iodure potassique en présence d'acide sulfureux.

$$2Cu(NO^3)^2 + 4KI = Cu^2I^2 + I^2 + 4KNO^3.$$
$$SO^2 + 2H^2O + I^2 = 2HI + H^2SO^4.$$

Afin de maintenir l'antimoine en solution, on ajoute un peu de fluorure potassique, qui forme un fluorure d'antimoine et de potassium soluble.

Le cuivre étant éliminé, le dosage des impuretés est considérablement facilité.

Dans cette méthode, le bismuth doit être dosé dans une prise d'essai spéciale ; ce métal passe, en effet, au moins en grande partie, dans le précipité d'iodure cuivreux.

Mode opératoire. — On dissout 10 grammes [1] de cuivre dans 40 centimètres cubes d'acide nitrique concentré (densité 1,4). L'attaque se fait dans une capsule de porcelaine couverte ; l'acide doit être ajouté petit à petit, afin d'éviter que la réaction devienne tumultueuse. A la solution, on ajoute un mélange de 10 centimètres cubes d'acide sulfurique et 10 centimètres cubes d'eau et on évapore à siccité ; on continue à chauffer un bain de sable jusqu'à ce qu'il se dégage des vapeurs blanches d'acide sulfurique ; les nitrates sont alors transformés en sulfates. On reprend par 150 centimètres cubes d'eau et l'on chauffe jusqu'à redissolution ; on laisse ensuite refroidir. Un résidu permanent peut être formé de sulfate de plomb, mélangé à de l'antimoniate de plomb et de l'acide antimonique. Après dépôt, ce résidu est filtré et lavé.

Appelons-le P.

Dans le liquide filtré, on opère la précipitation du cuivre. Pour cela, on ajoute à la solution, diluée au volume de 300 centimètres cubes environ, d'abord 0,15 gr. de fluorure potassique pur (exempt d'arsenic) (V. plus haut), puis 50 centimètres cubes d'acide sulfureux saturé, et, enfin, en plusieurs fois, une solution concentrée d'iodure potassique, contenant la quantité de KI théoriquement nécessaire à la précipitation du cuivre [2]. (V. les équations données plus haut).

S'il se produisait de l'acide libre, on le ferait dispa-

---

[1] Si l'on a affaire à un cuivre peu chargé d'impuretés. Il sera nécessaire d'opérer sur plusieurs prises de 10 grammes.

[2] En fait, 10 grammes de cuivre demandent 26,2 gr. de KI; en pratique, on n'emploie que 26 grammes de KI (correspondant à 10 grammes de cuivre, à 99 p. 100 de cuivre pur). On doit, en tout cas, éviter un excès, l'iodure cuivreux étant notablement soluble dans l'iodure potassique.

raître en ajoutant un peu d'acide sulfureux. (V. plus haut).

Le liquide est ensuite chauffé au bain-marie pendant un quart d'heure environ, afin d'agréger le précipité.

Le liquide surnageant est décanté sur un filtre ; le précipité est lavé quelques fois avec de l'eau chaude, légèrement acidulée d'acide sulfurique.

Dans l'ensemble du filtrat et des eaux de lavage, on détruit par une solution d'iode, l'excès d'acide sulfureux ;

$$SO^2 + I^2 + 2H^2O = H^2SO^4 + 2HI.$$

puis, le liquide modérément chauffé, est traité par l'acide sulfhydrique, qui précipite l'arsenic, l'antimoine, un peu de cuivre resté en solution et le bismuth qui n'a pas été précipité en même temps que le cuivre.

Le précipité est recueilli sur un filtre aussi petit que possible, lavé et redissous après lavage dans un minimum d'acide chlorhydrique, auquel on ajoute un peu de chlorate potassique. La solution est diluée au volume de 50 centimètres cubes, additionnée de 0,5 g. d'acide tartrique et rendue nettement ammoniacale. On ajoute alors par petites quantités à la fois, une solution aqueuse diluée d'acide sulfhydrique, afin de précipiter uniquement le cuivre et le bismuth ; on filtre pour se débarrasser de ces métaux et on lave le précipité avec de l'eau contenant 1 ou 2 gouttes de sulfure ammonique, afin de maintenir l'arsenic et l'antimoine en solution. Dans le filtrat, acidulé par l'acide sulfurique, on précipite à chaud l'arsenic et l'antimoine par l'acide sulfhydrique.

Avant de traiter ce précipité, il faut y réunir l'antimoine

existant dans le sulfate de plomb impur P (V. p. 327) obtenu antérieurement. Dans ce but, celui-ci est soumis à la fusion sulfurante, en mélange avec environ 6 fois son poids de carbonate sodique et de soufre (V. pour les détails du mode opératoire, p. 10). En reprenant par l'eau, on a, d'une part, un résidu insoluble de sulfure de plomb (pouvant contenir du bismuth), et, d'autre part, une solution contenant l'antimoine à l'état de sulfo-sel. Le précipité plombique est redissous dans l'acide nitrique dilué (densité 1,2) et chaud ; on transforme en sulfate PbSO^4, par évaporation de la solution obtenue, en présence d'acide sulfurique. Le plomb est finalement dosé à l'état de sulfate (V. p. 198).

La solution sulfo-alcaline est acidulée par l'acide sulfurique ; l'antimoine est, de la sorte, reprécipité à l'état de sulfure. Ce sulfure d'antimoine est réuni au précipité principal obtenu précédemment, et le tout est redissous dans l'acide chlorhydrique et le chlorate potassique en vue du dosage de l'arsenic et de l'antimoine. (Voir pour la redissolution du précipité et le dosage de l'arsenic et de l'antimoine, les détails donnés à propos du dosage des mêmes éléments dans les blendes, p. 195).

Le filtrat acide séparé du précipité obtenu par l'acide sulfhydrique (V. p. 328) contient les métaux du groupe du fer. On le concentre par évaporation, on réoxyde le fer par quelques gouttes d'eau de brome, et on précipite à l'ébullition par l'hydrate de sodium, dans une capsule de porcelaine. On obtient ainsi un précipité pouvant renfermer les hydrates de fer, nickel, cobalt, et manganèse. Ce précipité est, après lavage, dissous à chaud dans l'acide sulfurique dilué, en présence d'un peu d'acide sulfureux ; la solution est évaporée ; vers la fin de l'évaporation, on ajoute quelques gouttes d'acide nitrique pour réoxyder le fer et on continue à chauffer jusqu'à disparition de l'odeur de l'acide nitrique ; on reprend par un peu d'eau et, dans la solution, on précipite le fer à l'état d'acétate basique (Le détail de cette opération et le dosage du fer dans le précipité ont été exposés en détail, p. 160).

Le filtrat de l'acétate ferrique est concentré, transvasé dans une capsule de platine tarée, additionné de sulfate ammonique et d'ammoniaque et soumis à l'électrolyse. On obtient ainsi à l'état métallique le nickel (et le cobalt).

Si le cuivre renferme du manganèse, le métal apparaîtra, pendant l'électrolyse, sous forme de flocons brunâtres de peroxyde hydraté qui seront recueillis, lavés et transformés par calcination en Mn^3O^4.

Dosage du bismuth. — a. Jungfer dissout 10 grammes de cuivre dans 50 centimètres cubes d'acide nitrique concentré (densité 1,4), ajoute, après dissolution, 100 centimètres cubes d'eau froide et neutralise par une solution diluée de carbonate sodique jusqu'à formation d'un léger précipité persistant par agitation. Après avoir, à partir de ce moment, agité pendant quelques minutes encore, on laisse en repos pendant une couple d'heures. Tout le bismuth se trouve alors dans le précipité qui est recueilli, lavé et redissous dans l'acide chlorhydrique. On évapore pour chasser l'acide libre et, par addition d'un litre d'eau environ, on précipite le bismuth à l'état d'oxychlorure.

$$BiCl^3 + H^2O = BiOCl + 2HCl.$$

On laisse reposer du jour au lendemain, puis on recueille le précipité sur un petit filtre taré, on le lave et on le pèse après dessiccation à 110°.

b. *Par colorimétrie.* — Cette méthode rapide a été proposée par C. et J.-J. Béringer. Elle consiste à évaluer l'intensité de la teinte jaune ou brune produite par la dissolution de l'iodure de bismuth dans l'iodure potassique, par comparaison avec une série de témoins contenant des quantités croissantes de bismuth. Toutes les solutions à comparer doivent évidemment être observées sous des épaisseurs égales (V. à ce propos, dosage colorimétrique du cuivre, p. 200).

On dissout 10 grammes de cuivre dans l'acide nitrique; la solution est neutralisée par le carbonate sodique, puis on ajoute 1,5 gramme de bicarbonate sodique et on fait bouillir pendant 10 minutes; le précipité qui se forme contient tout le bismuth; on le recueille sur un filtre, puis on le redissout dans l'acide sulfurique dilué et chaud, on ajoute de l'acide sulfureux et un excès d'iodure potassique, on fait bouillir, filtre et compare la teinte du filtrat à celle de témoins, en se plaçant de part et d'autre, dans des conditions identiques.

Dosage de l'argent et de l'or. —Voir pour les détails de ce dosage, p. 277 et 278.

Recherche de l'étain. — Cet élément ne se rencontre que rarement dans le cuivre. Le cas échéant, il restera à l'état d'acide métastannique, mélangé à l'antimoniate de plomb, lors de l'attaque du cuivre par l'acide nitrique (V. p. 327). Le précipité sera soumis à la fusion sulfurante (V. pour les détails, p. 10), de façon à transformer l'étain en même temps que l'antimoine et l'arsenic qui peuvent l'accompagner, en sulfo-sels qui se dissolvent lors de la reprise par l'eau de la masse fondue. De la solution, on reprécipite les sulfures par l'acide sulfurique dilué. Le précipité de sulfures est redissous dans l'acide chlorhydrique et le chlorate potassique ; la solution est additionnée d'une forte proportion d'acide chlorhydrique concentré et traitée par l'acide sulfhydrique. Dans ces conditions, le sulfure d'arsenic (insoluble dans l'acide chlorhydrique, même concentré) est seul précipité. On filtre sur filtre d'asbeste et lave avec de l'acide chlorhydrique. Le filtrat contenant l'antimoine et l'étain est dilué, neutralisé partiellement par une base et traité par l'acide sulfhydrique. On obtient ainsi les sulfures d'antimoine et d'étain. La recherche des deux éléments dans le précipité peut se faire par la méthode habituellement suivie dans l'analyse générale ; pour cela, ces sulfures sont redissous dans l'acide chlorhydrique, l'antimoine est éliminé de la solution par le fer, et après filtration, l'étain est précipité par l'acide sulfhydrique (précipité brun noir de sulfure stanneux).

Dosage de l'arsenic. — L'arsenic est un des éléments sur lesquels porte plus spécialement l'attention dans les analyses de cuivre. Il arrive même fréquemment qu'on se borne à sa détermination pour se renseigner sur la valeur d'un cuivre.

a. La méthode suivante permet de doser aisément l'arsenic en faisant abstraction de tous les autres métaux.

Principe. — Transformer l'arsenic en acide arsénique ; éliminer la presque totalité du cuivre par électrolyse, et précipiter l'arsenic à l'état d'arséniate ammoniaco-magnésique.

On dissout 2 prises d'essai de 25 grammes de cuivre dans de l'acide nitrique, densité 1,2, en léger excès, avec les précautions nécessaires pour éviter les pertes par projection. La dissolution terminée, on neutralise par l'ammoniaque, puis on ajoute de l'acide nitrique, de façon que le liquide en contienne environ 7 p. 100. On précipite ensuite le cuivre par électrolyse (courant de 1 ampère) sur un cône en platine. (V. pour les détails, p. 256). On laisse agir le courant jusqu'à ce que le liquide soit à peu près décoloré, c'est-à-dire jusqu'à ce que le cuivre soit *presque entièrement* précipité[1]. Les électrodes sont alors retirées du liquide et lavées. Les solutions à peu près exemptes de cuivre sont réunies, additionnées de 10 centimètres cubes d'acide sulfurique au 1/5 et évaporées jusqu'à élimination de tout l'acide nitrique. Le résidu est repris par 20 centimètres cubes d'eau environ ; on filtre, s'il y a lieu, pour séparer une trace de sulfate de plomb, on ajoute 0,5 g. d'acide tartrique pour éviter la précipitation ultérieure de l'antimoine, puis, après avoir neutralisé par l'ammoniaque, on précipite l'arsenic à l'état de NH^4MgAsO^4 par la liqueur magnésique. (V. pour la suite du dosage, *Analyse des speiss*, p. 220).

b. La méthode de E. Fischer est souvent employée aussi. Elle est d'une exécution relativement rapide.

Principe. — Transformer l'arsénic en arseniate basique de cuivre ; réduire ensuite à l'état de chlorure arsénieux $AsCl^3$ qu'on sépare par distillation.

On dissout 10 grammes de cuivre dans l'acide nitrique en *léger* excès ; on dilue au volume de 200 centimètres cubes environ, puis on ajoute, en agitant, du carbonate sodique jusqu'à formation d'un précipité permanent de quelques décigrammes de carbonate de cuivre. L'arsenic qui existait dans la solution à l'état d'acide

---

[1] Si on continuait le passage du courant après la précipitation de tout le cuivre, on s'exposerait à précipiter une partie de l'arsenic.

arsénique est précipité en même temps à l'état d'arséniate de cuivre. Après avoir laissé en repos pendant 1 à
2 heures, on filtre, on lave à peu près complètement le
précipité, puis on le redissout dans l'acide chlorhydrique
et on évapore à siccité au bain-marie, afin d'éliminer
un reste d'acide nitrique. Le résidu est repris par un
peu d'acide chlorhydrique concentré; on transvase la
solution obtenue dans un ballon distillatoire de 1/4 de
litre, on rince avec de l'acide chlorhydrique concentré
et on ajoute encore environ 50 centimètres cubes du
même acide et 10 grammes de sel de Mohr solide (sulfate
ferroso-ammonique) ou de sulfate ferreux Le ballon est
relié à un tube en forme de pipette, c'est-à-dire présen-
tant en son milieu un renflement d'une capacité de 50
à 100 centimètres cubes. L'extrémité libre de ce tube
plonge de quelques millimètres dans de l'eau distillée
bouillie, contenue dans un matras conique. Les choses
étant ainsi disposées, on distille au bain de sable jusqu'à ce que la moitié au moins du liquide ait passé à
la distillation. Tout l'arsenic, transformé en $AsCl^3$ sous
l'action du sel ferreux, est alors passé dans l'eau du
matras. On le précipite à l'état de sulfure As^2S^3 par
l'acide sulfhydrique; le précipité est recueilli sur un
filtre taré et pesé après dessiccation jusqu'à poids constant à la température de 105°.

Dosage du soufre. — D'après Lobry de Bruyn, on
dissout 5 grammes de cuivre dans l'acide nitrique concentré; la solution est diluée et soumise à l'électrolyse
afin d'éliminer le cuivre (V. pour les détails, *Dosage du
cuivre*, p. 254.) Le liquide séparé du dépôt cuivrique, est
évaporé (on pourrait avantageusement ajouter un peu
de carbonate sodique pour fixer l'acide sulfurique à

l'état de sulfate alcalin) ; on reprend par l'acide chlorhydrique, puis on évapore de nouveau afin d'être certain
de l'élimination complète de l'acide nitrique et de la
transformation des nitrates en chlorures. Dans la solution chlorhydrique, on précipite l'acide sulfurique par
le chlorure barytique (V. p. 48) à l'état de sulfate barytique.

Recherche et dosage du selenium et du tellure. —
D'après C. Whitehead, on dissout 25 à 50 grammes de
cuivre dans de l'acide nitrique, densité 1,285 ; après
avoir éliminé l'excès d'acide par évaporation, on ajoute
une solution de nitrate de fer en quantité correspondante à 0,25 gr. de fer, puis on traite à chaud par
l'ammoniaque en excès ; le précipité qui se forme
renferme, outre de l'hydrate ferrique, le selenium et le
tellure à l'état de sélénite et de tellurite de fer. Afin
d'assurer l'élimination complète du cuivre, on redissout
le précipité dans l'acide chlorhydrique et on répète une
seconde fois la précipitation par l'ammoniaque. Le
précipité obtenu est redissous dans l'acide chlorhydrique ; on ajoute à la solution quelques grammes d'a-
cide tartrique, puis de l'hydrate potassique jusqu'à
réaction alcaline, et on traite par l'acide sulfhydrique qui
précipite le fer à l'état de sulfure ; le selenium et le
tellure restent en solution dans le sulfure alcalin. On
filtre, et dans la solution sulfo-alcaline on précipite
les sulfures de selenium et de tellure par l'acide chlorhydrique ; les sulfures sont recueillis et dissous dans l'eau
régale ; la solution est évaporée à siccité ; le résidu est
repris par l'acide chlorhydrique et l'eau, et dans la
solution obtenue, on précipite le selenium et le tellure
par un courant d'anhydride sulfureux.

On filtre sur filtre taré après avoir laissé reposer pendant 12 heures, et on pèse l'ensemble des deux éléments après dessiccation à 100°.

Si le précipité est notable, on peut opérer la séparation du selenium et du tellure. Pour cela, on traite le précipité par une solution concentrée et bouillante de cyanure potassique ; on traite ensuite par l'acide chlorhydrique, ce qui donne lieu à la formation d'un précipité rouge brique de selenium qu'on recueille, sèche et pèse. Dans le filtrat séparé du selenium, on peut précipiter le tellure par un courant d'anhydride sulfureux.

Dosage de l'oxygène. — D'après Hampe, l'oxygène peut exister dans le cuivre, à l'état d'oxyde cuivreux, Cu^2O, à l'état d'oxyde ou d'acide en combinaison avec les métaux associés au cuivre, et à l'état d'anhydride sulfureux occlus.

Hampe opère le dosage de la manière suivante : on pèse 30 grammes de limailles de cuivre ; on les soumet à l'action d'un aimant pour enlever éventuellement toute parcelle de fer, puis on fait bouillir avec une solution étendue d'hydrate potassique pour éliminer toute trace de matière grasse ; on lave ensuite à fond ; on déplace l'eau par l'alcool et l'alcool par de l'éther purifié, et on sèche rapidement.

Le cuivre est alors chauffé dans un courant d'hydrogène sec, qui se combine à l'oxygène pour former de l'eau et s'élimine sous cette forme.

L'essai se fait dans un tube à boule en verre dur (fig. 43) pouvant être fermé par deux ajutages en caoutchouc munis de bouts de baguette de verre. Le tube est d'abord chauffé dans un courant d'air sec puis pesé après refroidissement. On introduit ensuite le

cuivre dans la boule, puis on fait passer dans le tube
un courant d'anhydride carbonique sec et pur ; ce gaz
est produit dans un appareil de Kipp ou autre, qu'on
laisse marcher à blanc pendant environ deux heures
avant de le raccorder avec le tube. L'anhydride carbonique est purifié en traversant successivement une
solution de bicarbonate sodique, un tube chargé de ce
même sel en morceaux et une solution de nitrate
d'argent ; il se dessèche ensuite en passant dans un
flacon laveur chargé d'acide sulfurique concentré, puis
dans un tube à chlorure calcique. Lorsque l'anhydride

Fig. 43.

carbonique a passé pendant cinq minutes dans le tube,
on chauffe doucement celui-ci pour éliminer toute trace
d'humidité, puis, après avoir laissé refroidir dans le
courant d'anhydride carbonique, on déplace ce gaz par
de l'air sec et on repèse le tube.

On fait ensuite passer un courant lent d'hydrogène
sec, en élevant progressivement la température jusqu'au rouge, et on maintient le cuivre pendant un quart
d'heure environ à cette température ; tout l'oxygène est
alors dégagé à l'état d'eau.

Remarques. — Il se peut que pendant l'essai, de l'arsenic et de l'antimoine subliment ; les dimensions
du tube doivent être telles qu'il ne puisse sortir de
l'appareil que la vapeur d'eau.

Si le cuivre contient de l'anhydride sulfureux occlus,
il se peut que, sous l'action de la vapeur d'eau, il se

forme de l'acide sulfhydrique. Le cas échéant, on reliera l'extrémité postérieure du tube à boule avec un flacon contenant un réactif pouvant absorber l'acide sulfhydrique, par exemple, de l'acide chlorhydrique bromé ; on dosera ensuite l'acide sulfurique formé, afin de pouvoir calculer la quantité d'acide sulfhydrique dégagée pour en tenir compte dans le résultat de l'essai.

Dosage du phosphore. — Principe. — Oxyder le phosphore à l'état d'acide phosphorique et précipiter par la liqueur molybdique, après élimination de l'arsenic par l'acide sulfhydrique.

On dissout 10 grammes de cuivre dans l'acide nitrique, on dilue au volume d'environ 200 centimètres cubes et on traite par le carbonate sodique, jusqu'à ce que, le liquide étant neutralisé, 0,2 gr. de cuivre environ soient précipités par un excès de carbonate. Le carbonate de cuivre formé dans ces conditions contient tout le phosphore à l'état de phosphate. Le précipité est recueilli sur filtre après repos de plusieurs heures, et redissous dans l'acide chlorhydrique. La solution est réduite par l'acide sulfureux, dont on élimine l'excès par ébullition: puis on traite par l'acide sulfhydrique qui précipite l'arsenic, le cuivre, le bismuth, etc. On filtre ; le filtrat qui contient l'acide phosphorique est évaporé à siccité ; le résidu est repris par quelques centimètres cubes d'acide nitrique ; une nouvelle évaporation assure le départ complet de l'acide chlorhydrique ; on reprend finalement par quelques gouttes d'acide nitrique et, de l'eau, et, dans la solution, on précipite le phosphore par la liqueur molybdique à l'état de phospho-molybdate ammonique (V. pour les détails du dosage, p. 147).

ANALYSE DU CUIVRE DE CÉMENTATION

Le cuivre de cémentation est une variété de cuivre obtenue par voie humide, par exemple, en traitant par le fer une solution cuivrique provenant du traitement de pyrites cuivreuses grillées.

$$CuCl^2 + Fe = FeCl^2 + Cu.$$

Le produit est fort impur ; la teneur en cuivre descend parfois jusqu'à 50 p. 100. Les éléments associés au cuivre, en proportion fort variable, sont : arsenic, antimoine, argent, plomb, bismuth, fer, soufre, chaux, magnésie, chlorure et sulfate de sodium, silice, eau, matières insolubles.

Ce qui a été dit de l'analyse du cuivre raffiné permet de déterminer les principaux éléments étrangers au cuivre dans le cuivre de cémentation. On opérera sur des prises d'essai plus faibles que dans le cas du métal raffiné.

Pour le dosage du chlore, on dissoudra 10 à 20 grammes de cuivre dans de l'acide nitrique très dilué (V. *Dosage du chlore dans les oxydes de zinc*, p. 213) et, après filtration, on précipitera par le nitrate d'argent.

ZINC

Le zinc du commerce contient toujours divers éléments étrangers, en quantité plus ou moins importante. Parfois, comme dans le cas du zinc destiné à la fabrication du laiton pour douilles de cartouches, la proportion des impuretés est extrêmement faible; le métal est pour ainsi dire pur.

Les éléments que l'on rencontre habituellement dans le zinc sont : le plomb, le fer et le cadmium. Viennent ensuite l'arsenic, l'antimoine, et, dans les zincs de refonte, l'étain. On a signalé aussi la présence du soufre, du carbone, du silicium, du phosphore, du cuivre, du nickel et du cobalt; la recherche de ces corps n'a toutefois aucune portée pratique, et il n'en sera pas question.

EXEMPLES DE COMPOSITION

Zn. . .	98,43	96.85	98,99	98,12	98,50	98,90
Pb. . .	1,41	3,10	0,61	1,73	1,12	0,90
Fe. . .	0,07	0,05	0,02	0,12	0,15	0,08
Cd. . .	0,09	tr.	0,37	0,04	0,20	0,10
Sn. . .	tr.	—	tr.	—	—	—
As. . .	—	—	—	—	—	0,0085
Sb. . .	—	—	—	—	0,007	0,0011

La teneur en plomb, variable suivant la richesse du minerai en plomb et la température des fours à zinc, oscille généralement entre 0,3 et 3 p. 100. En petite quantité, le plomb n'a pas d'influence nuisible sur le laminage ; à la teneur de 3 p. 100 il passe pour rendre le zinc cassant. Le fer, dont la proportion dans le zinc est d'ordinaire très faible, a pour effet de durcir le métal. A la teneur à laquelle il existe habituellement dans le zinc (quelques centièmes ou dixièmes p. 100), le cadmium semble ne pas agir défavorablement sur la malléabilité du zinc. D'après Percy, des essais spéciaux ont montré que des alliages de zinc et de cadmium, contenant plusieurs pour cent de ce dernier métal, pouvaient être laminés en feuilles très minces.

La présence du cadmium peut être nuisible lorsque le zinc est destiné à la fabrication du blanc de zinc, (oxyde de zinc pour couleur) ; l'oxyde de cadmium étant brun peut, dans ce cas, altérer la pureté du blanc de zinc.

La présence de l'étain est très rare dans les minerais de zinc ; aussi ce métal ne se trouve-t-il guère que dans les lingots provenant de la refonte des vieux zincs, auxquels adhère de la soudure. L'étain, même dans une proportion extrêmement faible, rend le laminage du zinc impossible.

L'arsenic, l'antimoine et le soufre, dont la présence dans le zinc en quantité notable est heureusement loin d'être générale, passent aussi pour altérer la malléabilité du métal.

Dosage du plomb et du cadmium ; recherche de l'étain. — On traite une prise d'essai de 40 grammes dans un gobelet de verre d'un litre, recouvert d'un obturateur, par un mélange de 35 centimètres cubes d'acide sulfurique concentré et 230 centimètres cubes d'eau distillée. L'acide est versé sur le zinc petit à petit, afin d'éviter une attaque trop violente. On laisse ensuite en repos du jour au lendemain.

Le résidu insoluble contient le plomb, la majeure partie du cadmium et une petite quantité de zinc non dissous. On le recueille sur un filtre, et on le lave aussi rapidement que possible avec de l'eau tiède jusqu'à ce que les eaux de lavage soient absolument exemptes de sulfate; à l'aide du jet de la pissette, on fait passer dans un gobelet le résidu lavé, puis on le dissout par l'acide nitrique de moyenne concentration; si la solution obtenue est opalescente, on peut conclure à la présence de l'étain. Dans ce cas, on évapore à siccité, on reprend par l'eau acidulée d'acide nitrique et on filtre pour séparer l'acide métastannique.

Le filtrat limpide, additionné de 2 centimètres cubes d'acide sulfurique concentré, est évaporé au bain-marie jusqu'à élimination aussi complète que possible de l'acide nitrique dont la présence nuirait à la précipitation du sulfate de plomb; on reprend alors par l'eau, et, après avoir laissé déposer quelque temps, on recueille le sulfate de plomb sur un filtre aussi petit que possible. Le sulfate étant légèrement soluble dans l'eau, on le lave avec de l'acide sulfurique au $1/10^e$ (employé en quantité aussi faible que possible) jusqu'à ce que l'eau de lavage, neutralisée par l'ammoniaque, ne donne plus ni précipité, ni coloration sous l'action d'une goutte de sulfure sodique. Lorsque le lavage est complet, on déplace l'acide sulfurique qui imprègne le filtre par trois lavages à l'alcool; sans cette précaution, le filtre charbonnerait pendant la dessiccation. L'alcool n'est évidemment pas réuni au filtrat. Le précipité est ensuite séché, puis on l'enlève aussi complètement que possible du filtre; on le place sur un verre de montre et on incinère le filtre. Pendant cette incinération, les dernières parcelles de sulfate incorporées dans le papier, sont réduites par le charbon du filtre avec production de plomb métallique, qu'il importe de retransformer en sulfate. Pour cela, on traite les cendres du filtre par deux ou trois gouttes d'acide nitrique, densité 1,2, on évapore à siccité au bain-marie, puis on ajoute une goutte d'acide sulfurique, afin de faire passer le nitrate formé à l'état de sulfate ; l'excès d'acide est éliminé par calcination modérée. On réunit le précipité mis en en réserve aux cendres du filtre, et on calcine le tout pendant quelques minutes à la lampe. On pèse après refroidissement.

Le filtrat, additionné de 5 centimètres cubes d'acide chlorhydrique concentré, est dilué au volume d'environ 150 centimètres cubes, puis soumis à l'action d'un courant d'acide sulfhydrique qui précipite le cadmium et les traces de cuivre que le zinc peut contenir. Le précipité obtenu est filtré après dépôt, puis traité à la température du bain-marie par de l'acide chlorhydrique dilué de trois à quatre fois son volume d'eau, ou par de l'acide sulfurique dilué de 5 volumes d'eau ; en opérant ainsi, le sulfure de cadmium seul se dissout ; on filtre de nouveau et on en met réserve la solution cadmique que nous désignerons par C.

La solution zincique séparée du résidu insoluble contenant le plomb, le cadmium, etc., renferme très souvent un peu de cadmium ; on la dilue au volume de 600 centimètres cubes, on ajoute 18 centimètres cubes d'acide chlorhydrique concentré (3 centimètres cubes d'acide par 100 centimètres cubes de liquide) et on soumet à l'action d'un courant lent d'acide sulfhydrique, jusqu'à ce que le zinc commence à se précipiter ; on laisse alors déposer complètement le précipité qui, généralement, est absolument blanc à cause de la prédominance du sulfure zincique, puis on le recueille sur un filtre et on le redissout dans le moins possible d'acide chlorhydrique dilué. La solution obtenue est traitée par l'acide sulfhydrique afin de précipiter le cadmium qu'elle renferme. Le précipité formé est recueilli après dépôt, redissous dans très peu d'acide chlorhydrique, et la solution est réunie à la solution C. (V. plus haut).

On traite le tout par l'acide sulfhydrique qui précipite le cadmium à l'état de sulfure, jaune franc. Après avoir laissé déposer le précipité, on le recueille sur un filtre, on le lave et on le redissout dans très peu d'acide chlorhydrique chaud, dilué de son volume d'eau. On recueille la solution dans une capsule en platine tarée, on évapore en présence d'un léger excès d'acide sulfurique, on calcine à température modérée et on pèse le sulfate cadmique formé. Comme contrôle, on peut, si la proportion de cadmium est importante, redissoudre le sulfate et reprécipiter le cadmium, au moyen du carbonate potassique, à l'état de carbonate $CdCO^3$ qu'on transforme par calcination à haute température, en oxyde CdO.

Dosage du fer. — *Procédé par pesée.* — On dissout à température modérée 40 grammes de zinc dans de l'acide sulfurique pur, dilué au cinquième. La solution est, après refroidissement, diluée au volume de 500 centimètres cubes, dans un matras jaugé ; on filtre sur filtre sec, pour séparer le résidu insoluble de plomb, etc., on prélève 400 centimètres cubes du liquide qu'on traite à l'ébullition par quelques gouttes d'acide nitrique afin d'oxyder le sel ferreux, puis, on ajoute de l'ammoniaque en excès, c'est-à-dire jusqu'à ce que le précipité d'hydrate zincique, d'abord formé, soit redissous ; le fer reste précipité à l'état d'hydrate ferrique qu'on laisse déposer complètement, et qu'on recueille ensuite sur un petit filtre. Le précipité est lavé deux ou trois fois à l'eau ammoniacale, puis une ou deux fois à l'eau pure ; on le redissout ensuite directement sur le filtre, dans quelques gouttes d'acide chlorhydrique dilué et chaud, et dans la solution obtenue, on répète la précipitation par l'ammoniaque ; cette double manipulation a pour but d'éliminer complètement le zinc qui pourrait être resté mélangé au premier précipité d'hydrate. Le nouveau précipité ferrique est lavé d'abord à l'eau ammoniacale, puis à l'eau chaude ; ensuite on le sèche et on le transforme par calcination en Fe^2O^3 qu'on pèse.

Dosage de l'arsenic et de l'antimoine. — Principe. — Transformer les métaux à doser en arsénamine AsH^3 et stibamine SbH^2, au moyen de l'acide chlorhydrique.

$$As^2Zn^3 + 6HCl = 3ZnCl^2 + 2AsH^3.$$

D'après A. Van de Casteele, le dosage se fait avec exactitude en opérant de la manière suivante :

On dissout deux prises d'essai de 50 grammes dans de l'acide chlorhydrique dilué, en évitant un trop grand excès d'acide afin de ne pas contrarier ultérieurement la précipitation de l'antimoine par l'acide sulfhydrique.

Le matras dans lequel se fait la dissolution du zinc est raccordé à deux flacons laveurs chargés d'acide chlorhydrique bromé. Lorsque l'attaque est complète, on filtre le contenu du matras pour séparer, s'il y a lieu, le résidu insoluble, on réunit au filtrat le contenu des flacons laveurs, on chauffe jusqu'à élimination de l'excès de brome, on dilue au volume d'environ 600 centimètres cubes et on précipite l'arsenic et l'antimoine à l'état de sulfures, par l'acide sulfhydrique. (Pour la suite de l'opération, voir dosage des mêmes éléments dans les blendes, p. 195).

Remarque. — Il est bon de s'assurer que le résidu de l'attaque du zinc par l'acide chlorhydrique n'a pas retenu d'arsenic ni d'antimoine. Pour cela, on le dissout dans un peu d'eau régale, on élimine le chlore, puis on précipite par l'acide sulfhydrique. Le précipité est traité par le sulfure sodique pour séparer des autres métaux l'arsenic et l'antimoine à l'état de sulfo-sels. De cette dernière solution, les sulfures d'arsenic et d'antimoine sont de nouveau précipités par l'acide sulfurique dilué et réunis au précipité principal.

DOSAGE DU ZINC MÉTALLIQUE DANS LES POUSSIÈRES DE ZINC

Les poussières de zinc sont un mélange de zinc métallique (85 à 95 p. 100) et d'oxyde finement divisé, qui s'obtient au cours de la fabrication du zinc. Elles sont utilisées, notamment, dans l'industrie des matières colorantes artificielles, et leur valeur commerciale s'établit d'après leur pouvoir réducteur, c'est-à-dire d'après la proportion de métal à l'état libre qu'elles contiennent.

La détermination du pouvoir réducteur des poussières peut se faire en mesurant la quantité d'hydrogène dégagée par un poids donné, sous l'action de l'acide sulfurique.

L'opération peut se faire aisément au moyen de l'appareil suivant, (fig. 44) dû à Meyer et modifié par V. Hassreidter. Il consiste en une burette graduée A de 400 centimètres cubes de capacité, reliée, d'une part, avec un flacon de niveau B, et, d'autre part, avec un petit récipient R, sur le fond duquel est soudé un godet de verre.

On introduit dans la partie extérieure de R 1 gramme des poussières à analyser ; on verse avec précaution dans le godet 8 à 10 centimètres cubes d'acide sulfurique dilué (1 : 4) et, afin de faciliter l'attaque, quelques

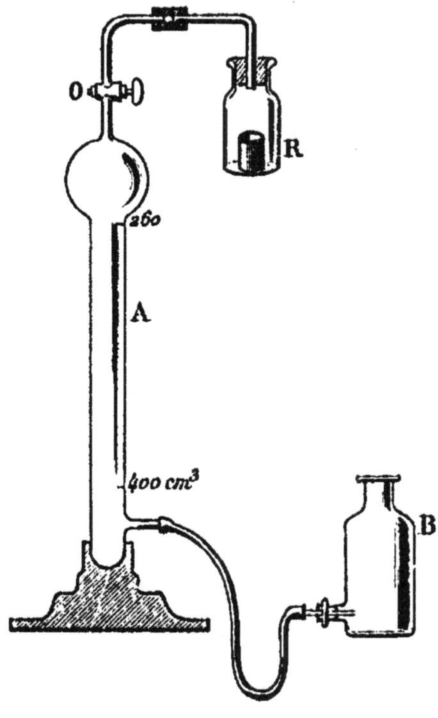

Fig. 11.

gouttes d'une solution de chlorure platinique ou de chloro-platinate sodique de concentration connue (V. plus bas). On bouche R, et par le jeu du flacon B on fait arriver le niveau de l'eau dans la burette A au zéro de la graduation qui coïncide avec le robinet qui termine la burette à la partie supérieure. On abaisse ensuite B, et l'on attend quelques minutes afin de s'assurer que le niveau du liquide ne descend pas en A, ce qui indiquerait une fuite. Ensuite, inclinant le flacon R, on fait arriver l'acide en contact avec les poussières ; l'attaque se produit, l'hydrogène se dégage et vient s'accumuler dans la burette graduée. Afin d'équilibrer la température, on place le flacon R, lorsque la décomposition est complète, dans un bain d'eau se trouvant à la température ambiante. On fait, à quelque intervalle, deux lectures du volume gazeux contenu en A.

Le volume observé doit être ramené aux conditions normales au moyen de la formule :

$$V_0 = \frac{V \times 273\,(B - f)}{(273 + t)\,760}.$$

dans laquelle : V est le volume observé à t°.

B, la pression barométrique, déduction faite de la correction relative à la dilatation du mercure :

f, la tension de la vapeur d'eau à t° ;

t, la température ambiante.

1 centimètre cube d'hydrogène, à 0° et 760 millimètres de pression correspond à 0,002906 gr. de zinc métallique.

Il y a lieu de tenir compte du fait que le chlorure de platine employé réagit avec le zinc d'après l'équation :

$$PtCl^4 + 2\,Zn = 2\,Zn\,Cl^2 + Pt.$$

On peut, au lieu de chlorure platinique, employer une solution de chloroplatinate sodique $Na^2PtCl^6, 6H^2O$, contenant 0,4295 gr. de ce sel par 100 centimètres cubes. 1 centimètre cube de cette solution correspond à 0,001 gr. de zinc (L. de Koninck).

Remarque. — Afin d'éviter les pertes par diffusion, on emploiera, pour relier entre elles les différentes parties de l'appareil, du caoutchouc *noir* de préférence au caoutchouc *rouge*.

PLOMB

Le plomb du commerce est plus ou moins pur, suivant les usages auxquels il est destiné.

a. Plomb raffiné

Les plombs raffinés, destinés à la fabrication de la céruse, du cristal et des accumulateurs sont toujours des métaux très purs dans lesquels la teneur en plomb atteint jusqu'à 99,99 p. 100, et parfois même davantage.

La faible proportion d'impuretés se répartit entre un grand nombre de corps, ce qui augmente encore les difficultés de l'analyse. On peut, en effet, trouver dans le plomb : arsenic, antimoine, argent, cuivre, bismuth, cadmium, fer, nickel, cobalt, zinc, manganèse.

EXEMPLES DE COMPOSITION DE PLOMBS RAFFINÉS

Pb.	99,99415	99.98314	99,98756	99,9881
Cu.	0,00009	0,00141	0,00202	0,0008
Sb.	0,00160	0,00369	0,00333	0,0070
Bi	0,00220	0,00548	0,00365	0,0016
Ag.	0,00015	0,00016	0,00072	tr.
Fe.	0,00100	0,00228	0,00123	0,0013
Zn.	tr.	0,00083	0 00077	tr.
Ni	—	0,00068	0,00071	0,001

Les impuretés du plomb étant nombreuses et leur proportion parfois très faible, l'analyse se fera sur une très forte prise d'essai.

La méthode de Fresenius, modifiée par Fernandez-Krug et Hampe, et décrite par G. Lunge, donne des résultats satisfaisants.

Principe. — Eliminer le plomb à l'état de sulfate (insoluble) et doser les métaux étrangers dans la solution séparée de ce précipité.

La surface du plomb à analyser est d'abord nettoyée au moyen d'acide chlorhydrique dilué et chaud ; on rince à l'eau distillée et on sèche rapidement. On pèse ensuite 200 grammes [1] qu'on dissout à chaud dans un grand vase de verre de un litre et demi, au moyen de 500 centimètres cubes d'acide nitrique, densité 1,2 ; on ajoute ensuite un demi-litre d'eau, puis on laisse en repos pendant douze heures.

Les plombs très purs donnent une solution absolument claire ; un trouble plus ou moins prononcé peut être dû à de l'antimoniate de plomb qui doit être complètement déposé avant qu'on puisse filtrer. (On peut, d'après A. Van de Casteele, activer le dépôt, en ajoutant une goutte d'acide sulfurique dilué, afin de précipiter un peu de sulfate de plomb, qui entraîne avec lui l'antimoniate).

Le précipité d'antimoniate est recueilli sur un filtre, et redissous dans l'acide chlorhydrique ; la solution est additionnée d'un ou deux grammes d'acide tartrique et traitée par l'acide sulfhydrique ; le précipité de sulfures

---

[1] Le cas échéant, on mettra en œuvre plusieurs prises d'essai de 200 grammes, afin d'obtenir dans la suite de l'analyse des précipités susceptibles d'être pesés avec exactitude.

de plomb et d'antimoine est provisoirement tenu en réserve.

La solution est additionnée de 62 à 63 centimètres cubes d'acide sulfurique, afin de précipiter le plomb. Après refroidissement, on siphone le liquide clair, puis on lave à trois reprises par décantation le précipité de sulfate de plomb, en se servant chaque fois de 200 centimètres cubes d'eau, acidulée d'acide nitrique ; on peut être alors certain d'avoir enlevé au sulfate de plomb les dernières traces de métaux étrangers.

L'ensemble des liquides (solution et eaux de lavage) est sursaturé par l'ammoniaque ; on ajoute ensuite 25 centimètres cubes de sulfure ammonique et on chauffe au bain-marie pendant une couple d'heures. Le précipité rassemblé au fond du vase se compose de sulfure de plomb (provenant du plomb resté dans la solution nitrique) et des autres sulfures métalliques.

On recueille sur un filtre le précipité et, en même temps, les sulfures de plomb et d'antimoine provenant du résidu d'antimoniate de plomb (V. plus haut).

Le précipité total est séché et fondu au creuset de porcelaine avec 5 ou 6 grammes d'un mélange à parties égales de carbonate sodique et de soufre (V. pour les détails p. 10), afin de transformer en sulfo-sels solubles dans l'eau, les métaux du groupe de l'arsenic qui peuvent s'y trouver. Après refroidissement, on épuise par l'eau et on sépare par filtration le résidu insoluble qui peut être formé des sulfures d'Ag. Bi. Cu[1] Cd. Zn. Fe. Mn. Ni et Co. Appelons R ce résidu.

La solution est réunie au liquide chargé de sulfure

---

[1] Le cuivre peut, du moins en partie, rester en solution avec l'arsenic et l'antimoine, lors de la reprise par l'eau.

ammonique dont il a été question précédemment, et le tout est acidulé par l'acide acétique. Les sulfo-sels d'arsenic et d'antimoine sont ainsi décomposés avec précipitation de sulfure ; en même temps, il se produit assez bien de soufre provenant de la décomposition des polysulfures alcalins. On chauffe au bain-marie de façon à agréger le précipité, qui est ensuite filtré, lavé à l'eau très légèrement acidulée d'acide acétique et contenant de l'acide sulfhydrique, puis séché ; on enlève ensuite le soufre en faisant digérer le précipité sec dans le sulfure de carbone, puis, après filtration on redissout dans l'acide chlorhydrique et le chlorate potassique et l'on dose les petites quantités d'arsenic et d'antimoine auxquelles on peut avoir affaire, en suivant les indications données à propos de l'analyse des minerais de zinc (V. p. 195).

Traitement des sulfures R. — On étale le filtre qui contient les sulfures sur le fond d'une capsule en porcelaine et on traite au bain-marie par de l'acide nitrique formé de 1 volume d'acide concentré et de 3 volumes d'eau ; la dissolution des sulfures étant terminée, on filtre et on évapore la solution en présence d'acide sulfurique afin de former du sulfate de plomb (V. à ce propos, p. 198). On reprend par un peu d'eau et on sépare par filtration le sulfate.

Dans le filtrat, modérément chauffé, on précipite par l'acide sulfhydrique, le cuivre, le bismuth, l'argent et le cadmium ; les métaux du groupe du fer restent en solution.

Les sulfures précipités sont redissous dans l'acide nitrique ; les nitrates sont ensuite transformés en sulfates par évaporation en présence d'acide sulfurique ;

on reprend par un peu d'eau et on neutralise à peu près par de la soude caustique pure (soude au sodium) puis on ajoute du carbonate sodique et un peu de cyanure potassique pur et on chauffe. S'il se forme un précipité, il est dû à la présence de bismuth ; on le recueille, on le redissout par l'acide nitrique et on reprécipite à l'état d'hydrate Bi (OH)³ qui, par calcination, donne l'oxyde Bi²O³ qu'on pèse.

Le filtrat cyanuré, séparé du précipité bismuthique, contient l'argent, le cadmium et le cuivre ; on y verse quelques gouttes de sulfure potassique ce qui donne un précipité de sulfure d'argent et de sulfure de cadmium ; le cuivre est maintenu en solution grâce au cyanure. Le précipité est, après lavage, redissous dans l'acide nitrique ; de la solution obtenue on précipite l'argent par quelques gouttes d'acide chlorhydrique ; on filtre pour séparer le chlorure d'argent [1] puis, dans le filtrat, débarrassé par évaporation de la majeure partie de l'acide, on précipite le cadmium par le carbonate sodique ; le précipité est recueilli sur un petit filtre et redissous dans l'acide nitrique ; la solution de nitrate est finalement évaporée dans un creuset taré, et le résidu de l'évaporation est transformé par calcination en oxyde CdO qu'on pèse.

Le cuivre est dosé dans le filtrat du précipité de Ag²S +CdS (V. pour les détails : *Analyse des minerais de zinc*, p. 199 ; V. aussi note [1], p. 351).

Analyse de la solution contenant les métaux du groupe du fer. — Cette solution est neutralisée par l'ammo-

[1] Le dosage de l'argent par voie humide est le plus souvent pratiquement impossible. On dose cet élément en coupellant un certain poids de plomb (voir *Dosage de l'argent*. p. 261 et 277).

niaque, puis additionnée de sulfure ammonique et laissée ensuite en repos du jour au lendemain dans un récipient bouché.

On filtre pour recueillir les sulfures formés. Le filtrat sulfuré, pouvant avoir retenu un peu de nickel, est acidulé par l'acide acétique, additionné d'acétate ammonique et chauffé pendant quelques heures ; on peut alors filtrer le soufre déposé, qui, éventuellement, contient du sulfure de nickel. Les sulfures de fer, manganèse, etc., sont traités directement sur le filtre par un mélange de six volumes d'eau saturée d'acide sulfhydrique pour un volume d'acide chlorhydrique densité 1,12. On fait passer à maintes reprises le même liquide sur le filtre de façon à assurer, au moyen d'un minimun de réactif, la dissolution des sulfures de fer, de zinc et de manganèse. — Les sulfures de nickel et de cobalt restent non dissous. Ces derniers, auxquels on réunit le précipité $NiS + S$ dont il a été question plus haut, sont calcinés dans un creuset, puis le produit de la calcination est redissous dans quelques gouttes d'eau régale ; la solution des chlorures est évaporée à peu près à sec et additionnée d'ammoniaque et de carbonate ammonique ; on filtre, on fait bouillir avec de la potasse dans une capsule en platine, jusqu'à expulsion de toute l'ammoniaque et l'on recueille et lave le précipité formé, (hydrates de Ni et Co) on le calcine et on le pèse comme NiO.

En pratique, la séparation du nickel et du cobalt serait très difficile, les quantités à travailler étant excessivement minimes. On se borne à rechercher le cobalt dans le précipité pesé, au moyen de la perle de borax. (Formation de borate de cobalt bleu intense).

La solution chlorhydrique contenant le fer, le zinc et

le manganèse, est chauffée à l'ébullition pour éliminer l'acide sulfhydrique, puis traitée par quelques gouttes d'acide nitrique afin d'oxyder le fer. On précipite ensuite par l'ammoniaque à l'abri de l'air ; il se forme un précipité d'hydrate ferrique qui est recueilli, lavé, redissous dans l'acide chlorhydrique et reprécipité par l'ammoniaque dans un but de purification. Le nouveau précipité est lavé et calciné ; il est alors formé de Fe^2O^3 pur.

Le filtrat ammoniacal est traité à chaud par le sulfure ammonique pour précipiter les sulfures de zinc et de manganèse. Après plusieurs heures, on filtre et on traite le précipité sur le filtre même par quelques gouttes d'acide acétique, afin de dissoudre le sulfure manganeux ; on reprécipite ensuite le manganèse de sa solution par l'hydrate potassique. Le précipité d'hydrate qu'on obtient est lavé à fond et transformé par calcination en Mn^3O^4.

Le sulfure de zinc est redissous dans quelques gouttes d'acide chlorhydrique. La solution est évaporée dans une petite capsule de platine ; on ajoute un peu d'oxyde mercurique pur (ne laissant pas de résidu fixe à la calcination) en suspension dans l'eau, on évapore et on calcine progressivement au rouge vif ; on obtient ainsi la transformation du chlorure de zinc en oxyde, qu'on pèse.

Remarque. — On voit par ce qui précède que l'analyse du plomb est une opération fort complexe et fort difficile à cause de la très faible proportion dans laquelle les métaux étrangers se rencontrent. Il y a lieu de ne l'entreprendre qu'avec des réactifs de la pureté desquels on est certain.

DOSAGE COLORIMÉTRIQUE DU FER ET DU CUIVRE DANS LE PLOMB RAFFINÉ

A. Lecrenier dose de la façon suivante le fer et le cuivre dans le plomb destiné à la préparation du massicot (PbO) entrant dans la fabrication du cristal.

a. *Dosage du fer* — On dissout 20 grammes de plomb dans l'acide nitrique en léger excès et on transvase dans un matras jaugé de 250 centimètres cubes. Après avoir ajouté de l'acide sulfurique en quantité voulue pour précipiter le plomb à l'état de sulfate, on dilue jusqu'au trait de jauge, ensuite on filtre sur filtre sec, on prélève 200 centimètres cubes du filtrat (= 16 gr. de plomb) et on les évapore à siccité; le résidu est repris par 1 centimètre cube d'acide chlorhydrique concentré et un peu d'eau; on transvase ensuite dans un gobelet de verre et on dilue jusqu'au volume de 500 centimètres cubes, puis on ajoute un volume mesuré de sulfocyanate potassique. On place entre temps dans un second gobelet, de mêmes dimensions que le précédent, de l'acide chlorhydrique, de l'eau et du sulfocyanate en quantités égales à celles qu'on a prises pour l'essai. Les deux vases étant placés sur un fond blanc, on verse goutte à goutte dans le vase témoin, en agitant, une solution titrée de chlorure ferrique contenant par centimètre cube 0,0001 gramme de fer, jusqu'à ce que la coloration rougeâtre (sulfocyanate ferrique) ait la même intensité dans les deux vases. On connaît ainsi directement, d'après le nombre de centimètres cubes employés, la quantité de fer existant dans la prise d'essai du plomb analysé.

b. *Dosage du cuivre.* — On opère comme en a jusques et y compris la reprise du résidu d'évaporation des 200 centimètres cubes par l'acide chlorhydrique. On dilue ensuite au volume de 10 centimètres cubes dans un tube, puis on ajoute de l'ammoniaque jusqu'à alcalinité et l'on compare la teinte bleue du composé cuivrique ammoniacal qui se forme, à celle d'une série de témoins contenant sensiblement les mêmes quantités de réactifs que l'essai et du cuivre en quantités croissantes (V. aussi *Dosage cholorimétrique du cuivre dans les minerais de zinc*, p. 200).

b. PLOMB D'ŒUVRE (ET PLOMB MARCHAND)

Le plomb d'œuvre et certains plombs marchands sont beaucoup plus chargés d'impuretés que le plomb raffiné.

Les analyses suivantes, dues à Hampe, indiquent les teneurs extrêmes trouvées pour les divers éléments étrangers au plomb, dans une série d'échantillons de plombs d'œuvre.

Pb	De 99.4298	à 97,1575
Cu	0,031	0,1100
Sb.	0,40	2,5000
As	0,005	0,015
Bi.	0,0003	0,0015
Ag	0,1299	0,2030
Fe.	0,0020	0,004
Zn.	0,0010	0,005
Ni.	0,0010	0,004
Co.	traces	0,0004

La marche à suivre pour l'analyse se rapproche beaucoup de celle qui a été décrite précédemment. On opérera, suivant les cas, sur des prises de 50 à 100 grammes.

D'après Hampe, on dissout la prise d'essai dans l'acide nitrique, comme dans le cas du plomb raffiné; on ajoute ensuite un demi-litre d'eau et on laisse déposer du jour au lendemain. Un résidu insoluble, souvent assez important, peut être formé d'acide antimonique et d'antimoniate de plomb. Ce résidu est recueilli et fondu, après lavage et dessiccation, avec un mélange de carbonate sodique et de soufre (V. pour les détails, p. 10). A la reprise par l'eau, l'antimoine reste dissous à l'état de sulfo-sel; le plomb, le bismuth, etc., restent en résidu à l'état de sulfures. Solution et précipité[1] sont mis en réserve.

La solution nitrique, séparée du précipité antimonieux, est traitée par l'acide sulfurique, afin d'éliminer la majeure partie du plomb (V. *Analyse du plomb raffiné*). Le filtrat et les eaux de lavage séparés du précipité de sulfate de plomb sont évaporés jusqu'à formation de vapeurs d'acide sulfurique. Le résidu est repris par l'eau et un peu d'acide chlorhydrique et chauffé quelque temps; après refroidissement, on ajoute de l'alcool; on laisse quelques heures en repos puis on filtre et on lave avec de l'alcool acidulé d'acide chlorhydrique. Le liquide filtré contient l'arsenic, le cuivre, de l'antimoine, du bismuth, les métaux du groupe de fer et de petites quantités de plomb passées en solution sous l'action de l'acide chlorhydrique. On élimine l'alcool par évaporation, puis on traite par l'acide sulfhydrique afin de précipiter les métaux des groupes de l'arsenic et du cuivre; le précipité obtenu est soumis à la fusion sulfurante (V. p. 10). A la reprise par l'eau, on isole les métaux du groupe de l'arsenic à l'état de sulfo-sels so-

---

[1] Ce précipité pourra être redissous, et la solution réunie à celle des métaux du groupe du cuivre obtenue dans la suite de l'analyse.

lubles [1]; on ajoute au liquide la solution sulfo-alcaline d'antimoine obtenue au début de l'analyse et, dans l'ensemble, on dose l'arsenic et l'antimoine [2] (V. le dosage de ces éléments dans les blendes, p. 195).

Les métaux des groupes du cuivre et du fer seront dosés comme dans le cas du plomb raffiné (V. p. 352).

L'argent est dosé par coupellation comme dans le plomb raffiné.

Dosage du soufre. — La méthode proposée par Hampe repose sur la transformation du plomb en chlorure par l'action d'un courant de chlore sec ; le soufre est amené à l'état d'acide sulfurique et dosé à la manière habituelle.

On fond, dans un tube à combustion, 50 grammes de plomb, qu'on répartit sur une longueur de 15 centimètres environ. Le tube est relié, d'une part, à deux récipients renfermant de l'eau acidulée d'acide chlorhydrique, et, d'autre part, à un appareil produisant du chlore sec.

Après avoir laissé se solidifier la colonne de plomb, on en chauffe la partie antérieure jusqu'à ce que, sous l'action du chlore, la combustion se produise. L'absorption du chlore, très énergique, cesse lorsque le plomb est recouvert de chlorure. On fond ce dernier et on cherche à le faire couler dans les parties froides du tube, où il se solidifie. On renouvelle la chloruration jusqu'à ce qu'une nouvelle quantité de chlorure formée l'empêche de se continuer. En répétant cette manipula-

---

[1] Voir au sujet de la présence du cuivre, p. 351, note 1.

[2] L'antimoine existant souvent dans le plomb d'œuvre en proportion assez élevée, il peut être avantageux de n'opérer, le cas échéant, pour le dosage de cet élément, que sur une partie du liquide séparé du précipité d'arséniate ammoniaco-magnésique.

tion, on finit par transformer en chlorure la majeure partie du plomb. On doit cependant, à un moment donné, retirer le chlorure de plomb et en séparer le plomb restant, dont on continue ensuite la chloruration. Lorsque l'opération est terminée, on ajoute au contenu des récipients un peu de carbonate sodique pour fixer l'acide sulfurique formé et on évapore à siccité. Le résidu est repris par l'eau ; on fait ensuite bouillir avec du carbonate sodique pour transformer en carbonate de plomb le chlorure qui peut se trouver dans le liquide. Après avoir séparé le carbonate formé, on dose l'acide sulfurique dans le filtrat acidulé par l'acide chlorhydrique.

c. Plomb dur

On désigne sous ce nom un plomb riche en antimoine qui, à cause de sa dureté, trouve certaines applications spéciales, telles que la fabrication des caractères d'imprimerie. Outre les deux métaux principaux, le plomb dur contient un certain nombre d'éléments étrangers, comme le montrent les quelques exemples d'analyse suivants :

Pb.	73,61	80,06	78,37	83,75
Sb.	23,20	16,96	17,68	12,85
Sn.	2,25	2,48	2,43	2,04
Cu.	0,63	0,37	0,59	0,40
Fe.	0,73	—	—	tr.
Ni + Co	0,0014	-	—	tr.
As.	—	—	0,80	0,00
Ag.	209 gr. p. t.		89 gr. p. t.	

L'analyse complète peut, d'après A. Van de Casteele, se faire de la manière suivante.

On introduit dans un matras jaugé de un quart de litre,

2,5 grammes du plomb à analyser, 10 grammes d'acide tartrique et 15 centimètres cubes d'eau, puis 10 centimètres cubes d'acide nitrique. On chauffe jusqu'à dissolution ; l'antimoine reste dissous grâce à la présence de l'acide tartrique. La solution est diluée au volume d'environ 200 centimètres cubes, puis traitée par *l'acide sulfurique en quantité strictement nécessaire pour précipiter le plomb*. On dilue ensuite jusqu'au trait de jauge, puis, le liquide étant rendu homogène par agitation et refroidi, on filtre sur filtre sec et on prélève 100 centimètres cubes du liquide auxquels on ajoute de l'hydrate potassique jusqu'à neutralisation, puis 12 gr. d'acide oxalique ; ensuite on traite par l'acide sulfhydrique après avoir dilué à environ 200 centimètres cubes avec de l'eau chaude. Grâce à la présence de l'acide oxalique, l'étain reste en solution [1] ; le précipité qui se forme renferme l'antimoine et le cuivre. Il peut renfermer aussi un peu de plomb non précipité par l'acide sulfurique (à cause de la présence de l'acide nitrique), et de l'arsenic. On l'utilise pour doser l'antimoine et le cuivre ; pour cela, on le traite par le sulfure sodique à chaud, de façon à dissoudre le sulfure d'antimoine. La solution est directement électrolysée (V. *Analyse des speiss*, p. 222).

Le résidu de sulfures de cuivre et de plomb est dissous à chaud dans l'acide nitrique de densité 1,2, et le plomb séparé à l'état de sulfate. Dans le filtrat, on précipite le cuivre par l'acide sulfhydrique (V. *Analyse des blendes*, p. 199).

Le filtrat oxalique qui contient l'étain peut être électrolysé, en vue du dosage de l'étain. Pour cela, on le

---

[1] Voir *Analyse de l'étain*, p. 373.

neutralise par l'ammoniaque, on ajoute 25 centimètres cubes de sulfure ammonique et on dilue assez fortement. Le liquide est ensuite chauffé, puis électrolysé avec un courant de 0,7 à 1 ampère (V. p. 410, *Analyse du métal antifriction*). Il doit, dans le cas qui nous occupe, être maintenu assez chaud, pendant toute la durée de l'électrolyse, afin d'éviter que les sels dissous cristallisent, ce qui se produirait certainement à froid.

Si l'on ne désire pas électrolyser à chaud, on peut reprécipiter l'étain de sa solution oxalique par l'acide acétique, après avoir saturé la solution d'acide sulfhydrique. Le précipité de sulfure stannique que l'on obtient ainsi, est redissous dans le sulfure ammonique, et l'on peut alors électrolyser à froid.

Le sulfure stannique, passant aisément à l'état colloïdal, doit être lavé avec une solution contenant environ 2 p. 100 d'acétate ammonique.

Remarque. — L'étain précipité par électrolyse est plus blanc et plus cohérent lorsque l'électrolyse est faite à chaud.

Dosage de l'arsenic. — Cet élément se dose le mieux par distillation. On attaque 2,5 grammes de matière par l'acide nitrique, densité 1,2, on évapore après addition de 25 centimètres cubes d'acide sulfurique, jusqu'à élimination de tout l'acide nitrique en excès, et on distille le tout en présence d'un sel ferreux (V. le *Dosage correspondant dans le cuivre*, p. 332).

Dosage du plomb. — On dissout dans un matras conique 1 gramme du plomb dans un mélange de 7 grammes d'acide tartrique, 10 centimètres cubes d'eau et

10 centimètres cubes d'acide nitrique ; on ajoute ensuite
10 centimètres cubes d'acide sulfurique et l'on évapore
jusqu'à cessation de dégagement de vapeurs nitreuses,
*mais sans aller jusqu'à carbonisation de l'acide tar-
trique.* Ce point est atteint lorsque l'atmosphère du matras, dans lequel se fait l'attaque, se clarifie. On reprend
ensuite par 15 centimètres cubes d'eau et on répète
l'évaporation dans les mêmes conditions ; cette seconde
opération a pour but d'assurer l'élimination des dernières traces d'acide nitrique. On reprend finalement
par l'eau ; le sulfate de plomb reste en résidu ; on le
lave d'abord avec de l'acide sulfurique dilué, puis on
le traite par le tartrate ammonique, afin de le dissoudre
(V. p. 194) et de séparer le plomb de toute matière
étrangère. Un résidu pourrait être formé d'antimoniate
de plomb. Le cas échéant, on le dissoudra dans un peu
d'eau régale, on évaporera à siccité, puis, après avoir
repris par l'acide chlorhydrique et l'eau, on traitera par
l'acide sulfhydrique afin de précipiter le plomb et l'antimoine ; on séparera ensuite les deux métaux par le sulfure sodique qui dissout le sulfure d'antimoine ; le sulfure de plomb sera ensuite redissous dans un peu
d'acide nitrique dilué et chaud ; la solution sera évaporée à peu près à siccité, pour éliminer la majeure partie
de l'acide nitrique ; le résidu de nitrate de plomb sera
repris par l'eau et réuni à la solution tartrique principale. Le plomb est ensuite précipité à l'état de sulfate
par addition d'acide sulfurique en excès (V. au sujet du
Dosage du sulfate de plomb, p. 198).

Dosage des métaux du groupe du fer (fer, nickel, cobalt). — On éliminera l'antimoine en attaquant une prise
d'essai par l'acide nitrique (acide antimonique), puis le

plomb par l'acide sulfurique ; ensuite on se débarrassera du cuivre par l'acide sulfhydrique et, dans le filtrat, on recherchera et dosera le fer, le nickel et le cobalt, qui sont toujours en quantité très faible (V. *Analyse du plomb raffiné*, p. 350 et suivantes).

Dosage de l'argent (V. p. 277 k.).

ALUMINIUM

Grâce aux procédés modernes de fabrication, et spécialement aux méthodes électrolytiques, le prix de l'aluminium a été suffisamment abaissé pour permettre d'appliquer ce métal à de nombreux usages industriels.

La faible densité de l'aluminium le fait employer pour la confection d'objets d'équipements militaires, de récipients pour le transport des corps gras, des benzines et de divers produits alimentaires, au contact desquels il n'est pas altéré.

L'aluminium trouve aujourd'hui des applications dans la métallurgie de fer ; il est très employé pour la fabrication de nombreux alliages, parmi lesquels les bronzes d'aluminium (alliages d'aluminium et de cuivre) présentent un très grand intérêt.

Signalons encore les applications de ce métal découvertes par Goldschmidt pour la préparation de métaux, tels que le chrome, dont les oxydes sont difficilement réductibles, et pour la production de températures extrêmement élevées (alumino-thermie).

D'après Otis-Handy, l'aluminium électrolytique de l'usine américaine de Pittsburgh, aurait une composition variant dans les limites suivantes :

1. Fabriqué avec les produits les plus purs.

Al. . . . . . . De 99,0 à 99,9 p. 100
Si . . . . . . De 0,3 à 0,05 — (combiné et graphitique).
Cu. . . . . . jusqu'à 0,3
Fe — . . — 0,2

2. Fabriqué avec les produits les moins purs.

Al. De 96,0 à 98,0 p. 100
De 4 à 2 de Si et de Fe.

Comme on le voit, les principales impuretés qui se rencontrent dans l'aluminium du commerce, sont le silicium, qui provient des électrodes et des creusets, mais surtout de l'alumine employée comme matière première; le fer qui vient des mêmes sources, et le cuivre. On peut y rencontrer, en outre, du titane, du carbone, de l'azote, et enfin du sodium qui a été maintes fois trouvé dans des échantillons de provenances diverses. Moissan cite, notamment, des teneurs de 0,1 à 0,3 p. 100, dans des échantillons préparés au moyen du sodium.

Voici quelques exemples de composition :

Al.	98,02	98,82	96,12
Fe.	0,90	0,27	1,08
Si	0,81	0,15	1,94
C	0,08	0,41	0,30
N..	tr.	tr.	—
Cu.	—	0,35	—
Na.	—	0,10	—
Ti.	—	tr.	—

Le zinc et l'étain se rencontrent aussi, assez fréquemment, dans des produits vendus comme aluminium.

Analyse. — La méthode suivante, suivie par V. Hass-reidter, fait entrer en ligne de compte les éléments suivants : silicium, étain, cuivre, zinc, fer.

On dissout 2 grammes du métal dans 50 centimètres cubes d'un mélange formé de :

HNO³, densité 1,4, 100 centimètres cubes.
HCl, densité 1,2, 300 centimètres cubes.
H²SO⁴ à 25 p. 100, 600 centimètres cubes.

On évapore jusqu'à élimination des acides chlorhydrique et nitrique en excès ; on reprend par 50 centimètres cubes d'eau et quelques centimètres cubes d'acide sulfurique dilué ; on chauffe jusqu'à redissolution et on filtre pour séparer la silice qui, après calcination et pesée, peut être refondue avec un carbonate alcalin [1] (V. p. 5) pour être purifiée.

Le filtrat de la silice est traité par l'acide sulfhydrique qui précipite, à l'état de sulfures, l'étain et le cuivre ; le précipité obtenu est lavé avec de l'acétate ammonique à environ 2 p. 100 (pour éviter que le sulfure d'étain devienne colloïdal) ; on le fait ensuite passer, à l'aide du jet de la pissette, et avec le moins d'eau possible dans un matras où on le traite par 20 centimètres cubes d'acide nitrique densité 1,2 ; on chauffe jusqu'à ce que le cuivre soit entièrement dissous et que le sulfure d'étain soit transformé en hydrate (blanc) ; on ajoute 10 grammes de nitrate ammonique, on filtre et lave à l'eau chaude le précipité stannique qui est séché et pesé après calcination (SnO²).

La solution acide contenant le cuivre est évaporée

[1] Si le métal contenait du plomb, ce plomb resterait associé à la silice à l'état de PbSO⁴. On pourrait l'extraire par le tartrate ammonique (voir *Analyse des blendes, dosage de la silice*, p. 194).

pour éliminer la majeure partie de l'acide nitrique, puis électrolysée; on obtient ainsi le cuivre à l'état métallique au pôle négatif (V. pour les détails, *Dosage du cuivre dans ses minerais*, p. 254).

Au filtrat du précipité de sulfures d'étain et de cuivre on ajoute 5 grammes d'acide tartrique, puis on neutralise par l'ammoniaque dont on ajoute un excès et on fait passer un courant d'acide sulfhydrique; on forme ainsi du sulfure ammonique qui précipite les sulfures de fer et de zinc, tandis que l'aluminium est maintenu en solution grâce à la présence du tartrate alcalin.

On chauffe pour rassembler les sulfures, puis on filtre et on lave avec de l'eau contenant du chlorure ammonique et quelques gouttes de sulfure ammonique. Le précipité est redissous sur le filtre même dans 10 centimètres cubes d'acide chlorhydrique dilué (1:1) et chaud, versés goutte à goutte sur le filtre; le fer est oxydé à l'ébullition par quelques gouttes d'acide nitrique; on le précipite ensuite par un volume mesuré d'ammoniaque (20 centimètres cubes) à l'état de $Fe^2(OH)^6$, qu'on transforme par calcination en Fe^2O^3 qu'on pèse.

Le zinc est dosé dans le filtrat ammoniacal au moyen d'une solution titrée de sulfure sodique de faible concentration (environ 5 grammes par litre). (V. pour le dosage du zinc par Na^2S, p. 177.)

On fera, à côté du dosage proprement dit, un essai à blanc sur un mélange d'acide chlorhydrique, d'eau et d'ammoniaque, en quantités égales, à celles que contient le liquide analysé. On déduira du nombre de centimètres cubes de sulfure employés pour le dosage, le volume de sulfure nécessaire pour obtenir dans l'essai à blanc une tache jaune-brunâtre sur le papier aux sels de plomb.

Dosage de l'aluminium. — On dissout 1 gramme (V. ci-dessus), traite la solution par l'acide sulfhydrique et filtré pour éliminer les sulfures précipités ; puis on expulse l'excès d'acide sulfhydrique à l'ébullition, et, après refroidissement, on dilue au volume de 200 centimètres cubes. On prélève ensuite 50 centimètres cubes de liquide, (= 0,25 de métal) on chauffe à l'ébullition, on réoxyde le fer par quelques gouttes d'acide nitrique, et on précipite par l'ammoniaque. Le précipité qui se forme contient, outre l'hydrate d'aluminium, l'hydrate ferrique et une partie du zinc. Théoriquement, ce dernier devrait être redissous par l'ammoniaque en léger excès ; en fait, il est retenu, au moins en partie, avec l'alumine. Le précipité impur est calciné et pesé. Soit P son poids. On le redissout ensuite dans l'acide chlorhydrique concentré (V. *Dosage du fer dans les argiles*, p. 123), on dilue, puis on ajoute 3 à 4 grammes d'acide tartrique et on neutralise par l'ammoniaque. Ensuite on traite par un peu de sulfure sodique qui précipite le fer et le zinc à l'état de FeS et de ZnS. L'aluminium reste en solution, grâce à la présence du tartrate ammonique.

Le précipité des deux sulfures est recueilli, lavé et redissous dans 10 centimètres cubes d'acide chlorhydrique dilué (1 : 1) et chaud. On réoxyde le fer en chauffant en présence de quelques gouttes d'acide nitrique, puis on traite par un volume mesuré d'ammoniaque (20 centimètres cubes) afin de précipiter le fer à l'état d'hydrate ferrique ; dans le filtrat ammoniacal séparé de ce précipité on dose le zinc comme précédemment par le sulfure sodique.

La quantité d'aluminium est obtenue en soustrayant du poids P (V. plus haut) le poids de l'oxyde ferrique (calculé d'après le résultat du dosage du fer (V. p. 368) et le poids de l'oxyde de zinc correspondant au zinc trouvé par le dosage titrimétrique dont il vient d'être question.

Dosage du carbone. — On peut, d'après Moissan, dissoudre 10 grammes du métal dans une solution concentrée d'hydrate potassique ; le résidu contenant le carbone est recueilli sur un filtre d'asbeste, lavé, séché, et brûlé dans un courant d'oxygène. L'anhydride carbonique formé est recueilli et pesé. (V. pour les détails, *Dosage du carbone dans la houille*, p. 31).

Dosage du sodium. — Certaines variétés d'aluminium contiennent du sodium, auquel on attribue parfois la facilité avec laquelle ces aluminiums se corrodent.

Moissan dose le sodium de la manière suivante : on dissout 5 grammes d'aluminium dans de l'acide nitrique densité 1,2 à chaud ; la solution est évaporée à sec dans une capsule en platine et le résidu de l'évaporation est calciné longtemps à une température inférieure au point de fusion du nitrate de sodium. Dans ces conditions, le nitrate d'aluminium et les nitrates des métaux qui peuvent accompagner l'aluminium sont décomposés. On laisse refroidir et on épuise par l'eau chaude pour dissoudre le nitrate sodique.

La solution est évaporée à siccité dans une capsule de porcelaine en présence d'acide chlorhydrique afin de transformer le nitrate en chlorure ; l'opération est répétée deux fois afin que l'on puisse être certain de l'élimination de tout l'acide nitrique. Le résidu de la seconde évaporation est dissous dans l'eau, et, dans la solution, on dose le chlore au moyen du nitrate d'argent soit par pesée, soit par précipitation (V. pour les détails, p. 47). Un atome de chlore correspond à un atome de sodium.

Dosage de l'azote. — Moissan traite pour ce dosage une prise d'essai spéciale par une solution d'hydrate potassique à 10 p. 100 ; l'alumine se dissout à l'état d'aluminate.

$$2Al + 2KOH + 2H^2O = K^2Al^2O^4 + 6H.$$

En même temps, l'azote contenu dans le métal passe à l'état d'ammoniaque et se dégage. S'il s'agit simplement de constater sa présence, on recevra l'ammoniaque dans du réactif de Nessler, où il se forme, suivant la quantité, une coloration jaune ou un précipité dû au composé $HgO, HgI. NH^2$.

$$NH^3 + 2K^2HgI^4 + 3KOH = Hg^2(NH^2)IO + 7KI + 2H^2O.$$

S'il s'agit d'un dosage, on peut utiliser cette même réaction pour un dosage colorimétrique, en comparant la teinte produite avec celle d'une série de témoins à teneurs croissantes en ammoniaque.

Recherche et dosage du soufre. — D'après Gouthière, on chauffe une prise d'essai de l'aluminium en poudre fine dans un courant d'hydrogène pur et sec ; le soufre se dégage à l'état d'acide sulfhydrique qu'on dirige dans une solution de nitrate d'argent, pour le transformer en sulfure d'argent Ag^2S. Le sulfure est recueilli, lavé, séché et calciné. Du poids d'argent métallique obtenu, on calcule la quantité de soufre.

ÉTAIN

L'étain en lingots du commerce est généralement un métal assez pur dans lequel l'ensemble des éléments étrangers ne représente parfois que 0,1 à 0,2 p. 100.

Dans certaines qualités secondaires cependant, le pourcentage des impuretés atteint 1 à 2 p. 100.

Les métaux qu'on rencontre le plus fréquemment en proportion notable dans les diverses sortes d'étain sont le fer, le plomb et le cuivre. On peut, en outre, y trouver les éléments suivants : arsenic, antimoine, tungstène, molyldène, bismuth, zinc, manganèse, nickel, chrome et soufre.

Le fer, l'antimoine, le bismuth, le soufre, ont pour effet de diminuer la malléabilité du métal ; le cuivre et le plomb le durcissent.

L'étain qui a subi plusieurs refontes dissout de l'oxyde stanneux, produit par l'oxydation superficielle du métal, et perd en qualité.

EXEMPLES DE COMPOSITION

	Étain en feuilles.	Étain Banca.	
As	0,029	tr.	0,004
Sb	0,704	0,015	0,020
Pb	0,019	0,060	0,018
Bi.	0.030	0,022	tr.
Cu	tr.	0,190	0,260
Fe	tr.	0,001	0,038

Analyse. — La méthode suivante, élaborée par E. Prost et A. van de Casteele, fait entrer en ligne de compte la détermination des éléments suivants : arsenic, antimoine, cuivre, plomb, bismuth et fer.

Elle est basée sur les faits suivants signalés par F.-W. Clarke. Le sulfure stannique fraîchement précipité se dissout à chaud dans un excès d'acide oxalique ; les sulfures d'arsenic et d'antimoine sont, surtout le dernier, dissous en petite quantité par l'acide oxalique, mais l'acide sulfhydrique précipite de nouveau ce qui a pu passer en solution. Il résulte de là que si on traite par l'acide sulfhydrique une solution additionnée d'acide oxalique et contenant de l'arsenic, de l'antimoine et de l'étain (à l'état stannique), l'arsenic et l'antimoine seront seuls précipités.

Si la solution renferme du bismuth et du cuivre, ces deux métaux seront aussi précipités quantitativement par l'acide sulfhydrique ; le plomb ne sera précipité que partiellement ; une partie semble être dissoute par l'acide oxalique et se retrouvera avec le fer dans le filtrat acide séparé du précipité de sulfures.

Tels sont les faits qui servent de base à la méthode qu'on applique de la manière suivante : on dissout dans de l'eau régale, légèrement chauffée, de façon à dégager du chlore, 30 grammes de l'étain à analyser. Vers la fin de la dissolution, on ajoute, petit à petit, quelques grammes de chlorate potassique en poudre, pour assurer l'oxydation complète du métal. La solution, neutralisée par l'hydrate potassique[1], est additionnée de 130 grammes d'acide oxalique dissous dans l'eau chaude. Après avoir dilué, s'il y a lieu, de façon

---

[1] Il est important pour la suite de l'analyse que l'acide libre soit neutralisé.

à parfaire le volume d'un litre environ, on fait passer dans le liquide, pendant au moins deux heures,
et à la température de 70 à 80°, un courant d'acide sulfhydrique. Il se forme, dans ces conditions, un précipité
brun-noir, contenant la totalité de l'arsenic, de l'antimoine, du cuivre et du bismuth; en outre, un peu d'étain
et une partie du plomb.

Le précipité est recueilli et lavé; on peut s'assurer
si la précipitation de l'arsenic est complète en traitant
le filtrat par l'acide sulfhydrique. Il faut avoir soin de
diluer ce filtrat le moins possible et de le maintenir
chaud, sans quoi on risque d'obtenir un abondant précipité de sulfure stannique. Le précipité contenant les
métaux des groupes de l'arsenic et du cuivre *est soumis
à la température du bain-marie, à l'action du sulfure*
sodique qui enlève les sulfures d'arsenic, d'antimoine
et d'étain (stannique). Appelons S la solution obtenue.

Le résidu insoluble contient les sulfures de cuivre et
de bismuth, une partie du plomb et, de façon constante,
un peu d'étain existant dans le premier précipité obtenu
par l'acide sulfhydrique et ayant résisté à l'action du
sulfure sodique. Ce résidu, lavé à l'eau salée, afin d'éviter le passage du précipité à l'état colloïdal, est ensuite
dissous par l'acide nitrique; la solution obtenue, que
nous désignerons par P, est mise provisoirement en
réserve.

Comme nous l'avons dit déjà, une partie du plomb
échappe à la précipitation par l'acide sulfhydrique en
présence d'acide oxalique. Il y a donc lieu de rechercher
ce métal en même temps que le fer dans le filtrat du
du premier précipité obtenu. Ce filtrat, qui se trouve
chargé d'acide sulfhydrique, est additionné d'hydrate
potassique jusqu'à ce que le précipité qui se forme ne se

modifie plus, c'est-à-dire jusqu'à ce que l'hydrate stannique, d'abord produit, soit redissous. Afin d'agréger les sulfures de plomb et de fer qui ont pris naissance, il est nécessaire de chauffer le liquide un certain temps au bain-marie. Sous l'action de la chaleur, il se forme de façon constante un précipité blanchâtre, plus ou moins abondant, formé d'un composé stannique, et dû, vraisemblablement, au passage à l'état métastannique d'une partie du chlorure primitif. Sous l'action des sels contenus dans le liquide, ce précipité se dépose rapidement et complètement [1]. Au moyen d'un siphon, on enlève autant que possible le liquide surnageant; on peut répéter une seconde fois cette décantation, mais, si la proportion de sels en solution devient trop faible, le précipité ne se dépose plus.

Après ces deux lavages par décantation qui ont enlevé la majeure partie de l'étain, on peut opérer par l'une ou l'autre des méthodes suivantes :

1° Traiter le précipité non filtré par de l'acide chlorhydrique très dilué dans lequel le précipité stannique blanc disparaît rapidement ainsi que le sulfure de fer ; il reste comme résidu le sulfure de plomb qu'on recueille et qu'on met en réserve. Désignons-le par P'.

La solution chlorhydrique est traitée par l'acide sulfhydrique pour éliminer l'étain ; dans le filtrat se trouve le fer qu'on dose par un moyen quelconque.

2° On peut aussi recueillir le précipité sur un filtre, le laver sommairement avec de l'eau salée et le fondre après dessiccation avec du carbonate sodique et du soufre.

---

[1] Nous avons constaté qu'en diluant fortement le liquide, ce précipité blanc finit par se redissoudre. Il est toutefois peu pratique de s'en débarrasser par ce moyen, la quantité d'eau à ajouter pouvant atteindre 5 à 6 litres et les sulfures de plomb et de fer devenant, dans ces conditions, très difficiles à rassembler.

(V. p. 10.) En reprenant par l'eau, on isole les sulfures de plomb et de fer. Ces sulfures sont traités par l'acide nitrique et leur solution est réunie à la solution P (V. plus haut), contenant le restant du plomb, la totalité du bismuth et du cuivre, et une faible quanti.é d'étain. Le tout est évaporé après addition d'acide sulfurique, afin de transformer le plomb en sulfate qu'on recueille à la manière ordinaire. Ce sulfate renferme toujours un peu d'étain et doit être purifié.

Dans le filtrat, on précipite le bismuth et le cuivre par l'acide sulfhydrique ; on traite les sulfures obtenus par le sulfure sodique pour les purifier de toute trace d'étain, puis on les redissout dans l'acide nitrique et on dose le cuivre et le bismuth, respectivement à l'état de sulfure et d'oxyde ou par tout autre procédé (V. notamment dosage du cuivre dans ses minerais, p. 254) [1]. Dans le filtrat séparé des sulfures de cuivre et de bismuth, on dose le fer.

Si l'on a opéré d'après 1°, (V. plus haut) le traitement à appliquer au résidu insoluble dans l'acide chlorhydrique dilué est le même que ci-dessus, sauf en ce qui concerne le fer.

Traitement de la solution S. (Voir plus haut). — Cette solution, qui contient, outre un peu d'étain, la totalité de l'arsenic et de l'antimoine à l'état de sulfo-sels, est décomposée par l'acide chlorhydrique; les sulfures re-

---

[1] Il serait évidemment plus simple, afin de se débarrasser de l'étain, de refondre avec du foie de soufre l'ensemble du précipité CuS + Bi^2S^3, xPbS. SnS, et du précipité contenant le restant du plomb et le fer (voir ci-dessus). En reprenant par l'eau. on éliminerait directement tout l'étain et les sulfures des métaux à doser resteraient non dissous. On ne peut opérer de cette façon à cause de la facilité avec laquelle le sulfure de cuivre se dissout dans le foie de soufre, lorsque la quantité de ce dernier est un peu importante, ainsi qu'il est dit plus haut.

précipités sont recueillis sur un filtre et lavés ; à l'aide du jet de la pissette, on les fait passer dans une capsule ; on évapore l'eau au bain-marie, puis on traite les sulfures par de l'acide chlorhydrique concentré qui enlève les sulfures d'étain et d'antimoine et laisse non dissous le sulfure d'arsenic. Ce dernier est dissous dans l'eau de brome ; après addition d'un cristal d'acide tartrique, on neutralise par l'ammoniaque et on précipite l'arsenic à l'état d'arséniate ammoniaco-magnésique d'après la méthode ordinaire (V. p. 196). Le filtrat de l'arséniate est, après élimination de l'ammoniaque et acidification, traité par l'acide sulfhydrique, afin de s'assurer de l'absence d'antimoine.

La solution contenant l'étain et l'antimoine est, après neutralisation à peu près complète par l'hydrate potassique, additionnée d'environ 10 grammes d'acide oxalique, puis traitée par l'acide sulfhydrique qui précipite l'antimoine seul (V. *Dosage de l'antimoine dans ses minerais*, p. 285).

La marche qui vient d'être exposée en détail peut être résumée dans le tableau suivant :

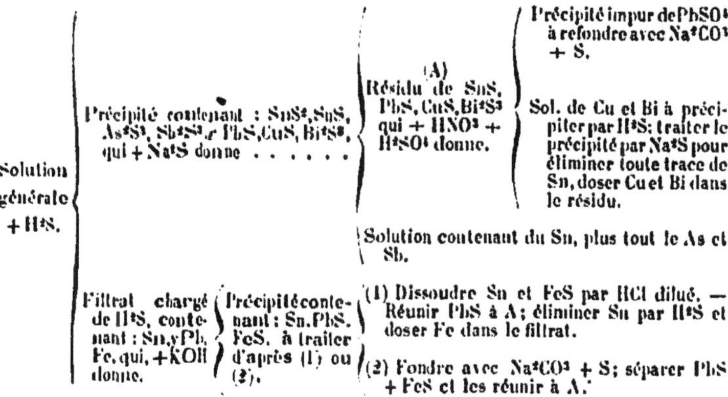

Indépendamment de la méthode générale qui vient

d'être décrite on peut opérer certaines déterminations ne visant que tel ou tel élément.

1. Dosage du plomb et du fer

On traite 3 grammes d'étain par l'acide nitrique de façon à le transformer en acide métastannique H^2SnO^3.

L'attaque se fait le mieux dans un grand creuset de porcelaine. On évapore à siccité au bain-marie, puis on mélange intimement le résidu avec du foie de soufre et on opère la fusion (voir p. 10). Pour la prise d'essai employée, 20 à 25 grammes d'un mélange à poids égaux de soufre et de carbonate sodique sont nécessaires.

Dans cette opération, les métaux du groupe de l'arsenic sont transformés en sulfo-sels ; les métaux des groupes du cuivre et du fer en sulfures.

A la reprise par l'eau, on isole les sulfures de plomb et de fer tandis que les sulfo-sels restent dissous. Le précipité est dissous dans l'acide nitrique et le plomb et le fer sont dosés à la manière ordinaire en tenant compte de la présence possible du cuivre, soit donc : dosage du plomb à l'état de sulfate ; élimination du cuivre dans le filtrat par l'acide sulfhydrique et dosage du fer par un procédé quelconque dans le nouveau filtrat.

Il est à noter que, contrairement à l'opinion généralement admise, le dosage du cuivre n'est pas possible par ce procédé. En effet, en présence d'une quantité de foie de soufre un peu importante, comme c'est le cas ici, une notable partie du cuivre peut entrer en combinaison avec le sulfure alcalin et rester dissoute lors de la reprise par l'eau [1].

---

[1] Voici quelques résultats d'expériences qui montrent que, dans a plupart des cas, on est exposé à ne pas retrouver de cuivre.

Remarque. — Le plomb et le fer n'existant le plus souvent dans l'étain qu'en faible proportion, il y aura lieu, dans la plupart des cas, d'opérer sur plusieurs prises d'essai de 3 grammes.

2. Dosage de l'arsenic

Si l'on n'a en vue que le dosage de l'arsenic, on pourra employer la méthode par distillation de Schneider et Fyfe modifiée par Fischer.

Elle consiste essentiellement à amener l'arsenic contenu dans l'étain à l'état de chlorure arsénieux ($AsCl^3$), qu'on recueille par distillation. Voici comment on opère :

On traite 10 grammes du métal par l'acide nitrique; l'étain passe à l'état d'acide métastannique H^2SnO^3 et l'arsenic à l'état d'acide arsénique, H^3AsO^4. Lorsque l'attaque est complète, on ajoute de l'acide sulfurique et on évapore jusqu'à élimination complète de l'acide nitrique.

La bouillie restante est transvasée dans un ballon distillatoire; on y ajoute 200 centimètres cubes d'acide chlorhydrique concentré et 25 grammes de sulfate ferroso-ammonique destinés à transformer en chlorure arsénieux l'acide arsénique contenu dans la masse.

On distille ensuite dans un courant d'acide chlorhydrique gazeux, et l'on reçoit le produit de la distillation

---

1° 0,1 gr. Cu à l'état de Cu $(NO^3)^2$ + 5 grammes de foie de soufre. Cu restant dissous : 0,0028 gr.

2° 0,1 Id. + 10 grammes de fondant Cu dissous : 0,0081.

3° 0,1 Id. + 15 grammes de fondant Cu dissous : 0,0135.

4° 0,1 Id. + 26 grammes de fondant Cu dissous : 0,0564.

Les résultats sont analogues si l'on substitue le carbonate potassique au carbonate sodique (E. Prost et A Van de Casteele).

dans des condenseurs contenant de l'eau. On précipite ensuite l'arsenic à l'état de sulfure As^2S^3 par l'acide sulfhydrique; on recueille le précipité et on le pèse après dessiccation. On peut aussi, si la quantité est suffisante, le transformer en acide arsénique et doser à l'état de NH^4MgAsO^4 (Voir *Dosage de l'arsenic dans les blendes*, p. 196).

Il peut se faire qu'un peu d'étain (et d'antimoine, si l'étain en renferme) passe à la distillation avec l'arsenic. On doit alors redistiller le liquide recueilli, après l'avoir additionné de quelques centimètres cubes de solution de chlorure ferreux.

3. Dosage du protoxyde d'étain, du tungstène et du molybdène

Pour ces déterminations, Balling fait digérer à la température de 30° environ, 20 grammes du métal finement divisé avec un litre de solution de chlorure ferrique contenant 20 grammes de fer. On laisse en contact, en agitant fréquemment, jusqu'à ce que tout l'étain soit transformé en chlorure stanneux.

$$Sn + Fe^2Cl^6 = SnCl^2 + Fe^2Cl^4.$$

L'opération dure au minimum vingt-quatre heures.

Le résidu restant après l'attaque peut se composer de grains d'oxyde stanneux de couleur foncée, d'oxyde d'antimoine, de plomb, et d'acides molybdique et tungstique. Ce résidu est traité par l'ammoniaque qui dissout les acides tungstique et molybdique.

Les autres éléments du résidu restent indissous.

La solution ammoniacale est évaporée dans un creuset de porcelaine; le résidu calciné laisse les acides tungstique et molybdique qu'on pèse. S'il l'on veut doser les deux métaux séparément, on acidule la solution ammoniacale par l'acide chlorhydrique ; on ajoute de l'acide tartrique et on traite par l'acide sulfhydrique.

Le molybdène seul se précipite sous forme de MoS^4 brun.

$$(NH^4)^6 Mo^7 O^{24} + 21 H^2S + 6 HCl = 7 MoS^3 + 24 H^2O + 6 NH^4Cl.$$

Le sulfure MoS^4 peut être transformé en MoS^2 par calcination dans un courant d'hydrogène.

Le filtrat du précipité molybdique est évaporé à siccité et calciné en s'aidant du nitrate d'ammonium s'il y a lieu; le résidu est formé d'acide tungstique WO^3.

Le résidu, pouvant contenir de l'oxyde stanneux et des oxydes d'antimoine et de plomb, est fondu avec du carbonate sodique et du soufre (voir p. 10). La masse fondue est traitée par l'eau qui dissout les sulfo-sels d'étain et d'antimoine formés pendant la fusion.

Dans la solution obtenue on dose l'étain (Voir *Dosage de l'étain dans ses minerais*, p. 287).

4. Dosage du soufre

Principe. — Traiter l'étain par l'acide chlorhydrique; recevoir les gaz contenant tout le soufre à l'état d'acide sulfhydrique dans une solution oxydante, acide chlorhydrique bromé ou autre, afin de transformer H^2S en H^2SO^4; précipiter par le chlorure barytique, l'acide sulfurique formé. (Voir *Dosage du soufre volatil dans les houilles*, p. 20).

NICKEL

Le nickel, dont la fabrication s'est perfectionnée en ces dernières années, fait actuellement l'objet d'assez nombreuses applications industrielles.

Son inaltérabilité à l'air le fait employer pour protéger le fer et le cuivre contre l'oxydation (nickelage). Le nickel peut être réduit par le laminage en tôle de faible épaisseur servant à la fabrication d'objets variés. Il entre dans la composition d'un certain nombre d'alliages importants tels que l'alliage monétaire, le maillechort, l'argentan, etc. Incorporé à l'acier, dans la proportion de quelques pour cent, il augmente considérablement la dureté du métal; l'acier au nickel, dont il a déjà été question précédemment, (voir p. 296) se fabrique aujourd'hui en assez grande quantité, notamment pour plaques de blindage.

Les impuretés que l'on peut rencontrer dans le nickel du commerce sont : arsenic, antimoine, cuivre, cobalt, fer, manganèse, zinc, aluminium, étain, magnésium, silicium, carbone, soufre, alcalis, phosphore; la présence du chlore a été constatée dans certains échantillons.

EXEMPLES DE COMPOSITION

Ni.	98,07	96,84	97,55
Co.	0,72	1,18	0,84
Si	0,14	0,04	0,07
Cu.	0,42	0,18	0,70
Fe.	0,32	0,80	0,26
Mn.	—	0,04	0,30
Mg.	—	0,14	0,11
C	0,15	0,04	tr.
S	tr.	—	—

L'arsenic et le soufre passent pour rendre le métal cassant; le fer en assez forte proportion (1 p. 100) est considéré comme nuisible dans le nickel destiné à la fabrication d'alliages. D'après Wedding, la présence du manganèse augmenterait très sensiblement la résistance à la rupture.

Les principales déterminations à faire dans le nickel du commerce sont celles des éléments suivants : silicium, cuivre, cobalt, fer, zinc, manganèse, carbone, soufre.

Méthode de Fleitmann. — On dissout une prise d'essai de 5 grammes dans l'eau régale ; on évapore à deux reprises en présence d'acide chlorhydrique; après traitement du produit de la seconde évaporation par un peu d'acide chlorhydrique et de l'eau, il peut rester un résidu insoluble formé de silice et de carbone [1].

La solution chlorhydrique est neutralisée aussi exac-

[1] La proportion de carbone étant généralement faible, il sera préférable, si l'on veut doser cet élément, d'opérer sur une plus forte prise d'essai. Le résidu insoluble, recueilli sur filtre d'asbeste, sera chauffé dans un courant d'oxygène pour transformer le carbone en CO_2 qu'on recueillera dans de la potasse. (V. *Dosage du carbone dans les houilles.* p. 31).

tement que possible par une solution diluée de carbonate sodique. En chauffant ensuite à l'ébullition, on détermine la précipitation du fer à l'état de carbonate basique ; tous les autres métaux restent en solution. La séparation est surtout quantitative si, avant de faire bouillir, on ajoute une ou deux gouttes d'acide acétique. Le précipité ferrique est redissous dans l'acide chlorhydrique ; de la solution obtenue, on précipite de nouveau le fer, mais par l'ammoniaque à l'état d'hydrate.

Si, malgré tout, le précipité ferrique avait entraîné un peu de cuivre, on reprécipiterait ce cuivre (dans la solution ammoniacale séparée de l'hydrate ferrique), au moyen de quelques gouttes de sulfure sodique. Le sulfure de cuivre obtenu serait redissous et sa solution réunie à la solution principale.

Le filtrat du premier précipité ferrique est additionné d'une goutte d'acide chlorhydrique, puis de solution d'acide sulfhydrique ajoutée goutte à goutte, dans le but de précipiter le cuivre à l'état de CuS. La solution étant à peu près neutre, on doit éviter d'ajouter trop d'acide sulfhydrique pour ne pas s'exposer à précipiter du nickel et du zinc. Le sulfure de cuivre précipité est recueilli et dosé, soit au creuset de Rose, soit par calcination directe (voir p. 260).

Dans le filtrat, on fait passer un courant d'acide sulfhydrique à froid, pour précipiter le zinc à l'état de sulfure ; ce sulfure est redissous dans l'acide chlorhydrique, le zinc est reprécipité par le carbonate sodique et pesé à l'état d'oxyde après calcination.

Le nouveau filtrat est débarrassé de l'excès d'acide sulfhydrique par ébullition ; puis, dans le but d'en précipiter le manganèse et le cobalt, on y ajoute petit à petit, à la température de 60 à 80°, de l'hypochlorite sodique faiblement alcalin.

$$2CoCl^2 + NaOCl + 4KOH + H^2O = Co^2(OH)^6 + NaCl + 4KCl.$$

Les deux métaux sont ainsi précipités à l'état d'hydrates de peroxydes, en même temps qu'un peu de nickel.

Après avoir fait bouillir, on filtre, on redissout le précipité dans de l'acide chlorhydrique à chaud, et on expulse le chlore.

$$Co^2(OH)^6 + 6HCl = 2CoCl^2 + 6H^2O + 2Cl.$$

On ajoute un acétate alcalin pour transformer la solution chlorhydrique en solution acétique, et on précipite le cobalt et le nickel à l'état de sulfures par un courant d'acide sulfhydrique.

Les sulfures sont redissous dans l'eau régale; de la solution on précipite le cobalt au moyen du nitrite potassique à l'état de nitrite cobaltico-potassique (voir pour les détails p. 218).

Dans le filtrat du précipité cobaltique, on détruit les nitrites en chauffant en présence d'acide sulfurique, puis on précipite le nickel dans une partie aliquote du liquide, soit par l'hydrate potassique, soit par le carbonate sodique. L'hydrate ou le carbonate de nickel est ensuite transformé en oxyde NiO par calcination.

Le filtrat des sulfures de nickel et de cobalt contient le manganèse à l'état d'acétate manganeux; on précipite ce métal par le carbonate sodique, après avoir chauffé le liquide, pour le débarrasser de l'acide sulfhydrique dont il est chargé. Le carbonate manganeux qui se forme entraîne avec lui une certaine quantité de matières étrangères. Si le précipité est assez important, on le redissoudra dans l'acide chlorhydrique et on précipitera de nouveau le manganèse par le carbonate ammonique (voir p. 162). Le carbonate manganeux est finalement transformé par calcination en Mn^3O^4 qu'on pèse.

Méthode G. Von Knorre. — Cette méthode ne tient compte que des éléments suivants : silicium, cuivre, fer, cobalt.

On dissout à chaud 5 grammes de nickel dans 50 centimètres cubes d'acide nitrique, densité 1,2 ; on ajoute à la solution 10 centimètres cubes d'acide sulfurique concentré et on évapore jusqu'à apparition de vapeurs blanches. Les sulfates sont ensuite redissous dans l'eau chaude ; on filtre pour séparer la silice qui peut s'être précipitée, on la calcine et, après l'avoir pesée, on en contrôle la pureté par l'acide fluorhydrique. (V. p. 9.)

La solution séparée du précipité de silice et qui doit contenir encore assez bien d'acide sulfurique, est additionnée de 100 centimètres cubes de solution d'acide sulfhydrique qui précipite du sulfure de cuivre qu'on filtre, lave, calcine et pèse à l'état de CuO.

Le filtrat séparé du sulfure de cuivre est bouilli pour chasser l'excès d'acide sulfhydrique, puis dilué dans un matras jaugé au volume de 250 centimètres cubes.

Dans 100 centimètres cubes, on réoxyde le fer qui pourrait être à l'état ferreux, et on le précipite par l'ammoniaque. Afin d'avoir l'hydrate ferrique tout à fait pur, on opère par triple précipitation.

Dans un second volume mesuré de liquide, on précipite le nickel et le cobalt à l'état métallique par électrolyse. On ajoute préalablement au liquide 5 grammes de sulfate sodique et un grand excès d'ammoniaque, densité 0,91.

Pendant l'électrolyse, il se précipite de l'hydrate ferrique qui, toutefois, ne gêne pas.

Le précipité de nickel et de cobalt est dissous dans l'acide nitrique ; la solution est additionnée d'acide sulfurique et évaporée, de manière à chasser tout l'acide nitrique et à obtenir la transformation des nitrates en sulfates ; on reprend par l'eau et l'acide chlorhydrique, et on sépare le nickel et le cobalt en précipitant ce dernier par le nitroso-naphtol. Ce procédé repose sur les faits suivants :

Si l'on traite la solution neutre ou acidulée d'acide chlorhydrique d'un sel de cobalt par une solution alcoolique ou acétique de nitroso-β-naphtol $C^{10}H^6(NO)OH$, il se forme un volumineux précipité rouge pourpre de cobalti-nitroso-β-naphtol $[C^{10}H^6(NO)O]^3Co$, très stable en présence des alcalis et des acides.

Si, d'autre part, on ajoute à la solution acétique de nitroso-naphtol, une solution d'un sel de nickel, il se forme un précipité jaune brunâtre de nitroso-β-naphtol-nickel $[C^{10}H^6(NO)O]^2Ni$, mais ce dernier est décomposé par l'acide chlorhydrique avec formation de chlorure de nickel et régénération de nitroso-β-naphtol. C'est sur cette manière d'être différente des deux précipités de nickel et de cobalt vis-à-vis de l'acide chlorhydrique qu'est basé le procédé de séparation, qui s'effectue de la manière suivante : la solution des chlorures ou des sulfates, additionnée de quelques centimètres cubes d'acide chlorhydrique et chauffée, est traitée par une solution de nitroso-naphtol dans l'acide acétique à 50 p. 100.

On laisse déposer le précipité et on s'assure, après refroidissement, qu'une nouvelle addition de réactif ne produit plus de précipité. On filtre après quelques heures de repos, on lave avec de l'acide chlorhydrique à 12 p. 100, d'abord à froid, puis à chaud, jusqu'à ce que tout le nickel soit passé dans le filtrat, puis on achève le lavage à l'eau chaude. Le précipité cobaltique est desséché, puis additionné d'un peu d'acide oxalique solide, et calciné dans un creuset de Rose taré et dont on élève progressivement la température. On calcine ensuite dans un courant d'hydrogène qui ramène tout le cobalt à l'état métallique ; on le pèse sous cette forme.

Dans le filtrat du précipité cobaltique, débarrassé par évaporation de l'acide acétique, on précipite le nickel par l'hydrate potassique.

D'après von Knorre, il serait préférable d'amener à un volume déterminé la solution des deux métaux à séparer, de les doser en bloc dans un volume connu, et de doser ensuite le cobalt seul dans un autre volume mesuré de liquide. On obtient, dans ce cas, le nickel par différence.

Dosage du soufre. — On dissout 10 grammes de nickel dans l'acide nitrique ; la solution est évaporée ; vers la fin de l'évaporation on ajoute de l'acide chlorhydrique. Le résidu est repris par 50 centimètres cubes d'acide chlorhydrique ; une nouvelle évaporation assure l'élimination complète de l'acide nitrique. Le résidu de la seconde évaporation est humecté d'acide chlorhydrique puis traité par l'eau. On filtre s'il y a lieu, et dans le liquide filtré on précipite l'acide sulfurique à l'état de sulfate $BaSO^4$ par le chlorure barytique.

ANTIMOINE

L'antimoine du commerce contient souvent un certain nombre d'éléments étrangers dont il importe de connaître la teneur, surtout lorsque le métal est destiné à la fabrication d'alliages pour usages industriels, tels que le métal blanc.

Dans l'analyse de l'antimoine, on tiendra surtout compte de la présence des éléments suivants : arsenic, plomb, cuivre, fer, zinc, soufre.

Exemples de composition (d'après V. Hassreidter.)

Sb	87,86	98,50	98,45
As	0,08	0,22	1,33
Pb	10,80	0,34	—
Cu	0,03	—	—
Fe	0,12	tr.	—
Zn	0,72	0,18	—
S	tr.	0,40	tr.

Analyse. — V. Hassreidter dissout 5 grammes de métal dans environ 50 centimètres cubes d'acide chlorhydrique, densité 1,1, auquel on ajoute, par portions successives, quelques grammes de chlorate potassique en poudre. Lorsque la dissolution est terminée, on élimine le chlore par la chaleur, puis on traite par l'acide sulfhydrique qui précipite à l'état de sulfures l'arsenic et le cuivre. La solution étant très acide, le plomb n'est pas précipité. Les sulfures d'arsenic et de cuivre sont recueillis sur un filtre, lavés avec de l'acide chlorhydrique, densité 1,1, puis avec de l'eau pure et dissous ensuite par quelques centimètres cubes d'acide chlorhydrique bromé. L'arsenic ainsi transformé à l'état d'acide arsenique est alors précipité, après neutralisation par l'ammoniaque, par la liqueur magnésique à l'état d'arséniate ammoniaco-magnésique NH^4MgAsO^4 (V. p. 196) qu'on peut transformer par calcination en pyro-arséniate $Mg^2As^2O^7$.

Dans le filtrat séparé de ce précipité, débarrassé de l'ammoniaque par évaporation et acidulé par l'acide chlorhydrique, on précipite le cuivre à l'état de sulfure au moyen de l'acide sulfhydrique. Le cuivre peut être dosé, soit par calcination directe, si la quantité de précipité est faible, (V. p. 200) soit par électrolyse, après redissolution dans l'acide nitrique (V. p. 254).

Le filtrat séparé des sulfures d'arsenic et de cuivre, contient le plomb, l'antimoine, le fer et le zinc et la totalité de l'antimoine ; on le neutralise par l'hydrate sodique puis on le verse dans 50 centimètres cubes de solution concentrée et chaude de sulfure sodique. Les sulfures de plomb, zinc et fer sont ainsi précipités ; l'antimoine reste dissous.

On filtre après dépôt complet; on redissout le précipité dans l'acide nitrique dilué et chaud; on évapore en présence de 2 à 3 centimètres cubes d'acide sulfurique et on dose le plomb à l'état de sulfate (V. p. 198).

Dans le filtrat du sulfate de plomb, on précipite le fer à l'état d'hydrate par l'ammoniaque ; on filtre et dans le nouveau filtrat on dose le zinc par titrimétrie au moyen du sulfure sodique (V. *Dosage du zinc dans l'aluminium,* p. 368).

Dosage du soufre. — On dissout 5 grammes de méta dans l'acide chlorhydrique et le chlorate potassique (V. plus haut), on fait bouillir pour chasser le chlore, puis on neutralise à peu près complètement l'acide libre par le carbonate sodique et on précipite par le chlorure barytique. Tout le soufre passe à l'état de sulfate barytique, qu'on recueille après plusieurs heures de repos. (V. p. 48.)

TROISIÈME PARTIE

___

ALLIAGES

Nous étudierons dans cette partie l'analyse des alliages les plus importants au point de vue de leurs applications industrielles.

Les alliages à base de fer (ferro-manganèse, ferrochrome, ferro-aluminium, acier au nickel, etc.,) ont été examinés précédemment, dans le chapitre consacré aux fontes et aciers ; nous n'avons donc pas à nous en occuper ici.

I. LAITON ET AUTRES ALLIAGES A BASE DE CUIVRE ET DE ZINC

Le laiton, alliage très important par la diversité de ses applications, contient de 60 à 70 p. 100 de cuivre et de 30 à 40 p. 100 de zinc. Dans certaines variétés très pures, telles que le laiton pour douilles de cartouches, il est souvent très difficile de déceler plus que des traces de métaux étrangers (fer, plomb). Par contre, des produits plus ordinaires, faits avec des métaux de qualité inférieure ou avec de vieux métaux refondus, pourront renfermer certains autres éléments en quantité plus ou moins importante[1].

Au laiton, se rattache une série d'alliages à teneurs en cuivre très élevées; nous citerons : le tombac, qui renferme 85 p. 100 de cuivre; les alliages dénommés similor, or de Mannheim; le chrysocale, servant à la fabrication de la fausse bijouterie, dans lequel la teneur en cuivre dépasse 90 p. 100; citons encore dans le groupe des alliages cuivre-zinc, le métal Delta, sorte de laiton ferrugineux (environ 1,5 de fer); la poudre à bronzer.

EXEMPLES DE COMPOSITION DE LAITON

Cu	64,66	66,58	67,44	67,78	62,10	72,28
Zn	34,30	33,15	31,82	32.08	37,18	27,04
Pb	0,58	0,12	0,21	—	—	0,22
Fe	0,18	—	0,11	tr.	0,42	—
Sn	tr.	—	0,27	—	—	—

Marche à suivre pour l'analyse, en tenant compte de la présence de cuivre, zinc, plomb et fer.

a. On traite, dans un gobelet de verre, 0,8 gr. de l'alliage, en copeaux ou en limailles, par 10 centimètres cubes d'acide nitrique, densité 1,2; après dissolution, on ajoute 5 centimètres cubes d'acide sulfurique (1 : 1) et on évapore au bain de sable jusqu'à formation de vapeurs blanches; après refroidissement, on ajoute 25 centimètres d'eau; on laisse déposer le sulfate de plomb pendant une couple d'heures, puis on le recueille sur un petit filtre, on

---

[1] Cette observation est applicable à tous les alliages quels qu'ils soient. Il sera bon de revoir à ce propos les compositions des métaux marchands qui ont été données dans les pages précédentes.

lave avec de l'acide sulfurique dilué au 1/5 et on dose le sulfate de plomb avec les précautions indiquées, p. 198.

Le filtrat est additionné de 15 centimètres cubes d'acide chlorhydrique concentré, puis dilué au volume de 250 centimètres cubes environ, et traité à la température de 70-80° par l'acide sulfhydrique jusqu'à précipitation complète du cuivre. Le sulfure de cuivre est filtré, lavé avec de l'eau acidulée d'acide chlorhydrique, puis avec de l'eau pure; le sulfure est ensuite dosé au creuset de Rose (V. p. 260), ou bien, on le redissout dans l'acide nitrique dilué et chaud; dans la solution nitrique obtenue, on dose le cuivre par électrolyse (V. p. 254).

Le liquide séparé du précipité de sulfure de cuivre contient le zinc et le fer; on l'évapore à peu près à sec pour éliminer l'acide chlorhydrique. Vers la fin de l'évaporation, on ajoute quelques gouttes d'acide nitrique pour réoxyder le fer; on reprend par l'eau; on transvase dans un grand gobelet d'au moins 3 quarts de litre, on neutralise à peu près par le carbonate sodique solide, qu'on ajoute par petites quantités à la fois, afin d'éviter les pertes dues à l'effervescence produite par le dégagement de l'anhydride carbonique; ensuite, on chauffe à l'ébullition et on précipite le zinc et le fer à l'état de carbonates par le carbonate sodique en léger excès. La précipitation étant opérée, on entretient l'ébullition pendant une minute environ, puis on laisse déposer. Le précipité doit se déposer rapidement, et le liquide surnageant doit être tout à fait limpide. On lave par décantation deux ou trois fois avec de l'eau bouillante, puis on amène le précipité sur le filtre et on continue le lavage à l'eau chaude jusqu'à ce que quelques gouttes du liquide filtré ne laissent plus de résidu à l'évaporation.

Le précipité, qu'on aura autant que possible rassemblé au fond du filtre pendant le lavage, est séché, puis détaché du filtre et mis en réserve. Le filtre est imprégné d'une solution de nitrate ammonique à 5 p. 100, séché et incinéré dans un creuset de porcelaine. L'emploi du nitrate ammonique a pour but d'éviter la réduction des parcelles de précipité qui pourraient être restées adhérentes au filtre. On ajoute ensuite la masse du précipité et on calcine à la lampe pour transformer les carbonates en oxydes. On s'assurera qu'une seconde calcination ne produit plus de diminution de poids. Après avoir pesé les oxydes $ZnO + Fe^2O^3$, on les redissoudra dans l'acide chlorhydrique (1 : 2) ; à la solution, chauffée vers 70°, on ajoutera de l'ammoniaque en excès, afin de précipiter le fer à l'état de $Fe^2(OH)^6$ qui est recueilli, lavé et transformé par calcination en oxyde. On obtiendra le poids réel de l'oxyde de zinc en soustrayant du poids de $Fe^2O^3 + ZnO$, le poids d'oxyde ferrique trouvé.

b. La teneur en plomb des alliages zinc-cuivre, étant généralement très faible, on peut aussi opérer de la manière suivante. On dissout 0,5 gr. de matière dans l'acide nitrique comme en a, puis on électrolyse directement la solution (V. p. 254). Le cuivre est recueilli au pôle négatif; la petite quantité de plomb, contenue dans l'alliage, se dépose en même temps sur l'électrode positive préalablement tarée, sous forme de peroxyde PbO^2.

Le liquide séparé du dépôt de cuivre et les eaux de lavage sont concentrés au volume d'environ 300 centimètres cubes et servent au dosage du zinc et du fer. Ces deux métaux seront précipités à chaud par le carbonate sodique, et leur dosage sera achevé d'après les indications données en a.

Remarque. — Il existe parfois dans les alliages cuivre-zinc de l'étain en très petite quantité. Le cas échéant, on suivra pour la recherche et le dosage de cet élément les indications données à propos de l'analyse des bronzes (V. p. 398). Le filtrat séparé du précipité d'acide métastannique sera évaporé après addition d'acide sulfurique, en vue de la recherche du plomb (V. a), ou soumis directement à l'électrolyse (V. b) après addition de 2 à 3 centimètres cubes d'acide nitrique.

II. BRONZES

Les bronzes sont essentiellement des alliages de cuivre et d'étain, d'un emploi extrêmement répandu. Nous citerons notamment le bronze pour coussinets et autres pièces destinées à subir des frottements ; le métal pour cloches ; le bronze pour statues et ornements, etc. En fait, à côté du cuivre et du zinc, on trouve fréquemment dans ces alliages plusieurs autres éléments existant comme impuretés des métaux, ou ajoutés dans un but déterminé. Tels sont le zinc, le plomb, le fer, le manganèse, le silicium [1].

Sous le nom de bronze phosphoreux, on désigne un alliage préparé avec addition de phosphure de cuivre, dans le but d'introduire une certaine quantité de phosphore qui agit comme affinant, comme désoxydant, et augmente l'élasticité et la résistance de l'alliage. Les bronzes phosphoreux sont, après fusion, très fluides et remplissent exactement les moules dans lesquels on les coule. Pendant la fabrication, la majeure partie, pour ne pas dire la presque totalité du phosphore

---

[1] Les alliages de cuivre et d'aluminium dénommés bronzes d'aluminium seront étudiés dans un paragraphe spécial. (V. p. 405.)

s'élimine, de sorte, qu'en fait, les bronzes phosphoreux ne contiennent, en général, que de très faibles quantités de phosphore. (Au maximum 0,1 à 0,2 ; très souvent beaucoup moins).

La proportion pour laquelle les divers éléments interviennent est très variable, comme le montrent les quelques exemples suivants :

Sn . .	10,22	17,62	12,87	5,00	15,20	2,35	3,17	7,35
Cu . .	89,32	80,17	83,24	90,52	80,16	87,68	81,08	80,90
Pb . .	tr.	0,74	tr.	2,75	0,62	1,82	6,90	3,52
Fe . .	tr.	tr.	0,12	—	—	0,14	0,21	tr.
Zn . .	tr.	1,24	3.30	1,20	3,86	7,71	8.35	8,02

Nous considérons d'abord le cas d'un alliage renfermant : cuivre, étain, plomb, zinc et fer.

Marche à suivre pour l'analyse. — On attaque, dans un gobelet de verre, 0,8 gr. de l'alliage en copeaux ou en limailles par 10 centimètres cubes d'acide nitrique densité 1,3; le vase est couvert pendant l'attaque afin d'éviter les pertes par projections. Sous l'action de l'acide nitrique, l'étain passe à l'état d'acide métastannique ($H^2 Sn O^3$) insoluble; les autres métaux sont transformés en nitrates; on évapore ensuite à siccité au bain-marie; le résidu d'évaporation est repris par quelques gouttes d'acide nitrique, densité 1,2, qu'on laisse agir pendant quelque temps pour leur permettre de redissoudre complètement les sels basiques qui ont pu se former. En observant cette précaution, on évite que l'acide métastannique retienne des quantités appréciables des autres métaux [1]. On ajoute ensuite

---

[1] Si l'on veut néanmoins contrôler la pureté du précipité, on le soumettra à la fusion avec du carbonate sodique et du soufre (V. pour les détails, p. 10). En reprenant par l'eau, on aura une solution con-

25 centimètres cubes d'eau et on laisse déposer pendant quelques heures l'acide métastannique, (H^2SnO^3) puis on filtre sur un filtre de petites dimensions ; il arrive fréquemment qu'au début, le liquide passe trouble ; en général, cependant, cet inconvénient disparaît assez rapidement dès que les pores du papier se sont en partie bouchés; le cas échéant, on repasse le liquide trouble sur le filtre : l'acide métastannique est, après lavage, et dessiccation transformé en SnO^2 par calcination ; celle-ci doit se terminer au chalumeau afin d'obtenir la déshydratation complète du précipité.

La solution des nitrates de cuivre, plomb et zinc est additionnée de 2 centimètres cubes d'acide sulfurique concentré et évaporée jusqu'à formation de vapeurs blanches d'acide sulfurique ; on reprend par 50 centimètres cubes d'eau environ, on laisse déposer le sulfate de plomb formé ; puis on le recueille sur un filtre aussi petit que possible et on achève son dosage d'après les indications données page 198.

Le filtrat du sulfate de plomb contient le cuivre et le zinc ; on le dilue au volume d'environ 200 centimètres cubes, on ajoute 15 centimètres cubes d'acide chlorhydrique concentré et on précipite le cuivre à chaud par l'acide sulfhydrique. La solution étant chaude et assez fortement acide, on n'a pas à craindre l'entraînement du zinc.

Le sulfure de cuivre précipité est calciné au creuset de Rose avec du soufre et transformé en sulfure cuivreux Cu^2S (V. p. 260) ; ou bien on le dessèche, on le

tenant l'étain et aussi le peu de cuivre qui pouvait y être mélangé, le sulfure de cuivre se dissolvant assez aisément par fusion avec les sulfures alcalins. Le résidu insoluble dans l'eau pourra être formé de PbS, FeS, etc.

détache du filtre autant que possible, on incinère ce
dernier et on traite le précipité et les cendres par quelques centimètres cubes d'acide nitrique densité 1,2 à
chaud. La solution obtenue est ensuite électrolysée.
(V. p. 254). Le filtrat acide séparé du précipité de sulfure de cuivre, renferme le zinc et le fer. On dosera ces
métaux exactement comme dans le cas du laiton
(V. p. 395).

DOSAGE DU PHOSPHORE DANS LE BRONZE PHOSPHOREUX

On attaque 1 gramme de bronze par 10 centimètres
cubes d'acide nitrique, densité 1,3 ; en même temps que
l'alliage se dissout, le phosphore est oxydé à l'état
d'acide phosphorique ; on évapore à peu près à sec,
puis on ajoute quelques centimètres cubes d'acide chlorhydrique et on laisse agir jusqu'à redissolution du précipité stannique d'abord formé. On dilue, on chauffe
vers 70° et on précipite par l'acide sulfhydrique les
métaux des groupes de l'arsenic et du cuivre ; le filtrat
séparé du précipité de sulfures est évaporé à siccité après
addition de quelques centimètres cubes d'acide nitrique ;
on évapore de nouveau pour amener la transformation
complète des chlorures en nitrates. On reprend finalement par un peu d'acide nitrique et on précipite le
phosphore à l'état de phospho-molybdate ammonique au
moyen de la liqueur molybdique. Le précipité, généralement peu abondant, peut être dosé par pesée directe
(V. pour le mode opératoire : *Dosage du phosphore
dans les aciers*, p. 311).

Remarque. — Lorsqu'on a affaire à un bronze phosphoreux, le phosphore est précipité à l'état de phosphate

stannique lors de l'attaque de l'alliage par l'acide nitrique. Il y a donc lieu de soustraire du poids d'oxyde stannique constaté lors du dosage de l'étain, un poids de P^2O^5 correspondant à la teneur trouvée dans le dosage spécial du phosphore.

DOSAGE DU MANGANÈSE DANS LES BRONZES.

Dans certains bronzes on rencontre en petite quantité du manganèse. Au cours de l'analyse, (V. p. 398), ce métal passe avec le zinc et le fer dans le filtrat acide séparé du précipité de sulfure de cuivre. On peut doser le manganèse après réoxydation du fer par l'acide nitrique et évaporation de la majeure partie de l'acide libre, par la méthode volumétrique, à l'aide du permanganate potassique, exactement comme dans le cas des fontes et aciers (V. pour les détails, p. 308).

DOSAGE DU SILICIUM DANS LES BRONZES AU SILICIUM

Ces alliages, dans lesquels la proportion de silicium n'est, en général, que de quelques centièmes pour cent, trouvent certaines applications en électricité (fils télégraphiques, etc,). On peut y doser le silicium en attaquant 1 à 2 grammes par l'eau régale et évaporant à siccité avec l'acide chlorhydrique conc. à deux reprises pour insolubiliser l'acide silicique formé.

On reprend finalement par quelques gouttes d'acide chlorhydrique et de l'eau, on recueille la silice sur un filtre et on calcine le précipité dans un creuset de platine, après dessiccation.

III. ALLIAGES DE CUIVRE ET DE NICKEL, OU DE CUIVRE, NICKEL ET ZINC

A ce groupe appartiennent divers alliages monétaires, l'argentan (argent neuf), le maillechort, etc.

EXEMPLES DE COMPOSITION

	Alliages monétaires.	
Cu.	75,00	88
Ni	25,00	12

	Maillechort.		Argentan.	
Cu	50,22	62,56	50,28	59,17
Ni	19,00	20,48	24,66	20,34
Zn	30,32	16,70	24,48	19,42
Pb	tr.	—	0,31	0,84
Fe	0,14	tr.	tr.	0,16
Sn	tr.	—	—	—

En fait, on tiendra compte dans l'analyse de la présence possible des éléments suivants : Étain, plomb, cuivre, zinc, nickel, fer.

Marche à suivre. — On dissout un gramme d'alliage dans 10 centimètres cubes d'acide nitrique, densité 1,2, et on évapore à peu près à siccité. On reprend par un peu d'eau ; un résidu insoluble serait formé d'acide métastannique (V. bronze, p. 398)[1] qui, éventuellement, sera séparé par filtration. Dans la solution nitrique, on précipite le plomb à l'état de sulfate ; pour cela on ajoute au liquide 2 ou 3 centimètres cubes d'acide sulfu-

---

[1] L'étain ne se rencontrant pas très fréquemment dans les alliages qui nous occupent, il sera avantageux de le rechercher dans une prise d'essai spéciale afin de ne pas compliquer inutilement l'analyse, au cas où l'alliage serait exempt d'étain.

rique concentré et on évapore jusqu'à formation de vapeurs d'acide sulfurique. En reprenant par l'eau, on obtient un résidu de sulfate de plomb qu'on recueille après dépôt et dose à la manière habituelle. Le cuivre est ensuite précipité par l'acide sulfhydrique en solution très franchement acide et à chaud afin d'éviter la précipitation du zinc ; on le dose, soit à l'état de Cu^2S, au creuset de Rose, soit par électrolyse (V. pour les détails du dosage du plomb et du cuivre, ce qui est dit du dosage des mêmes éléments dans les bronzes, p. 399).

Le filtrat acide séparé du précipité de sulfure de cuivre contient le zinc, le nickel et le fer. On peut y doser ces métaux par l'un ou l'autre des procédés suivants :

a. On évapore à peu près à siccité pour éliminer la majeure partie de l'acide libre : puis, on reprend par l'eau et on neutralise aussi exactement que possible par l'hydrate sodique. On acidifie ensuite par une goutte d'acide chlorhydrique, puis on précipite le zinc à l'état de sulfure par l'acide sulfhydrique ; après avoir laissé déposer à chaud, on filtre ; le sulfure de zinc est ensuite redissous dans l'acide chlorhydrique dilué, et le zinc est alors précipité à l'état de carbonate, qu'on transforme en oxyde par calcination (V. pour les détails, *Dosage du zinc dans le laiton*, p. 395). Le filtrat du sulfure du zinc contient le fer et le nickel. On le fait bouillir pour chasser l'acide sulfhydrique, on réoxyde le fer par l'eau de brome puis on traite par l'ammoniaque ; le fer est précipité à l'état d'hydrate ferrique qui est recueilli et transformé par calcination en oxyde.

Dans le filtrat ammoniacal, on dose le nickel par électrolyse (V. p. 224).

b. On élimine la majeure partie de l'acide libre comme

en a, puis on ajoute du carbonate sodique jusqu'à formation d'un précipité permanent ; ce précipité est ensuite redissous par addition de cyanure potassique. On ajoute du sulfure potassique qui ne précipite que le zinc et le fer. Le précipité est recueilli après dépôt complet et redissous dans l'acide chlorhydrique après lavage. Dans la solution on précipite zinc et fer par le carbonate sodique (V. *Dosages du zinc et du fer dans le laiton*, p. 395).

La solution cyanurée qui contient le nickel est traitée à chaud par de l'acide chlorhydrique et du brome jusqu'à destruction de tout le cyanure ; le liquide est ensuite rendu ammoniacal, et le nickel dosé par électrolyse (V. p. 224).

c. On fait bouillir pour chasser l'acide sulfhydrique, puis on neutralise par le carbonate sodique ou l'hydrate potassique. On ajoute ensuite au liquide, dont le volume doit être de 300 à 400 centimètres cubes, 0,3 à 0,5 gr. de formiate sodique et 4 centimètres cubes d'acide formique (densité 1,2) ; on chauffe vers 60° et on traite par l'acide sulfhydrique ; le zinc seul est précipité à l'état de sulfure. Ce sulfure, ainsi obtenu, se dépose bien ; on le lave aisément avec de l'eau contenant 1 p. 100 d'acide formique, densité 1,2 et un peu d'acide sulfhydrique. (D'après A. Classen). Dans le filtrat, on dose le nickel et le fer.

Remarque. — Dans le cas d'alliages exempts de zinc, on traite le filtrat du précipité de sulfure de cuivre directement en vue de la précipitation du nickel. Pour cela, on fait bouillir le liquide jusqu'à élimination de tout l'acide sulfhydrique en excès, puis on précipite dans une capsule de porcelaine le nickel à l'état d'hydrate

par la soude caustique en léger excès. Le précipité, lavé
à l'eau chaude par décantation, est recueilli sur un filtre
et lavé à fond. On sèche et calcine pour obtenir l'oxyde
NiO qu'on pèse.

IV. ALLIAGES RENFERMANT DE L'ALUMINIUM

L'aluminium s'allie aisément à de nombreux métaux.
Nous avons déjà signalé antérieurement l'alliage dénommé ferro-aluminium (V. p. 319), employé dans la métallurgie du fer.

Avec le cuivre, l'aluminium forme des alliages connus sous le nom de bronzes d'aluminium, contenant de
5 à 12 p. 100 environ d'aluminium et susceptibles de
nombreuses applications industrielles. Ils sont résistants,
ont un éclat métallique très prononcé, et conviennent
pour la fabrication de pièces coulées. A certains bronzes
d'aluminium, on ajoute parfois quelques pour cent de
nickel pour augmenter la résistance.

Il existe aussi des alliages d'aluminium et de chrôme,
d'aluminium et de manganèse, d'aluminium et de zinc,
d'aluminium et de tungstène.

Avec le magnésium, l'aluminium forme un alliage
très résistant et de faible densité connu sous le nom de
magnalium.

EXEMPLES DE COMPOSITION

Zn	86,00*	7,20*	1,28*	5,73*	8,08	3,24
Al	5,30	74,00	90,07	75,70	89,04	90,33
Fe	2,80	1,33	0,94	1,00	0,45	1,96
Cu	2,80	13,40	7,06	10,82	2,03	0,52
Sn	0,90	3,44	—	6,00	—	—
Si	—	0,40	0,46	0,67	0,27	0,76
Mg	—	—	—	—	—	3,04

* D'après V. Hassreidter.

ANALYSE DES BRONZES D'ALUMINIUM

Outre le cuivre et l'aluminium, on pourra rencontrer dans ces alliages, comme impuretés des métaux employés : silicium, plomb et fer.

On dissout 0,8 gr. de l'alliage dans 10 centimètres cubes d'acide nitrique, densité 1,2 ; on ajoute 2 centimètres cubes d'acide sulfurique et on évapore jusqu'à formation de vapeurs blanches. Le silicium est alors passé à l'état de SiO^2, insoluble ; après refroidissement, on reprend par l'eau, on filtre pour séparer la silice, qu'on dose à la manière habituelle, et dans laquelle on recherchera, le cas échéant, la présence du plomb, au moyen du tartrate ammonique (V. *Dosage de la silice dans les minerais de zinc,* p. 194).

Dans le filtrat, on peut doser le cuivre directement par électrolyse (V. p. 254) ou bien, si l'on préfère opérer en solution nitrique, on précipite le cuivre par l'acide sulfhydrique et on redissout le sulfure dans l'acide nitrique ; on électrolyse ensuite la solution obtenue. — La teneur en cuivre étant élevée, on peut n'opérer que sur une partie de la solution. Le liquide exempt de cuivre, séparé du dépôt de cuivre, ou du précipité de sulfure de cuivre, contient l'aluminium et le fer.

Dans le premier cas, on le concentre au volume d'environ 250 centimètres cubes et on précipite le fer et l'aluminium par l'ammoniaque en très léger excès. Le dosage des deux métaux se fait comme dans le cas des argiles (V. p. 123).

Dans le 2° cas, (séparation du cuivre par l'acide sulfhydrique) on fait bouillir le filtrat séparé du sulfure de cuivre, afin d'éliminer l'acide sulfhydrique, on réoxyde le fer par quelques gouttes d'acide nitrique, puis on précipite les deux métaux par l'ammoniaque comme ci-dessus.

ANALYSE D'UN ALLIAGE CONTENANT A LA FOIS CUIVRE, ALUMINIUM ET NICKEL

Dans une première prise d'essai, on dose le cuivre et le nickel. On dissout 0,7 à 1 gramme de l'alliage dans l'eau régale, et on évapore à siccité en présence d'acide chlorhydrique en excès. Le résidu est repris par 10 centimètres cubes d'acide chlorhydrique concentré et environ 100 centimètres cubes d'eau. La solution est traitée par l'acide sulfhydrique qui précipite le cuivre à l'état de sulfure. Le sulfure de cuivre est redissous dans l'acide nitrique, densité 1,2, et, dans la solution, on dose le cuivre par électrolyse (V. p. 254).

Le filtrat du sulfure de cuivre est additionné de quelques grammes d'acide tartrique, sursaturé par l'ammoniaque, puis traité par l'acide sulfhydrique. Grâce à la présence de tartrate alcalin, le nickel est seul précipité. Le sulfure de nickel est recueilli, lavé, redissous dans l'eau régale et dosé, soit par électrolyse en solution ammoniacale, (V. p. 224) soit à l'état d'oxyde.

Dans une seconde prise d'essai, on dose l'aluminium. On dissout 0,5 à 0,7 gramme de l'alliage comme ci-dessus, on évapore en présence d'acide chlorhydrique et on reprend par l'acide chlorhydrique et l'eau. La solution est alors basifiée par le carbonate sodique, c'est-à-dire neutralisée jusqu'à ce que le précipité qui se forme ne se redissolve plus que difficilement. A ce moment, on ajoute quelques grammes d'acétate sodique et on fait bouillir; l'aluminium se précipite dans ces conditions à l'état d'acétate basique (V. p. 160), qui est recueilli, lavé à l'eau chaude et redissous dans l'acide chlorhydrique. De cette nouvelle solution on précipite à chaud l'aluminium à l'état d'hydrate par l'ammoniaque en léger excès. Le précipité de $Al^2(OH)^6$ est recueilli, lavé à l'eau chaude, séché, et transformé par calcination en oxyde Al^2O^3.

Dosage du manganèse dans un alliage aluminium-manganèse. — On peut opérer comme dans le cas du dosage du manganèse dans les fontes (V. p. 308). La mise en solution de la prise d'essai (1 gramme environ) se fera par l'acide chlorhydrique dilué de une à deux fois son volume d'eau, et un peu de chlorate potassique ou d'acide nitrique pour oxyder le fer.

Analyse d'un alliage d'aluminium et de magnésium (Magnalium) pouvant contenir en outre : silicium, cuivre, fer, zinc.

On dissout 1 gramme de l'alliage dans 25 centimètres cubes du mélange d'acides nitrique, chlorhydrique et sulfurique, indiqué p. 367. On évapore afin d'éliminer les acides chlorhydrique et nitrique, puis on reprend par l'eau et on sépare et dose la silice. Dans le filtrat, on précipite le cuivre par l'acide sulfhydrique et on dose le cuivre par l'un ou l'autre des procédés exposés antérieurement (Electrolyse, creuset de Rose, etc.).

Le filtrat du précipité cuivrique est additionné de 5 grammes d'acide tartrique ; on neutralise par l'ammoniaque en excès, et on dose le fer et le zinc en suivant les indications données p. 368.

Dans le filtrat séparé des sulfures de fer et de zinc, concentré au volume d'environ 100 centimètres cubes, on précipite le magnésium par le phosphate ammonique et l'ammoniaque à l'état de phosphate ammoniaco-magnésique (V. p. 80).

Dosage de l'aluminium.—On dosera ce métal dans une prise d'essai spéciale de 0,5 gr., en opérant comme dans le cas de l'analyse de l'aluminium métallique (V. p. 369).

V. ALLIAGES FORMÉS D'ÉTAIN, D'ANTIMOINE, DE CUIVRE ET DE PLOMB, OU D'UNE PARTIE SEULEMENT DE CES MÉTAUX

A ce groupe appartiennent, notamment, la soudure de plombier, l'alliage pour capsules de bouteilles, le plomb fusible pour électricité (Pb-Sn), le métal anglais, (Sn-Sb)[1] l'alliage pour caractères d'imprimerie (plomb dur) (Pb-Sb)[1] et l'alliage pour coussinets dénommé métal blanc ou métal antifriction, généralement formé d'étain, antimoine, cuivre et plomb en proportions assez variables[2].

EXEMPLES DE COMPOSITION DE MÉTAL ANTI-FRICTION

Sn.	81,06	83,60	78,85	69,06	44,16
Sb.	7,90	10,15	13,02	8,00	11,42
Pb.	4,85	0,28	3,00	18,72	0,94
Cu.	4,77	5.46	4,84	4,14	43,14

a. ANALYSE D'UN ALLIAGE FORMÉ DE PLOMB ET D'ÉTAIN

On attaque 1 gramme par 15 centimètres cubes d'acide nitrique, densité 1,2 ; l'étain passe à l'état d'acide métastannique, et le plomb à l'état de nitrate ; on évapore

[1] Voir *Analyse du plomb dur*, p. 360.
[2] Voir pour exemples de composition de plomb dur, p. 360.

à peu près à siccité et l'on sépare l'acide métastannique en suivant les indications données à propos de l'analyse du bronze, p. 398. Le cas échéant, on pourra contrôler la pureté de l'acide stannique obtenu, en fondant celui-ci avec du carbonate sodique et du soufre (V. p. 10).

La solution séparée de l'acide métastannique contient le plomb; on y ajoute 5 centimètres cubes d'acide sulfurique concentré et l'on évapore jusqu'à ce qu'il se forme des vapeurs blanches d'acide sulfurique; on laisse refroidir, on dilue et dose le sulfate de plomb formé (V. p. 198).

Dans le filtrat du sulfate de plomb, on recherchera éventuellement la présence des métaux pouvant exister comme impuretés dans le plomb et l'étain employés pour former l'alliage (As, Sb, Fe, Cu, Zn, etc.).

b. Analyse d'un alliage formé d'étain et d'antimoine

Ces alliages, qui contiennent souvent de petites quantités de cuivre, plomb, etc., ajoutées volontairement ou existant comme impuretés, peuvent être analysés d'après la méthode donnée en *c*, pour l'analyse du métal blanc à haute teneur en étain.

c. Analyse d'un alliage a base d'étain, antimoine (arsenic)[1], plomb et cuivre, (métal blanc ou antifriction) avec prédominance d'étain

La méthode suivante, que j'ai proposée pour l'analyse du métal blanc, est surtout basée sur la solubilité du sulfure stannique dans l'acide oxalique à chaud, signalée par F.-W. Clarke, et sur l'insolubilité des sulfures d'arsenic et d'antimoine dans ce réactif.

---

[1] Existant comme impureté.

Marche à suivre. — On introduit dans un matras de 500 centimètres cubes environ 10 centimètres cubes d'eau régale (3 volumes HCl, 1 volume HNO³ concentré) et on ajoute la prise d'essai (0,7 à 0,8 gr.) en copeaux ou en limailles; l'attaque étant assez vive, on incline le matras pour éviter les pertes par projections. La dissolution étant achevée, on chauffe quelques minutes au bain-marie pour favoriser la décomposition de l'excès d'acide nitrique, puis on traite jusqu'à neutralisation par une solution assez concentrée d'hydrate potassique et on ajoute ensuite une solution de 15 grammes d'acide oxalique dans un minimum d'eau chaude. L'acide oxalique redissout instantanément le précipité d'hydrates produit par la potasse[1].

Le liquide, dont le volume ne doit pas dépasser 300 centimètres cubes, est soumis pendant une demi-heure, à la température de 70° environ, à l'action d'un courant régulier d'acide sulfhydrique.

Il se produit, dans ces conditions, un précipité de sulfures qui contient tout l'antimoine, l'arsenic et le cuivre, une partie du plomb[2] et quelques milligrammes d'étain. Ce précipité est recueilli après dépôt, pendant que le liquide est encore chaud, sur un filtre aussi petit que possible. Le filtre et son contenu sont, après lavage, traités dans un petit gobelet, d'abord à froid, puis à la température du bain-marie, par 10 centimètres cubes d'acide chlorhydrique concentré et 1 gramme de chlorate potassique ajouté en plusieurs fois; on en détermine ainsi la redissolution complète; ensuite, on filtre, on lave le

---

[1] Il est important d'observer strictement ces indications; pour la suite de l'analyse, la solution ne doit pas contenir d'acide minéral libre.

[2] En présence d'acide oxalique, la précipitation du plomb par l'acide sulfhydrique n'est pas complète.

résidu de soufre et de pâte de papier avec de l'eau acidulée d'acide chlorhydrique afin d'éviter la précipitation de sels basiques par l'eau ; puis, dans la solution obtenue, on répète la précipitation par l'acide sulfhydrique après neutralisation par l'hydrate potassique et addition de 10 grammes d'acide oxalique.

Le but de cette double précipitation est de séparer complètement l'étain de l'arsenic et de l'antimoine. Le précipité est recueilli et lavé ; le nouveau filtrat est réuni à celui qui a été obtenu précédemment.

On aura soin de s'assurer que ces filtrats, traités à chaud par l'acide sulfhydrique, ne donnent plus de précipités. Appelons F l'ensemble des filtrats et P le précipité.

Traitement du précipité. — On fait passer à l'aide du jet de la pissette et avec le moins d'eau possible, le précipité dans un gobelet de verre, en retournant l'entonnoir, la douille vers le haut ; on ajoute 10 centimètres cubes de sulfure sodique à 10 p. 100, et on chauffe un quart d'heure au bain-marie de façon à dissoudre les sulfures d'arsenic et d'antimoine ; on filtre pour séparer les sulfures de plomb et de cuivre qu'on redissout à chaud dans l'acide nitrique dilué et dont on met ensuite la solution en réserve.

On reprécipite de leur solution les sulfures d'arsenic et d'antimoine par l'acide sulfurique dilué ; on recueille ces sulfures sur un filtre aussi petit que possible, qu'on traite ensuite avec son contenu par l'acide chlorhydrique et un peu de chlorate solide. On n'emploiera que les quantités de réactifs nécessaires pour assurer la dissolution des sulfures. Après avoir filtré, on ajoute à la solution quelques décigrammes d'acide tartrique, on neutralise par l'ammoniaque (qui ne doit pas produire de précipité) puis on concentre jusqu'au volume de 20 centimètres cubes environ. On ajoute 5 centimètres cubes de liqueur magnésique et 10 centimètres cubes d'ammoniaque concentrée, afin de précipiter l'arsenic à l'état d'arséniate-ammoniaco-magnésique NH^4MgAsO^4 [1].

On laisse reposer du jour au lendemain, puis on recueille le précipité sur un petit filtre séché à 100° et taré; on lave avec le moins possible d'un mélange de 3 volumes d'eau et 1 volume d'ammoniaque, et on dessèche à 105° jusqu'à poids constant.

Au lieu de peser l'arséniate-ammoniaco magnésique sur filtre taré, on peut le redissoudre directement sur le filtre dans quelques centimètres cubes d'acide nitrique dilué et chaud, recevoir la solution dans une petite capsule tarée, évaporer et calciner progressivement le résidu pour le transformer en pyroarséniate magnésique $(Mg^2As^2O^7)$. Le filtrat de l'arséniate est débarrassé par évaporation de la majeure partie de l'ammoniaque; on l'acidule ensuite par l'acide chlorhydrique et on précipite l'antimoine à l'état de sulfure Sb^2S^5 par l'acide sulfhydrique; on laisse déposer, on décante le liquide surnageant le précipité, et on redissout ce dernier dans le vase même par addition d'acide chlorhydrique concentré. On obtient ainsi du chlorure antimonieux $SbCl^3$ qu'on traite par l'acide sulfhydrique afin d'obtenir du Sb^2S^3 qui se prête mieux que Sb^2S^5 au dosage de l'antimoine.

Le sulfure d'antimoine est pesé sur filtre taré; on détache ensuite du filtre la majeure partie du précipité, on la pèse dans une nacelle en porcelaine tarée, puis on

---

[1] Le précipité de $NH^4Mg AsO^4$ étant un peu soluble dans l'eau, même ammoniacale, il y a lieu de ne précipiter l'arsenic qu'en solution très concentrée; en agissant autrement, on pourrait, s'il y a très peu d'arsenic, ne pas obtenir de précipité.

calcine dans un courant d'anhydride carbonique sec jusqu'à ce que le précipité rouge passe à la variété noire cristalline, et on repèse. La perte de poids correspond à à l'eau dégagée; on rapporte évidemment par le calcul cette perte de poids à la totalité du précipité de Sb^2S^3.

On peut aussi redissoudre le précipité de sulfure d'antimoine dans le sulfure sodique et doser l'antimoine par électrolyse. (V. *Dosage de l'antimoine dans les speiss*, p. **222**).

Traitement de l'ensemble des filtrats F. — Ce liquide contient une partie du plomb et la totalité de l'étain. On le neutralise par l'ammoniaque, et on ajoute 50 centimètres cubes de sulfure ammonique afin de transformer l'étain en sulfo-sel; à ce moment, le liquide se trouble par suite de la formation de sulfure de plomb qu'accompagnent quelques milligrammes d'étain sous une forme insoluble dans le sulfure ammonique; on laisse déposer du jour au lendemain; le liquide complètement clarifié est décanté dans un matras jaugé de 1 litre; le précipité est recueilli et lavé; les eaux de lavage sont évidemment réunies au liquide décanté; le filtre est finalement imprégné de solution de nitrate ammonique, puis séché et incinéré avec précaution; le produit de l'incinération est fondu au creuset de porcelaine couvert, avec 1 gramme environ d'un mélange à parties égales de carbonate sodique sec et de soufre afin de transformer l'étain en sulfo-sel (V. p. 10). La masse fondue, reprise par l'eau, donne une solution qu'on réunit au contenu du matras jaugé et un résidu de sulfure de plomb qu'on redissout dans l'acide nitrique dilué, et dont on réunit la solution à la solution principale plomb-cuivre obtenue précédemment. On dose dans l'ensemble le plomb à l'état de sulfate après évaporation en présence de quelques centimètres cubes d'acide sulfurique; dans le filtrat du sulfate de plomb on dose le cuivre par électrolyse ou à l'état de sulfure cuivreux au creuset de Rose (V. p. 254 et 260).

Après avoir dilué au volume de 1 litre le contenu du matras jaugé, on prélève la moitié ou le quart du volume (soit 500 ou 250 centimètres cubes) et on y dose l'étain par électrolyse avec un courant de 0,5 à 1 ampère; au bout de sept à huit heures, on interrompt le courant, on enlève l'électrode négative sur laquelle l'étain forme un dépôt gris, cohérent; on lave à l'eau, puis à l'alcool et à l'éther et on pèse. Afin de s'assurer que la précipitation de l'étain est complète, on replace dans le liquide une électrode tarée et on laisse encore passer le courant pendant une heure après avoir ajouté quelques centimètres cubes de sulfure ammonique.

Remarque. — La quantité d'étain à précipiter ne doit pas être trop considérable pour une surface donnée de cathode, sans quoi le dépôt n'est plus cohérent en toutes ses parties; en pratique, 0,25 gr. par décimètre carré semble être un maximum qu'il n'est pas prudent de dépasser.

d. ANALYSE D'UN ALLIAGE D'ÉTAIN, ANTIMOINE, PLOMB ET CUIVRE À HAUTE TENEUR EN PLOMB

En pareil cas, il est avantageux de se débarrasser d'abord de la majeure partie du plomb. La méthode suivante suivie à la « Kgl. Chemisch. techn. Versuchsanstalt » de Berlin et reproduite par G. Lunge permet d'atteindre le but.

On dissout 1 gramme de l'alliage finement divisé dans

15 centimètres cubes d'acide chlorhydrique concentré, auxquels on ajoute goutte à goutte de l'acide nitrique concentré. On ne doit pas chauffer pendant l'attaque; on ajoute de l'acide nitrique jusqu'à ce que le liquide prenne une teinte jaune ou jaune verdâtre (s'il y a du cuivre). A la solution obtenue, on ajoute en plusieurs fois de l'alcool absolu dans la proportion de 10 fois son volume; tout le chlorure de plomb, à 1 milligramme près, se précipite; on lave à l'alcool par décantation, en laissant autant que possible le chlorure dans le vase, puis on sèche et on fait passer le chlorure de plomb dans un creuset taré; on dissout avec de l'eau chaude les traces de chlorure qui adhèrent au vase et au filtre à travers lequel on a décanté l'alcool de lavage; on évapore et on pèse la totalité du chlorure de plomb, après trois heures de dessiccation à 150°.

Le filtrat séparé du chlorure de plomb est évaporé pour éliminer l'alcool. On dose ensuite les autres métaux. On peut suivre pour la suite des opérations la marche détaillée en *c* (V. p. 410).

VI. ALLIAGES (AISÉMENT FUSIBLES) A BASE DE BISMUTH, PLOMB, ÉTAIN, OU BISMUTH, PLOMB, ÉTAIN, CADMIUM [1]

Ce groupe comprend une série d'alliages à points de fusion compris entre 60 et 95° environ; tels sont :

	Bi.	Pb.	Sn.	Cd.	Points de fusion.
Alliage de Newton	8 p.	5 p.	3 p.	—	94°,5
— de Rose	2	1	1	—	93°,7
— —	5	3	2	—	91°,6
Métal de Lipowitz	15	8	4	3	60°
— de Wood	4	2	1	1	71°

[1] L'addition de cadmium abaisse le point de fusion.

Marche à suivre pour l'analyse. — On traite 0,8 gr. d'alliage finement divisé, par 15 centimètres cubes d'acide nitrique, densité 1,3, et on continue l'analyse exactement comme dans le cas du bronze (V. p. 398) jusques et y compris la transformation de l'acide métastannique en oxyde SnO^2 par calcination dans un creuset de porcelaine. L'acide métastannique entraînant fréquemment avec lui un peu de plomb et de bismuth, il y a lieu de purifier l'oxyde obtenu. On le soumet pour cela à une fusion sulfurante avec du carbonate sodique et du soufre, (V. pour les détails, p. 10) opération pendant laquelle l'étain passe à l'état de sulfo-sel soluble, et le bismuth et le plomb, à l'état de sulfures qui restent insolubles lors de la reprise de la masse fondue par l'eau chaude. Ces sulfures sont redissous dans un peu d'acide nitrique dilué et chaud; la solution est évaporée, après addition de quelques gouttes d'acide sulfurique, et le sulfate de plomb formé est recueilli et dosé d'après les indications données page 198.

Dans le filtrat, on précipite le bismuth par l'ammoniaque à l'état d'hydrate, qu'on transforme par calcination en oxyde. On soustrait du poids de l'oxyde stannique obtenu les poids de PbO et Bi^2O^3 correspondant au plomb et au bismuth trouvés.

La solution nitrique, séparée du précipité d'acide métastannique, contient la presque totalité du plomb et du bismuth, et le cadmium. On l'évapore à peu près à sec; on ajoute ensuite de l'acide chlorhydrique en quantité suffisante pour maintenir le bismuth en solution. Le chlorure de plomb (très peu soluble) qui se forme, se précipite en partie. La quantité d'acide chlorhydrique employée est convenable lorsqu'une prise d'essai du liquide surnageant, traitée par un peu d'eau, ne se trouble (sel basique de bismuth) qu'après addition de plusieurs gouttes. On ajoute ensuite de l'acide sulfurique dilué, qu'on laisse agir quelque temps en agitant, afin de transformer le chlorure de plomb en sulfate, puis quelques centimètres cubes d'alcool; on agite de nouveau, et, après dépôt, on filtre pour séparer le sulfate de plomb qui est lavé à l'alcool très légèrement acidulé d'acide chlorhydrique. Le filtrat contient le bismuth et le cadmium. La séparation du bismuth est basée sur la formation d'oxychlorure insoluble (BiOCl). Le liquide est additionné de quelques grammes de chlorure ammonique, puis d'eau en assez grande quantité. Il se produit un précipité blanc d'oxychlorure (BiOCl) qu'on laisse déposer et qu'on recueille sur filtre taré, après s'être assuré qu'une nouvelle addition d'eau ne donne plus lieu au moindre trouble. Le précipité est, après lavage à l'eau pure, desséché pendant plusieurs heures à 100° et pesé; comme contrôle, on le fond à la lampe dans un creuset de porcelaine taré, après l'avoir mélangé avec 4 à 5 grammes de cyanure potassique; cette opération a pour but de réduire le bismuth à l'état métallique. Après avoir entretenu la fusion pendant quelque temps, on laisse refroidir et traite par l'eau chaude afin de dissoudre les sels alcalins; les globules de bismuth sont lavés par décantation successivement à l'eau, à l'alcool et à l'éther. On sèche rapidement et on pèse.

Dans le filtrat séparé de l'oxychlorure de bismuth, on précipite le cadmium à l'état de sulfure CdS, qu'on transforme ensuite en sulfate $CdSO^4$ (V. pour les détails, dosage du cadmium dans les minerais de zinc, p. 199).

VII. ALLIAGES D'ARGENT

(V. aussi VIII alliages d'or, p. 428).

L'argent forme, avec le cuivre et avec l'or, plusieurs alliages importants (pour monnaies, bijouterie, orfèvrerie, etc.).

ALLIAGES ARGENT-CUIVRE. — La prise d'essai demande des précautions particulières; il se produit, en effet, pendant la solidification de ces alliages, une liquation qui nuit à l'homogénéité du lingot. Les prises d'essai se feront donc en différents endroits.

On a proposé, pour obtenir un échantillon moyen, de refondre le lingot et de prélever une partie du métal en fusion après avoir énergiquement brassé la masse.

Le dosage de l'argent peut se faire par voie sèche ou par voie humide.

a. PROCÉDÉ PAR VOIE SÈCHE.

Le dosage se fait par coupellation (V. p. 264) en présence d'une quantité de plomb en rapport avec la teneur en cuivre. Si l'on ajoute trop peu de plomb, on s'expose à ce que du cuivre reste allié à l'argent; si l'on en employe trop, on prolonge inutilement la coupellation et on augmente les causes de perte d'argent.

On déterminera donc approximativement la teneur en argent, en coupellant une prise d'essai de 0,5 gr., par exemple, avec une quantité de plomb pur plus ou moins quelconque. Ensuite, on passera à l'essai définitif, en se basant sur les indications fournies par l'essai préliminaire. On ajoutera :

pour un alliage à 950 millièmes d'argent fin, 3 fois le poids de plomb;

pour un alliage à 900 millièmes d'argent fin, 7 fois le poids de plomb;

pour un alliage à 800 millièmes d'argent fin, 10 fois le poids de plomb;

pour un alliage à 700 millièmes d'argent fin, 12 fois le poids de plomb;

pour un alliage à 600 millièmes d'argent fin, 14 fois le poids de plomb;

pour un alliage de moins de 600 millièmes d'argent fin, 16 fois le poids de plomb.

D'après Riche, l'essai se fera sur 1 gramme, si le titre est supérieur à 800, et sur 0,5 gr. s'il est inférieur à 800, afin que la quantité de plomb à employer ne soit pas trop considérable. La coupellation entraîne, nous l'avons vu, une certaine perte en argent (V. p. 266, note [1]).

Riche a dressé, pour l'analyse des alliages argent cuivre, une table de compensation qui renseigne la correction à faire au titre argent de l'alliage trouvé par coupellation. Voici un certain nombre de chiffres trouvés par cet auteur.

Titres exacts. Millièmes.	Titres trouvés par coupellation.	Millièmes à ajouter au résultat de l'essai.
1000	998,07	1,03
900	896,00	4,00
700	695,25	4,75
500	495,32	4,68
400	396,05	3,95
200	197,47	2,53
100	99,12	0,88

b. Procédés par voie humide.

On n'emploie guère que des méthodes volumétriques. Les deux procédés les plus en usage sont : celui de Gay-Lussac, basé sur la précipitation de l'argent à l'état de chlorure [1], et celui de Charpentier [2], dans lequel on précipite l'argent à l'état de sulfocyanate.

α. MÉTHODE DE GAY-LUSSAC. — *Principe.* —Précipiter l'argent à l'état de chlorure AgCl au moyen d'une solution titrée de chlorure sodique.

La précipitation de l'argent par le chlorure sodique ne se fait pas d'une façon rigoureusement exacte. En effet, le chlorure d'argent n'étant pas absolument insoluble dans le nitrate sodique produit par la réaction, il s'ensuit que de très faibles quantités de nitrate d'argent et de chlorure sodique peuvent coexister dans la solution, (Mulder) dans un certain état d'équilibre qui sera rompu avec formation d'un léger précipité par l'addition de chlorure sodique ou de nitrate d'argent. Il résulte de là que si, dans le titrage, on ajoute du chlorure sodique jusqu'au moment où il ne se produit plus trace de précipité, on aura employé un très léger excès de chlorure sodique. En fait, cette faible erreur est pratiquement sans influence sur le résultat du dosage, puisqu'elle se produit aussi bien lors de la fixation du titre de la solution de chlorure sodique au moyen d'argent pur que lors du dosage de l'argent dans l'alliage analysé.

---

[1] Le procédé de Gay-Lussac n'est pas rigoureusement exact, à cause du fait que le chlorure d'argent est très légèrement soluble. J.-S. Stas a proposé de substituer au chlorure sodique l'acide bromhydrique, qui donne lieu à la formation d'un précipité de bromure d'argent complètement insoluble dans l'eau et dans l'acide nitrique dilué. Le procédé Stas est tout à fait rigoureux et convient tout particulièrement pour les analyses que l'on a à faire dans les hôtels des Monnaies. Son exécution, des plus délicates, exige, notamment, que l'on dispose d'un laboratoire spécialement aménagé, permettant de se mettre à un moment donné à l'abri de l'action de la lumière solaire. On trouvera une description détaillée du procédé de Stas dans le traité de chimie analytique minérale de L.-L. De Koninck (1891).

[2] Ce procédé est souvent désigné aussi sous le nom de procédé Volhard, bien qu'il soit établi que l'idée première de la méthode revient à P. Charpentier.

SOLUTIONS NÉCESSAIRES. — 1. *Solution normale*[1] *de chlorure sodique.* — On la prépare en dissolvant dans de l'eau distillée à 16°, 5,4202 gr. de chlorure sodique chimiquement pur et sec, et diluant ensuite au volume de 1 litre. Le chlorure sodique contenu dans 100 centimètres cubes de cette solution correspond à 1 gramme d'argent.

2. *Solution déci-normale de chlorure sodique.* — On prélève 100 centimètres cubes de la solution 1 et on les dilue au volume de 1 litre.

3. *Solution décime d'argent.* — On dissout 1 gramme d'argent pur dans 6 centimètres cubes d'acide nitrique pur, densité 1.2; on dilue ensuite au volume de 1 litre avec de l'eau à la température de 16°.

Les diverses solutions titrées seront conservées dans des flacons bouchés à l'émeri.

Détermination du titre de la solution normale de chlorure sodique. — On pèse 1,003 gr. d'argent chimiquement pur ; on introduit cette prise d'essai dans un flacon de 200 centimètres cubes[2] et on la dissout dans 5 centimètres cubes d'acide nitrique pur, densité 1,2, à la température du bain-marie ; après avoir éliminé les vapeurs nitreuses à l'aide d'un petit soufflet muni d'un tube recourbé qu'on engage dans le col du flacon, on refroidit à la température de 16 degrés, puis on place le flacon dans une gaine noircie. On y laisse ensuite cou-

---

[1] L'expression « solution normale » a ici un sens différent de celui qu'on lui attribue habituellement dans l'analyse titrimétrique.

[2] On fera usage de flacons bouchés à l'émeri, avec bouchon se terminant en pointe dans l'intérieur du flacon. Les flacons seront recouverts pendant les essais d'une gaine noircie afin d'être soustraits à l'action de la lumière.

ler, au moyen d'une pipette exactement jaugée[1], 100 centimètres cubes de la solution normale de chlorure sodique ; on bouche le flacon et on agite vigoureusement jusqu'à ce que tout le chlorure d'argent soit rassemblé et que le liquide surnageant soit tout à fait limpide. On enlève alors le bouchon avec les précautions voulues pour qu'il ne se produise pas de pertes, puis on laisse couler dans le liquide éclairci, au moyen d'une pipette divisée en 1/10 de centimètre cube, un centimètre cube de la solution déci-normale de chlorure sodique ; on place l'extrémité de la pipette contre le col du flacon, de façon que le liquide s'écoule le long des parois. Le léger précipité de chlorure d'argent qui se forme est agrégé par agitation. Au liquide éclairci, on ajoute de nouveau un peu de solution décinormale de chlorure sodique et on continue de la sorte en employant de moins en moins de chlorure sodique ; vers la fin, on n'ajoute le chlorure que par deux gouttes à la fois. Lorsque deux dernières gouttes ne produisent plus

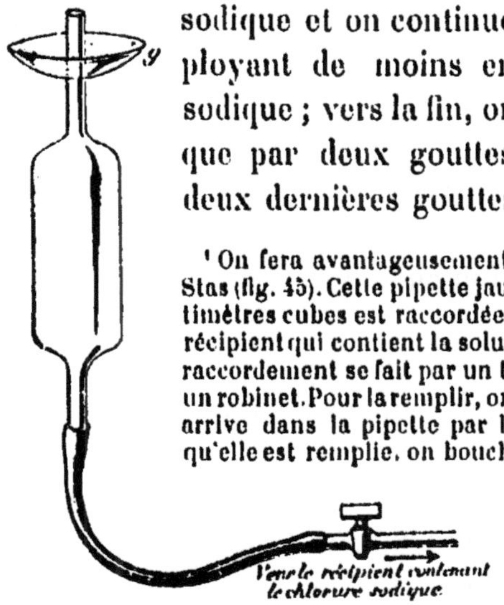

[1] On fera avantageusement usage ici de la pipette de Stas (fig. 45). Cette pipette jaugeant exactement 100 centimètres cubes est raccordée par sa partie inférieure au récipient qui contient la solution de chlorure sodique. Le raccordement se fait par un tube de caoutchouc portant un robinet. Pour la remplir, on ouvre le robinet ; le liquide arrive dans la pipette par la partie inférieure. Lorsqu'elle est remplie, on bouche avec le doigt l'extrémité supérieure et on enlève le caoutchouc. On laisse ensuite écouler le contenu dans le flacon renfermant la solution argentique. Avec cet instrument on n'a donc pas à se préoccuper de faire arriver le liquide à un point d'affleurement comme dans le cas des pipettes ordinaires, ce qui peut parfois occasionner une légère erreur. Un godet g, fixé à la partie supérieure de la pipette, retient l'excédant de solution qu'on aurait pu laisser arriver dans l'appareil.

Fig. 45.

le moindre louche, on arrête l'essai et on note, pour servir de base au calcul, le volume de chlorure sodique donné par l'avant-dernière lecture.

Si A représente la quantité d'argent pur pesée et B le volume de chlorure sodique consommé dans l'essai, le volume V de chlorure sodique (solution normale) correspondant à un gramme d'argent est donné par la relation

$$A : B = 1 : V.$$

$$V = \frac{B}{A}.$$

Exemple. — On a pesé 1,003 gr. d'argent pur ; on a consommé pour le titrage 100 centimètres cubes de la solution normale de chlorure sodique, et 3,8 cm³ de la solution déci-normale (soit 0,38 cm³ de la solution normale). Le volume V de solution normale de chlorure sodique correspondant à 1 gramme d'argent est donné par la relation

$$1,003 : 100,38 = 1 : V.$$

$$V = \frac{100,38}{1,003} = 100,0797,$$

soit, chiffres ronds, 100,08 cm³.

Dosage de l'argent dans l'alliage. — On détermine la teneur approximative de l'alliage en argent, soit par un essai par voie sèche (V. p. 419), soit par le chlorure sodique. On pèse ensuite une quantité de l'alliage telle qu'elle renferme 1 gramme et 2 ou 3 milligrammes d'argent ; on dissout cette prise d'essai dans 5 à 10 centimètres cubes d'acide nitrique pur, densité 1,2, et on titre à l'aide du chlorure sodique en suivant exactement les indications données à propos de la fixation du titre de la solution de chlorure sodique.

Exemple. — Supposons que l'essai préliminaire ait montré que l'alliage est approximativement au titre de $\frac{810}{1000}$.

On posera la proportion

$$810 : 1000 = 1003 : x.$$

$$x = \frac{1003 \times 1000}{810} = 1238,2 \text{ mgr.}$$

La quantité d'alliage qui renferme 1,003 gr. d'argent est donc environ 1,2382 gr.

Si, pour le titrage, on consomme 100 centimètres cubes de la solution normale de chlorure sodique et 4 centimètres cubes de la solution déci-normale (= 0,4 cm³ de la solution normale), la teneur x argent de la prise d'essai est donnée par la relation

$$100,08 \text{ cm}^3 \text{ sol. NaCl} : 1 \text{ gr. Ag} = 100,4 : x.$$

$$x = \frac{100,4}{100,08} = 1,00319 \text{ g. Ag.}$$

La prise d'essai étant de 1,2382 gr., le titre de l'alliage (millièmes d'argent fin) est donné par la proportion

$$1,2382 : 1,00319 = 1000 : x.$$

$$x = \frac{1,00319 \times 1000}{1,2382} = 810,2.$$

Observation. — En présence de mercure, le dosage de l'argent par la méthode de Gay-Lussac est inexact, le chlorure d'argent entraînant avec lui du chlorure mercurique. En pareil cas, on peut, d'après Debray, éliminer préalablement le mercure en chauffant l'alliage jusqu'à fusion dans un creuset de graphite.

Si l'alliage contient du plomb ou de l'étain, on emploiera,

d'après Kerl, pour sa dissolution, l'acide sulfurique au lieu de l'acide nitrique.

3. Procédé basé sur la précipitation de l'argent à l'état de sulfocyanate d'argent. — Ce procédé repose sur la réaction :

$$AgNO^3 + NH^4CNS = AgCNS + NH^4NO^3.$$

La précipitation se fait en présence d'un sel ferrique. Lorsque tout l'argent est précipité, il se produit, sous l'action d'un excès de sulfocyanate alcalin, une coloration rose due à la formation de sulfocyanate de fer ; l'apparition de cette coloration marque le terme de l'essai.

Solutions nécessaires — 1. Solution de sulfocyanate ammonique préparée en dissolvant environ 8 grammes de ce sel dans l'eau et diluant à 1 litre.

2. Solution titrée de nitrate d'argent, contenant 0,01 gr. d'argent par centimètre cube. On dissout 10 grammes d'argent chimiquement pur dans 160 centimètres cubes d'acide nitrique de densité 1,2. Après dissolution, on chauffe jusqu'à élimination de toute trace de composés nitreux ; après refroidissement, on dilue au volume de 1 litre.

3. Solution saturée à froid d'alun de fer, destinée à servir d'indicateur.

Détermination du titre de la solution de sulfocyanate. — On prélève un volume déterminé de la solution argentique (25 ou 50 centimètres cubes), on dilue approximativement au volume de 200 centimètres cubes, on ajoute 5 centimètres cubes de la solution de l'indicateur, puis on laisse couler d'une burette graduée, en agitant après chaque addition, la solution de sulfocyanate. Tant

que l'argent est en excès, le précipité reste complètement
blanc ; la traînée rougeâtre qui se forme au moment
où le réactif tombe dans la solution argentique et qui est
due à la formation passagère de sulfocyanate de fer,
disparaît par agitation. Lorsqu'on approche du terme,
le précipité caséeux de sulfocyanate d'argent se dépose
assez rapidement et le liquide s'éclaircit suffisamment
pour permettre d'apprécier, avec netteté, le moment où
une dernière goutte du réactif détermine dans le liquide
la formation d'une faible teinte rose sale persistante.

Ce premier essai sera suivi d'un second, et, au besoin,
d'un troisième, afin de déterminer le titre avec préci-
sion. Le titre argent de la solution de sulfocyanate
s'obtient en divisant la quantité d'argent sur laquelle on
opère par le nombre de centimètres cubes du réactif
employés.

Analyse de l'alliage. — On dissoudra, suivant la
teneur présumée en argent, de 0,5 gr. à 1 gramme de
l'alliage dans 10 à 20 centimètres cubes d'acide nitrique
de densité 1,2. Après avoir éliminé les composés
nitreux, on diluera au volume de 200 centimètres cubes
comme précédemment, et, après refroidissement, on
titrera par le sulfocyanate dans les mêmes conditions
que ci-dessus.

Remarques. — *a.* Dans le cas où l'alliage contiendrait du mercure, ce métal étant précipité par le sulfocyanate, devra être préalablement éliminé par volatilisation.

b. Le cuivre en forte proportion, (plus de 70 p. 100)
empêche d'opérer exactement, la coloration du liquide
ne permettant pas d'apprécier nettement le terme
de l'essai. En pareil cas, on ajoute, avant de titrer, une

quantité connue de la solution de nitrate d'argent, afin d'abaisser la proportion du cuivre dans le liquide.

c. Le nickel et le cobalt nuisent, comme le cuivre, à cause de la couleur de leurs sels, à l'appréciation du terme de l'essai.

VIII. ALLIAGES D'OR

Les alliages d'or qui sont livrés au commerce pour l'affinage de l'or renferment, ou du moins, peuvent renfermer, outre l'or, de l'argent, du cuivre, du plomb, du mercure. Si l'on veut y doser l'or par voie sèche, on doit s'assurer par un essai préliminaire, du rapport existant entre l'argent et l'or, celui-ci devant être au minimum comme 3 : 1. En l'absence de cuivre, cet essai peut se faire en comparant la teinte de l'alliage à analyser à celle de témoins à teneurs en or connues. On peut aussi comparer le trait que forme l'alliage sur la pierre de touche[1] avec les traits que donnent des types à teneurs en or connues.

On peut aussi coupeller 0,25 gr. de l'alliage avec 3 fois

[1] La pierre de touche est une roche à grain serré consistant essentiellement en un silicate d'aluminium et de fer et contenant, en outre, de la chaux et de la magnésie. D'après Riche, pour essayer un alliage, on trace sur la pierre de touche un trait avec cet alliage et en même temps avec plusieurs autres de compositions connues; on compare les différents traits, puis on les soumet à l'action d'une eau régale faible formée de :

95 parties HNO³, densité 1,34;
2 parties HCl, densité 1,17;
25 parties eau distillée.

Cette eau régale agissant sur des traits faits avec des alliages types aux titres 750, 730 et 708, modifie le premier, affaiblit légèrement le second et fortement le troisième.

On peut, en comparant, avant et après traitement par l'acide, le trait donné par un alliage avec ceux que fournissent une série de types, arriver à évaluer avec une certaine approximation le titre de l'alliage analysé.

son poids d'argent et 4 fois son poids de plomb, si l'alliage est exempt de cuivre, ou avec 3 fois son poids d'argent et 32 fois son poids de plomb s'il est cuivreux. Le bouton obtenu est pesé et essayé par l'acide nitrique ; en tenant compte de l'argent introduit, on a les éléments nécessaires pour calculer le rapport de l'or à l'argent dans l'alliage essayé.

Essai par inquartation. — Si l'essai préliminaire démontre que le rapport de l'argent à l'or dans l'alliage n'est que de 3 à 1, ou de moins de 3 à 1, l'essai se fera par la méthode dite par « inquartation. »

On calcule, d'après les données de l'essai préliminaire, la quantité d'argent à ajouter à l'alliage (prise d'essai) pour que le rapport de l'argent à l'or dans le bouton final soit au moins 3 à 1. — La quantité de plomb à ajouter pour la coupellation varie avec la composition de l'alliage. Le cuivre est, en effet, beaucoup plus difficile à enlever lorsqu'il est uni à l'or que lorsqu'il est allié à l'argent, et la quantité de plomb à employer est, dans ce cas, relativement plus forte.

Les quantités de plomb à ajouter (pour une prise d'essai de 0,250 gr.) sont les suivantes :

Alliages de 980 à $\frac{920}{1000}$ or, 12 fois le poids de Pb $=$ 3 gr.

—	920 à 875 or, 16	—	4	—
—	875 à 750 or, 20	—	5	—
—	750 à 600 or, 24	—	6	—
—	600 à 350 or, 28	—	7	—
—	350 et moins, 32	—	8	—

La coupellation doit se faire à température plus élevée que pour les essais d'argent, surtout en présence de beaucoup de cuivre. La coupelle est retirée petit à petit du moufle lorsque l'éclair s'est produit ; le bouton est enlevé, brossé, puis recuit dans le moufle sur une coupelle. On l'aplatit ensuite sur une petite enclume polie; afin d'éviter qu'il se fendille par le martelage, on le recuit à plusieurs reprises au rouge sombre pendant cette dernière opération. Le disque obtenu est ensuite roulé au moyen des doigts sur un fil métallique quelconque assez épais; on recuit une dernière fois le petit rouleau obtenu afin d'enlever la graisse pouvant provenir des doigts. On introduit ensuite le rouleau dans un matras à long col pour essai d'or et on le traite exactement d'après les indications données p. 279.

L'exactitude de l'essai n'est pas absolue. Il y a, en effet, une perte d'or notamment par absorption par la coupelle, qui est d'autant plus accentuée qu'il y a plus de plomb en présence et, par suite, plus de cuivre dans l'alliage. La perte dépend, en outre, de la grosseur du bouton aurifère et de la proportion d'argent; elle est d'autant moindre que le bouton est plus gros et la teneur en argent plus élevée. Ces pertes d'or sont en parties compensées par le fait que l'or, après le traitement par l'acide nitrique, retient toujours un peu d'argent; il peut même arriver que cette compensation dépasse la perte, si le traitement du bouton par l'acide nitrique n'est pas convenablement exécuté.

Pour récupérer l'or passé dans la coupelle, Weill soumet à une fonte plombeuse les coupelles employées pour les essais.

Il emploie pour 100 p. de coupelle en poudre ;

75 p. de fluorine ;

75 p. sable ;

100 p. de carbonate sodique sec ;

50 p. borax anhydre ;

50 p. litharge et 4 p. de charbon en poudre.

Le culot de plomb provenant de la fonte de ce mélange est ensuite coupellé.

On peut, au lieu d'acide nitrique, employer l'acide sulfurique concentré pour la séparation de l'or et de l'argent. Dans cette manière d'opérer, on doit veiller à ce que l'élimination du sulfate d'argent (peu soluble dans l'eau) soit bien complète.

Priwoznik a fait une série d'essais sur l'influence de quelques métaux du groupe du platine sur l'exactitude des dosages d'or par inquartation. D'après lui, *lors du traitement par l'acide nitrique*, l'or retiendrait de 3/4 à 1 p. 100 d'argent qui compenserait les pertes dues à la coupellation.

Le traitement par l'acide sulfurique donne d'aussi bons résultats que le traitement par l'acide nitrique avec les alliages ne contenant que cuivre, argent et or.

S'il y a du platine, la teneur or trouvée est trop forte parce que le platine n'est pas dissous par l'acide sulfurique.

Si l'on emploie l'acide nitrique, les essais sont exacts pour autant que la teneur en platine du bouton ne dépasse pas 2 p. 100; au delà, les résultats deviennent trop élevés. La dissolution du platine par l'acide nitrique en présence d'argent, serait due à la formation d'un nitrite double de la formule $Ag^2 Pt (NO^2)^4$.

Le palladium n'a pas d'influence sur les résultats des essais; ce métal se dissout, en effet, dans l'acide nitrique.

La présence de l'iridium se reconnaît à des taches noires sur le disque aplati. On évite la présence de l'iridium dans les lingots, en fondant ceux-ci avec 2 à

3 p. d'argent et maintenant en fusion pendant 3/4 d'heure ; l'iridium, dans ces conditions, se sépare et se dépose au fond de la masse.

La présence du rhodium conduit aussi à une teneur or trop forte, ce métal étant insoluble dans tous les acides.

Le ruthenium, lorsqu'il existe dans la proportion de de 0,05 gr. par 1/2 livre d'alliage or, plomb, argent, donne un bouton mat, s'étalant en chou-fleur. Le ruthenium favorise le rochage. Les endroits où le rochage ne s'est pas produit apparaissent, après le refroidissement, grises, noires, bleues ou vertes, par suite de la formation d'oxyde RuO^2.

Quant à l'osmium, il se volatilise pendant la coupellation à l'état d'acide perosmique ; (OsO^4). On n'en retrouve pas dans les boutons, lors du traitement par les acides.

Observation. — Lorsque la proportion d'argent dans le bouton aurifère est plus de 3 fois celle de l'or, l'or obtenu après traitement par l'acide nitrique est en poudre, au lieu d'être cohérent.

RECHERCHE DE L'OR DANS L'ARGENT D'ÉCLAIR

Pour cette recherche, Lindemann dissout dans un matras de 1/4 de litre environ, 10 grammes de l'argent à examiner dans 50 centimètres cubes d'acide nitrique densité 1,2, absolument exempt de chlore. La chauffe est entretenue jusqu'à ce qu'il ne se dégage plus de vapeurs rutilantes. S'il y a un résidu d'or, on le laisse complètement déposer ; on décante la solution argentique dans un matras jaugé de 1 litre, on reprend à plu-

sieurs reprises le résidu par de l'acide nitrique et on
achève le dosage de l'or comme ci-dessus.

A côté de la méthode par inquartation, on a proposé
d'autres procédés pour le dosage de l'or sans coupellation dans les alliages d'or.

Von Juptner a imaginé de fondre l'alliage avec du zinc,
et de traiter le régule obtenu par l'acide nitrique. Tout
le cuivre et l'argent sont dissous en même temps que
le zinc, et l'or reste sous forme pulvérulente.

Balling a modifié ce procédé en substituant au zinc,
le cadmium, métal plus fusible. Il fond avec du cadmium, dans un creuset de porcelaine et sous une
couche de cyanure potassique, 0,25 gr. de l'alliage
à analyser. Après refroidissement, le creuset est
placé dans une capsule contenant de l'eau afin d'enlever le cyanure potassique. Le bouton métallique est
ensuite introduit dans un matras pour essai d'or et
traité à l'ébullition, d'abord pendant une heure par de
l'acide nitrique densité, 1, 2, puis, à deux reprises, pendant 10 minutes par de l'acide nitrique densité 1,3.
Si l'ensemble des métaux autres que l'or, c'est-à-dire
le cadmium, l'argent, le cuivre, atteint 2 fois 1/2 le poids
de celui-ci, l'or s'obtient pur et à l'état cohérent. Si la
proportion de cadmium est trop forte, l'or reste à l'état
pulvérulent après traitement par l'acide nitrique.

Si l'on désire faire l'analyse complète d'un or, ou d'un
alliage d'or, on peut opérer par voie humide. Si l'alliage
ne contient pas plus de 25 p. 100 d'or, on peut le dissoudre dans l'acide nitrique.

On emploiera l'eau régale, si le métal est plus riche
en or et pauvre en argent. La solution débarrassée, le

cas échéant, du chlorure d'argent, est évaporée au bain-marie, pour éliminer l'acide nitrique en excès, puis traitée à chaud par le sulfate ferreux en excès :

$$2\,AuCl^3 + 6\,FeSO^4 = 2\,Au + Fe^2Cl^6 + 2Fe^2(SO^4)^3.$$

ou par l'acide oxalique :

$$2\,AuCl^3 + 3\,C^2H^2O^4 = 2\,Au + 6\,HCl + 6\,CO^2.$$

Dans le premier cas, le sulfate ferreux doit être additionné d'acide chlorhydrique afin d'éviter la précipitation de sels basiques de fer.

Si l'on emploie l'acide oxalique, la précipitation est plus lente qu'avec le sulfate ferreux ; elle peut exiger 48 heures avant d'être complète ; la solution doit être faiblement acide ; trop d'acide libre retarde ou empêche la précipitation.

Si la solution contient du cuivre, il peut se former de l'oxalate de cuivre difficilement soluble. Cette formation peut être évitée, si l'on emploie comme réactif un oxalate alcalin, et si l'on opère en solution faiblement acide. S'il y a du platine en présence, dont on désire connaître la teneur, on emploiera de préférence le sulfate ferreux.

Les métaux qui accompagnent l'or seront dosés par l'une ou l'autre méthode dans la solution débarrassée d'or.

Si l'alliage est riche en argent, on le fond avec 2 ou 3 fois son poids de cadmium ; le produit de la fusion est dissous dans l'acide nitrique et l'argent est dosé à l'état de chlorure d'argent.

TABLE DES MATIÈRES

PREMIÈRE PARTIE

Combustibles. — Eaux. — Minerais. — Sels et autres produits industriels minéraux.

Composés du calcium.

DEUXIÈME PARTIE

Métaux.

TROISIÈME PARTIE

Alliages.